港口机械故障诊断技术与典型案例

肖炳林　主编

张　氢　周　雄　副主编

上海科学技术出版社

图书在版编目（CIP）数据

港口机械故障诊断技术与典型案例 / 肖炳林主编 ；张氢，周雄副主编. -- 上海 ：上海科学技术出版社，2025. 8. -- ISBN 978-7-5478-7329-8

Ⅰ. U653

中国国家版本馆CIP数据核字第20250PM429号

港口机械故障诊断技术与典型案例

肖炳林　主编

张　氢　周　雄　副主编

上海世纪出版(集团)有限公司
上 海 科 学 技 术 出 版 社　出版、发行

(上海市闵行区号景路 159 弄 A 座 9F－10F)

邮政编码 201101　　www.sstp.cn

字数：320 千字

2025 年 8 月第 1 版　2025 年 8 月第 1 次印刷

ISBN 978－7－5478－7329－8/TH · 115

定价：125.00 元

内容提要

随着港口机械朝着高效、远程控制与无人化方向发展，这些装备在运行过程中通常现场无人值守，因而需要借助监控手段来掌握设备的运行状态，以便合理调度运维工作。本书提供了有关港口机械传动系统监测、故障诊断与维护的必备专业知识。基于当前广泛应用的故障诊断技术，作者结合自身工作经验，给出了港口机械故障诊断系统框架及方案。考虑到现场工作中需要针对每天运行产生的海量数据进行针对性采样和保存这一现实需求，书中给出了必要的故障诊断数据处理和分析方法，并结合现场采集到的故障数据，较为系统地阐述了滚动轴承故障、齿轮故障的诊断方法。书中还提供了相关的数据处理算法，以及现场采集的典型故障案例数据。结合一线工作实际，书中详细列举了港口机械传动机构主要部件的故障案例，这些部件包括电机、齿轮箱、卷筒、联轴器，以及因底座刚度不足、车轮和轨道等问题引发的故障，同时还给出了解决港口机械典型故障的详细流程。

本书可供从事港口机械以及相关大型机械传动系统领域故障诊断工作的技术人员使用，也可供从事相关研究的高校和研究机构人员参考。

本书编写组

主　　编　肖炳林

副 主 编　张　氢　周　雄

参编人员　孙远韬　何威誉　容梓豪　赵　鑫　惠宏武
王　运　冯建浩　庞颖威　张建群　赵伟龙
陈耀进　周礼桥　黄志祥　陈高林　林　禄
樊承志　何国荣　曹　彬

前 言

港口是现代物流的枢纽。随着港口机械装备向高速化、大型化、无人化和智能化方向发展,开展港口机械装备早期故障的监测与智能诊断研究,对保障我国港口装备的安全、可靠和高效运行具有重大的现实意义。

当前以港口机械为代表的大型装备故障诊断研究与工程应用方兴未艾,取得了较为显著的成果。但是由于港口大型设备系统复杂,每个单机设备都设置了大量的传感器,每天产生数以 GB 计的数据,如何优化传感器数量及布置位置、提取诊断中的各种数据指标、去除冗余传感器信息等问题,均需要一线运维人员加以熟悉和掌握,以便搜集、处理、更好地应用相关大数据成果。

本书结合广州港自身的实践,通过来自一线的真实案例直观展示广州港股份有限公司南沙集装箱码头分公司(简称:南沙三期)的工作成果,旨在为港口领域的工程师、技术人员、管理人员以及相关专业的学者和学生,提供一套全面且深入的港口机械故障诊断知识实践框架体系。本书的部分研究内容如"大数据驱动的集装箱港口机械状态监测与维护管理云平台""港口装卸设备全寿命周期一体化智能运维系统关键技术的研究与实践"分别获得 2020 年中国港口协会科学技术奖二等奖与 2023 年中国港口协会科学技术奖一等奖。

尤为重要的是,书中精心挑选并深入解析了一系列典型案例,针对各种技术的实现方法,给出清晰的步骤和说明,使读者能够在实际操作中有效运用。这些案例来自真实的港口作业环境,涵盖了机械传动链上各种常见和复杂的故障情况。通过案例分析,读者能够更加直观地理解故障诊断的流程和要点,了解在不同工况下如何准确识别问题、分析原因并采取合适的解决方案。本书能够成为读者在港口机械故障诊断领域的得力助手,助力保障港口作业的安全、稳定和高效。

目录

1 绪论

1.1 背景及现状

全球贸易物资的90%通过港口由远洋船舶运输实现。港口是现代综合交通运输体系中实现水陆中转运输的重要物流枢纽。港口机械是港口高效率完成船舶装卸作业、货物存储、转载运输的物流技术装备。在经济朝着全球化、绿色化发展的今天,远洋船舶的大型化推动了港口深水化、专业化、自动化码头的建设,同时对港口机械的发展不断提出新的需求和新的挑战,使得机械设备的故障诊断技术越来越受到重视,已经成为保证生产系统安全稳定运行和提高产品质量的重要手段和关键技术。

根据2022年国务院印发的《广州南沙深化面向世界的粤港澳全面合作总体方案》,支持广州南沙打造成为立足湾区、协同港澳、面向世界的重大战略性平台。广州港成为物流大枢纽、能源大动脉、粮食大通道,发挥了国际集装箱枢纽港、全国沿海内贸集装箱第一大港、最大粮食接卸港等枢纽港功能,是大湾区中唯一的综合性港口。南沙港区是广州港的主力港区,占广州港集装箱吞吐量的7成以上。广州港股份有限公司南沙集装箱码头分公司(简称:南沙三期)自2013年开始投入试运营后,陆续配置了149台大型港口起重机,实现了码头部分前沿及堆场设备自动化、远控半自动操作。广州港近几年内对新兴技术进行了深入探索,努力推动着港口技术的发展,对智慧港口的建设初见成效。

广州港集团为加快推动落实"南沙方案",引领大湾区国际航运、科技创新功能承载区建设,在对传统港口进行改造,向无人化、自动化、智能化智慧港口转型的过程中,遇到了诸多挑战:(1)待改造设备种类多样性、监测信号异质性以及诊断方法尚不成熟等因素使得存在同时处理各类设备的异构性,处理复杂的监测信号,以及采用尚未经过充分验证的诊断方法等问题;(2)在运行和维护设备方面，设备数量庞大和有限的通信带宽导致数据传输受到限制，设备反馈渠道受限会进而影响设备的有效管理和运作；(3)在推进港口无人化作业的过程中，由于没有人工直接操作和及时干预，突发情况可能难以被及时发现和处理，且随着设备技术要求越来越高，传统的人工定期巡检不再能满足设备的运行维护需求。

针对上述难点，南沙三期提出建设港口装卸设备全寿命周期一体化智能运维系统。通过大数据及人工智能技术，实现对港口关键设备的智能状态监测、关键零部件的全寿命周期管理，实现对港口机械状态监测，保障设备安全运行、提升设备效能。在确定智能运维系统整体架构时，首先强调基础设施层和信息交互层是系统运行的基础和系统各个组成部分之间交流的桥梁，智能运维系统的基本框架如图1-1所示。

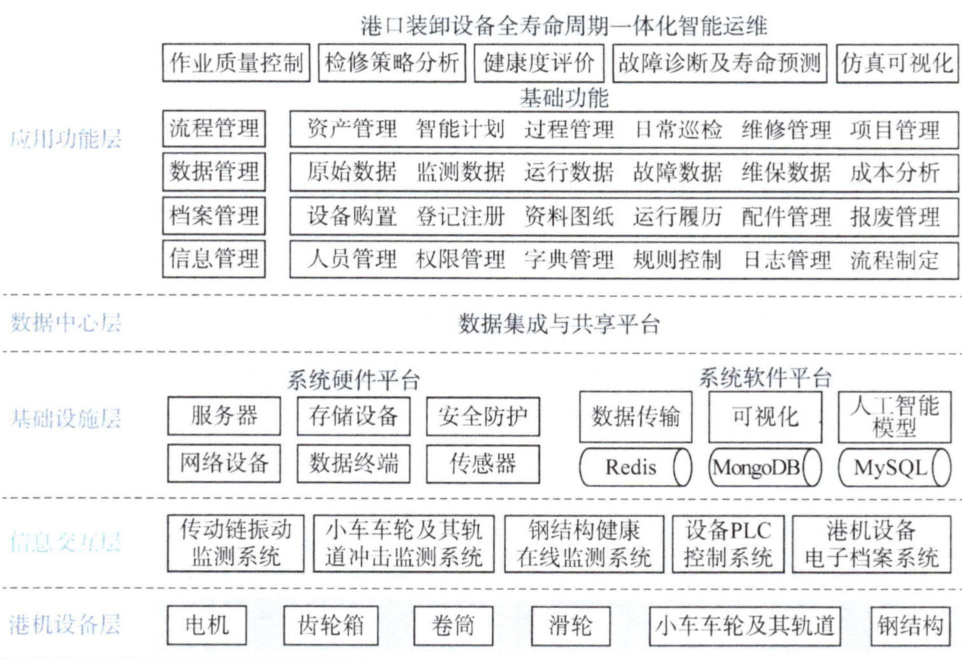

图1-1 港口装卸设备全寿命周期一体化智能运维系统基本框架

该系统主要由应用功能层、数据中心层、基础设施层、信息交互层和港(口)机(械)设备层组成。其中，港机设备层包括所有与港口设备相关的组件，如传感器、摄像头、港口机械设备PLC等；信息交互层负责数据和信息的处理以及在各个层之间的数据传递；基础设施层提供了网络、存储和计算等基础设施；数据中心层负责存储和管理系统内所有的数据;应用功能层系统的用户界面和业务逻辑处理,包括各种应用程序和服务。

得益于智能运维系统的搭建,南沙三期制定了全新的智能巡检运维策略,使得港口运行安全、合理且经济。智能巡检运维策略打破了信息系统的数据壁垒,实现港口设备监测数据、运营数据以及设备管理数据协同应用。通过高效互联交互,该系统提高了港口机械传动系统的关键部件整个生命周期内的健康监测与运维的管理水平,形成了中国港口协会团体标准《岸边集装箱起重机传动部件振动监测系统技术要求》(T - CPHA 22 - 2023),其技术路线具有良好的标准示范效应。

信息交互层围绕港口设备的关键易失效部件,例如传动部件、轮轨、钢结构等,采取"问题分析—难点突破—功能集成"的"三步走"研究方案,分别搭建了钢结构健康在线监测与评估模型、传动部件机械状态在线监测模型、小车车轮及其轨道智能监测模型等诸多监测模型;建立了整合集装箱码头起重机载荷、能耗、小车速度和传动部件振动信号相结合的数据处理框架;结合可编程逻辑控制器(PLC)进行数据采集传输,通过数据深度挖掘,通过起重机电机、齿轮箱振动等信号进行无监督故障诊断。同时本系统形成了操作路径优化与能耗曲线,更深入且直观地展现起重机的工作状态,并开发了港口机械累计疲劳损伤模块,显著提高了港口机械关键传动部件整个生命周期的健康监测与运维的管理水平。

1.1.1 港口机械

从服务功能角度来讲,港口机械功能多样,以满足各类货物装卸、搬运、存储等需求,为不同船舶提供全面停靠服务。比如散货码头的抓斗起重机可高效处理煤炭、矿石等散货,散杂货码头的门式起重机、叉车能起吊搬运不规则件杂货。就生产效率而言,先进港口机械作业能力强,可在单位时间内完成更多任务,大幅缩短船舶在港停留时间。以集装箱码头为例,高效的岸边集装箱起重机配合堆场及水平运输设备,能快速流转集装箱,极大提升码头吞吐能力,对全球贸易供应链顺畅运转至关重要。图 1 - 2 展示了广州港的各类港口机械图片。其中,图 1 - 2(a)为岸边集装箱起重机(简称:岸桥);图 1 - 2(b)为门座式集装箱起重机;图 1 - 2(c)为轨道式集装箱起重机(RMG);图 1 - 2(d)为轮胎式集装箱起重机(RTG)。

（a）岸桥

（b）门座式集装箱起重机

（c）轨道式集装箱起重机（RMG）

（d）轮胎式集装箱起重机（RTG）

图 1-2 各类集装箱起重机

1.1.1.1 港口机械特点

与通用起重运输机械相比，港口机械有着运行速度快、效率高等鲜明的特点，这些特点使其在港口作业中发挥关键作用，同时也对其设计、制造、维护等方面提出了严格要求。

1）功能覆盖全面

港口机械全面涵盖港口起重、运输、装卸、搬运等机械化作业需求，是相互协作的有机整体系统。比如岸边集装箱起重机负责集装箱在船舶与码头间的垂直吊运装卸，轮胎式集装箱门式起重机承担码头堆场内集装箱的堆码和搬运，叉车可进行码头不同区域小件货物短途运输。这种全方位功能覆盖，保障了港口能高效处理各类货物及作业流程。

2）外形与结构特点

港口机械外形高大、结构复杂。为满足大规模货物装卸需求，需要足够大的起升高度和工作半径，像岸边集装箱起重机高度可达几十米、小车运行距离甚至上百米，能覆盖船舶多层集装箱舱位。同时，为确保高负荷、频繁作业下的稳定性与安全性，其结构设计涉及大量钢结构件、传动机构、控制系统等的合理布局与精确配合。以岸桥为例，桥架结构要承受巨大载荷，其内部起升机构、行走机构等子系统间的连接与协同工作需精心设计和严格调试。

3）先进的控制技术

随着科技发展，港口机械融入诸多自动化、无人化、智能化控制技术以提升作业效率与安全性。许多岸边集装箱起重机和堆场起重机配备了自动定位系统、防摇系统、远程操控、监控系统等。自动定位系统能精确控制起重机起吊位置，确保集装箱准确装卸；防摇系统可减少吊运时集装箱的摆动，提高作业稳定性；远程操控、监控系统让操作人员在中控室实时操纵、调整、监控掌握设备运行状态，并及时发现和处理潜在故障隐患。

4）机动灵活

尽管港口机械体型庞大，但在港口有限空间内仍可灵活移动和作业，以适应不同船舶停靠位置及货物堆放布局。如轮胎式集装箱门式起重机能在码头堆场内自由移动转场，按需快速调整作业位置、转移到不同箱区，高效完成集装箱堆码、翻箱和搬运。

5）工作繁忙

港口进出口贸易量大，港口机械几乎不间断工作，每天要完成大量装卸作业任务。这对设备可靠性和耐久性要求极高，要求其在长时间连续作业下保持良好性能状态。

6）恶劣工况环境

港口地区面临海水侵蚀、湿度大、盐雾、灰尘多、强风等不利因素，会对港口机械的金属结构、电气系统、传动部件等造成不同程度腐蚀、损坏，形成故障隐患。所以在设计制造时，需充分考虑这些影响，采用耐腐蚀材料、加强防护措施等，确保设备长期稳定运行。

7）高节能、绿色环保与可靠性要求

在节能减排大背景下，港口机械要不断优化能源利用效率、降低能耗，如采用高效电机驱动系统、节能型液压系统等减少能源消耗和温室气体排放。而且其工作性质决定一旦出现故障，现场维修困难，因而可能导致港口作业停滞、存在压船风险，造成巨大经济损失，所以对设备可靠性要求很高，需通过严格质量控制、定期维护保养等确保无故障运行。

1.1.1.2 岸边集装箱起重机

以本书的主要研究对象（岸桥）为例，详细阐述典型港口机械设备的主要组成。岸桥作为集装箱码头最前沿的主力装卸设备，在集装箱运输环节起着关键作用，承担着舱盖板装拆、集装箱在船与码头间的装卸及转运任务。其下方设水平运输设备行驶通道，便于集卡通行以实现集装箱快速转运。岸桥由多个重要部分构成，各组成部分相互协作、紧密配合，共同构成完整装卸设备系统。其外观和机械总图示意如图 1－3 所示，主要组成部分如下[1]。

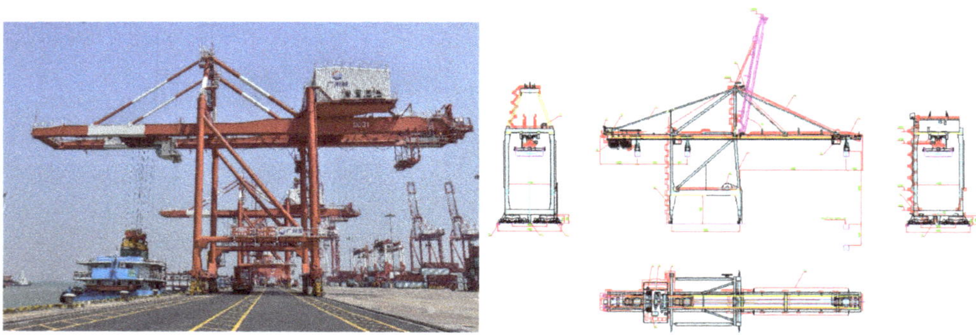

（a）外观　　（b）机械总图示意

图 1－3　岸桥

1）金属结构

金属结构是岸桥的支撑骨架，包含桥架（臂架）、梯形架和门架等。桥架是岸桥主体框架，为大型钢结构，其设计要覆盖船舶装卸区域，具备足够强度与刚度，承受起升机构、小车运行机构及吊运集装箱等带来的载荷，并传递给下部结构。起升机构依托桥架式的臂架进行集装箱垂直升降操作，二者相互影响。门架位于岸桥下部，支撑桥架与整个岸桥重量，需要适应码头承载。门架为大车行走机构提供连接结构，且其关乎岸桥刚度和稳定性，能够影响起升机构吊运工作。门架的腿压和轮压上限由码头水工基础的承载能力直接决定。

2）起升机构

起升机构是实现集装箱垂直升降的关键机构，与其他部分紧密配合完成装卸任务，由辅助装置、卷筒、电动机、高速端制动器、减速器、联轴器、低速端制动器、起升缠绕系统等组成。辅助装置保障起升机构正常运行，如为电动机散热、为制动器润滑等。卷筒在电动机驱动下带动绳索实现集装箱升降。电动机提供动力,其性能影响起升机构效率与可靠性。高速端与低速端制动器分别在电动机端和卷筒端,确保吊运时集装箱安全停稳。减速器适配卷筒工作要求,联轴器保证动力传递顺畅,起升缠绕系统避免绳索故障。

3）运行机构

运行机构指负责岸桥或集装箱移动的机构,包括小车运行机构和大车行走机构,它们协同起升机构实现集装箱不同方向的移动。小车运行机构负责将起升机构吊起的集装箱沿桥架横向移至指定位置。小车运行架构由小车架、电动机、减速器、车轮及轨道等构成。电动机为小车在桥架往返运动提供牵引动力,其性能影响小车运行速度与稳定性。减速器调整电动机转速与扭矩,保障小车平稳运行。车轮与轨道配合,确保小车顺畅移动,其状态对与起升机构防摇与协同作业至关重要。大车行走机构负责岸桥在码头的横向移动以便装卸不同船舶位置上的集装箱。位于门架底部,由行走轮、电动机、减速器、轨道及缓冲装置等组成。行走轮承载岸桥重量并实现其在码头轨道行走。电动机提供岸桥行走动力,其与起升机构电动机分工不同但需协同工作。减速器适配电动机与行走轮,保证岸桥平稳行走。轨道及缓冲装置确保岸桥行走基础良好,其状态影响起升机构吊运操作和门架结构的承载状态。

在作业中,大车行走机构先将岸桥移至合适的船舶舱口位置,起升机构随后启动吊运集装箱,之后小车运行机构将集装箱纵向移至指定位置,各环节紧密衔接。

4）吊具

集装箱吊具是与集装箱连接并吊运的关键部件,可自动或手动调整尺寸以适配不同规格集装箱。它与起升机构紧密配合,通过绳索连接,起升机构带动吊具实现集装箱升降。吊具的牢固性与可靠性至关重要,若出现故障导致集装箱脱落,会造成货物损失与人员危险,还影响起升机构正常工作。

5）电气控制系统

电气控制系统包括控制柜、传感器和操作室。它集中控制岸桥各机构,通过电气设备执行精确操作指令。它可以统一控制起升机构的运行状态,还根据起升机构反馈信息调整其他机构运行,确保系统协调运作。同时起重机故障监测的振动、温度等传感器也与控制系统相协调,在采集这些监控信息的同时同步收集起重机的运行状态信息,如电机转速、起升高度、起升速度、起升载荷,以及电机工作电流等等。监测信息和运行状态信息采集需要同步。

岸桥运行状态传感器种类繁多，包括位置、速度、荷重传感器等，需要实时检测各机构运行状态并反馈给控制系统。部分状态传感器能辅助精准控制吊运操作，如荷重传感器监测装卸重量防止超载，位置传感器监测垂直位置以控制升降高度。操作室配备操作手柄、按钮、显示屏等设备。操作人员在此控制岸桥运行，查看各机构实时状态，并协调各部分配合，确保装卸作业流程顺利进行。

1.1.1.3 港口故障诊断的意义

港口机械在港口的生产运营中占据着举足轻重的地位，其正常运行对于保障港口的高效运作至关重要。而准确、及时的故障诊断在其中发挥着多方面的重要意义，具体如下：

1）保障港口生产连续性

港口作为全球贸易的重要节点，货物的装卸、转运等作业需要持续不断地进行。一旦港口机械出现故障，如果不能迅速诊断并修复，将会导致港口作业的停滞，进而影响整个供应链的顺畅运转。例如，岸桥若发生故障，无法正常装卸集装箱，那么船舶就可能被迫在港停留，这不仅会延误货物的交付时间，还可能导致一系列后续的经济损失，如仓储费用增加、运输计划打乱等。通过有效的故障诊断，能够快速定位故障点并采取相应措施，最大限度地减少停机时间，确保港口生产的连续性。

2）提高港口运营效率

准确的故障诊断有助于针对性地解决问题，避免盲目维修和长时间的排查。当能够明确故障所在及其具体原因后，维修人员可以迅速开展精准修复工作，使得港口机械能够尽快恢复到正常运行状态，提高设备利用率，在单位时间内能够完成更多的作业任务，从而提升港口的整体运营效率。比如，对于一台出现齿轮箱故障的轮胎式集装箱门式起重机而言，如果能快速诊断出是齿轮箱系统的某个轴承或者齿轮出现问题，及时更换或修复该零部件，起重机就能迅速重新投入工作，继续高效地进行集装箱的堆码和搬运作业。

3）降低港口运营成本

岸桥等起重机的传动设备，如起升、俯仰和小车运行驱动机构都位于起重机的上部机器房中。机房中配备有维修行车，它可以配合运维人员进行一半的维修保养。但是如果这些机构发生了重大故障，此时就需要大型吊装设备将其从高处吊装到地面，转移到专业工厂进行维修，维修难度和成本将大大增加。

一方面，早期故障诊断能够避免故障的进一步恶化，减少因故障扩大而导致的更严重的设备损坏,从而降低设备维修成本。例如,若能在机械部件刚开始出现轻微磨损时就通过诊断发现并及时处理,就可以防止磨损加剧直至部件断裂等更严重情况的发生,避免了更换整个部件的高额费用。另一方面,可有计划、有针对地准备零部件备件,快速恢复港口机械的正常运行,减少因停机造成的生产停滞带来的经济损失,如减少船舶滞港费用、避免货物积压产生的仓储费用等,从整体上降低了港口的运营成本。

4）提升港口机械安全性

部分港口机械故障可能会引发安全事故,危及港口工作人员的生命安全以及港口设施的完整性。例如,起升机构的关键部件如卷筒、制动器等出现故障,可能导致集装箱在吊运过程中失控掉落,造成严重的人员伤亡和财产损失。通过在线故障诊断,及时发现潜在故障隐患,就可以提前采取防范措施,如加强部件的维护保养、更换存在安全隐患的部件等,从而有效提升港口机械的安全性,保障港口作业的安全进行。

1.1.1.4 港口故障诊断的挑战

尽管港口机械故障诊断具有如此重要的意义,但在实际操作过程中,却面临着诸多挑战,这些挑战主要源于港口机械自身的特点以及所处的特殊环境。

1）复杂的结构与系统集成

港口机械通常具有复杂的结构,由多个子系统如机械传动系统、电气系统、液压系统等相互集成而成。各个子系统之间紧密耦合,相互影响,一个子系统的故障可能会引发其他子系统的连锁反应,导致故障现象变得复杂多样。例如,岸桥的起升机构故障,可能不仅涉及机械部件如卷筒、联轴器等的磨损或损坏,还可能与电气控制系统的故障有关,比如电机故障导致动力不足,进而影响起升机构的正常运行,或者与液压辅助系统的故障有关,如液压泵故障影响制动器的制动效果。这种复杂的结构和系统集成使得准确诊断故障的根源变得困难,需要综合考虑各个子系统的运行状态和相互关系。

2）恶劣的工况环境

港口机械所处的工况环境十分恶劣,面临着海水或者盐雾的侵蚀、湿度大、灰尘多、强风等不利因素。这些环境因素对故障诊断设备本身以及诊断结果都产生了较大的影响。首先,恶劣环境会加速故障诊断设备的老化和损坏,例如湿度大可能使振动传感器、温度传感器等受潮、腐蚀,影响其测量精度,甚至导致传感器设备失灵;灰尘多可能堵塞压力传感器等设备的进气口,使测量结果不准确。其次,恶劣环境也会干扰故障诊断的信号采集和分析,例如海水侵蚀可能会改变金属结构的电磁特性，影响基于电磁原理的诊断方法的准确性；强风可能会引起港口机械的额外振动，掩盖了原本由故障引起的振动特征，使得通过振动分析诊断故障变得更加困难。

3）实时性要求高

港口机械几乎处于不间断的工作状态，港口的生产运营依赖于其持续稳定地运行。因此，一旦出现故障，需要尽快诊断并修复，以减少对港口生产的影响。然而，现有的一些故障诊断方法在实时性方面存在不足。例如，油液分析这种诊断方法，虽然可以通过对液压系统或润滑系统的油液进行取样分析来推断系统的故障情况，但它通常需要较长的时间来完成分析过程，无法满足港口机械在故障发生时即刻获得诊断结果的要求。另外，一些复杂的诊断算法，如基于人工智能的诊断方法，虽然在准确性上有一定优势，但在实时处理大量数据进行快速诊断方面也面临挑战。

4）缺乏全面准确的故障数据库

要实现高效准确的故障诊断，一个完善的故障数据库极为关键。通过分析历史故障数据，可以总结出不同故障类型的特征、发生频率、与环境因素的关系等规律，从而为当前的故障诊断提供参考和依据。然而，目前港口机械领域往往缺乏这样一个全面准确的故障数据库。一方面，港口机械的种类繁多，不同类型的港口机械可能会有不同的故障模式，收集和整理所有这些故障数据本身就是一项艰巨的任务；另一方面，即使有一些故障数据的记录，可能也存在记录不完整、辨识不准确等问题，比如故障描述不清楚、未记录完整的环境条件等，这些都影响了利用故障数据库进行准确诊断的效果。

完善的数据库，不但不能遗漏故障类型，而且需要同种故障下、多工况下的样本，同时还需要有对应的起重机运行状态信息，例如记录故障状态下的载荷、速度等。这种完整的故障样本称之为有完善标注的“标签样本”。

1.1.2 港口机械故障类型

从系统的角度来看，机械故障包含两层意思。其一为机械系统偏离正常功能，这通常是因为系统的工作条件不正常所致，不过此类情况可通过适当调节使其恢复到正常功能状态。其二是功能失效，意味着系统持续偏离正常功能且偏离程度不断加剧，以至于系统的基本功能都无法得到保障。

基于不同的性质、状态等因素，故障可划分为多种类型[2]，如图 1-4 所示。

对于港口机械设备而言，发生故障的主要原因可归纳为设计缺陷、操作失误、环境因素和设备老化[3]。设计缺陷是引发设备故障的原因之一，包括设计不合理、材料选用不当等问题，会导致设备在使用过程中出现故障。操作失误也是造成设备故障的重要原因，例如操作不当、维护保养不到位等都会对设备的正常运行产生影响。天气恶劣、湿度大等环境因素也会加剧设备故障的发生。同时随着设备使用时间的增长，零部件的老化、磨损会导致设备性能下降，最终导致设备故障。

- 故障分类
  - 工作状态
    - 间歇性故障：有时发生，有时又自行消失，出现规律难以捉摸
    - 永久性故障：除非进行维修，不然会一直存在，对设备产生持续影响
  - 故障程度
    - 局部功能失效：设备某一部分出现故障，整体有一定的运行能力
    - 整体功能失效：故障极为严重，除非进行维修，不然无法正常运行
  - 形成速度
    - 突发性故障：往往在瞬间发生，没有明显的征兆，难以提前预测
    - 缓变性故障：具有渐进性和局部功能失效的特点，相对而言可以预测
  - 形成原因
    - 操作或管理失误形成的故障：由于人为的外在因素引发
    - 机器内在原因形成的故障：由于机器在设计、制造中的缺陷等因素引发
  - 故障后果
    - 危险性故障：会产生整机损坏、车间破坏甚至是人身伤亡等严重后果
    - 非危险性故障：对设备和人员危害相对较小
  - 形成时间
    - 早期故障：有一些征兆，一般不会影响机器运行，需要密切关注
    - 随时间变化的故障：属于渐进性故障，可通过事先监测等手段进行预测
    - 随机性故障：相同条件下偶尔出现的故障，分析和诊断的难度较大

图 1-4 机械设备的故障分类

港口机械设备常见的故障主要有机械故障、电气故障、液压故障和控制故障等[4]。

1）机械故障

机械故障，表现为零部件的磨损、松动、断裂等问题，这些情况会直接影响设备的正常运行。其诊断方法主要包括振动分析、声音分析、磨损分析等。其中，振动分析是通过采集分析设备的振动信号来识别故障的特征；声音分析则是借助分析设备的声音信号达到同样目的；磨损分析是通过分析设备的擦痕、磨削碎粒、油污中成分情况，进而确定故障的原因与位置。

2）电气故障

电气故障是较为常见的一种故障类型，主要表现为电路短路、断路、电源故障、电机烧毁、继电器接触不良等，这些问题会导致设备无法正常供电或运转。针对电气故障，诊断方法主要有电气参数分析、故障代码分析、电路分析等。电气参数分析是通过分析设备的电气参数（如电压、电流、电阻等）来识别故障的特征；故障代码分析是通过分析设备的故障代码确定故障的类型；电路分析是通过分析设备的电路图确定故障的位置。

3）液压故障

液压故障，例如泵损伤、阀门卡死等情况。其诊断方法主要有压力分析、流量分析、温度分析等。压力分析是通过分析设备的压力信号识别故障的特征；流量分析是通过分析设备的流量信号识别故障的特征；温度分析是通过分析设备的温度信号确定故障的位置。

4）控制故障

控制故障，如控制系统失效、传感器故障等。诊断方法主要有信号分析、算法分析、模型分析等。信号分析是通过分析设备的控制信号识别故障的特征；算法分析是通过分析设备的控制算法确定故障的类型；模型分析是通过分析设备的控制模型确定故障的位置。在实际操作中，通常需要结合多种诊断方法，进行综合诊断，以提高诊断的准确性和效率。

5）结构故障

岸桥作为码头前沿用于集装箱装卸的核心设备，一旦其金属结构发生大的结构损伤，不但会造成大量的经济损失，还会带来巨大的安全隐患，对金属结构同样需要进行监测与分析。其金属结构基本层面的损伤情况主要有这几方面：金属材料的裂纹和开裂、钢结构变形、焊缝、材料的锈蚀和涂层剥离、车轮轮压造成的压溃损坏或者局部变形、连接件断裂等[5]。

（1）金属材料的裂纹、开裂。

当出现这种情况时，应当追溯其受冲击载荷、碰撞、应力集中以及疲劳载荷的原因，并且要结合执行机构以及实际工况运转情况进行分析。

（2）钢结构变形。

主要考虑承载是否超标、是否偏载严重等原因，同时也不能忽视实际工况中碰撞、冲击载荷所致的变形情况。

（3）焊缝。

对于焊缝问题，一方面要探究焊接质量的监控情况以及焊缝处所受疲劳应力的原因;另一方面,还应注意焊缝所体现的问题可能是由多重故障模式传递而来,所以需要判别其最初始的直接原因。焊缝、结构件出现的裂纹会造成金属结构的整体损伤,严重时会威胁到岸桥的安全,必要时需停机检测,进行结构裂纹检测或者表面探伤。为了不伤及结构,通常采用无损探伤的方法,常见的有磁粉、渗透探伤和超声波探伤等。磁粉检测操作简单、成本低,但对技术人员的经验要求较高;渗透检测可检测出裂纹在表面的分布情况,但对于裂纹的扩展情况较难确定;超声波探伤应用范围相对较广,线性超声波用于探测宏观的裂纹,而因材料疲劳产生的微裂纹采用非线性的超声波进行检测具有更高的灵敏度。

(4) 材料的锈蚀、涂层剥离。

这类故障模式多与其所处环境有关,主要原因有环境侵蚀、频繁摩擦或未做事先维护等。

(5) 轮压。

除了需要考虑是否超载运行,同时监测是否受较强风侵袭之外,更经常出现的还有啃轨、轨道磨损、局部压溃、轨道压板形变和螺栓松动等造成的问题。

(6) 连接件。

这属于多重故障模式,其本身产生的原因可能是防松措施不到位、疲劳应力反复或材料自身磨损、损伤等。

影响岸桥正常运转的结构事故往往是多种故障相伴而生的,经过不同层次故障的传递和叠加会促进新故障的生成。比如,腐蚀和磨损会消减零部件的关键尺寸,从而降低材料的强度、刚度,在施加相同载荷的情况下,经过腐蚀和磨损的结构会产生更大挠度的变形,由此可能会阻碍小车的正常运行。腐蚀和磨损还会降低整体的动刚度,而吊装过程中不可避免地会产生振动,降低动刚度就意味着更容易发生共振造成整体结构垮塌。当结构各部件的连接部位发生损伤后,连接件强度降低更容易被破坏,较大的空隙更容易受到冲击载荷的影响致使连接材料断裂。当零部件的材料强度不均衡时,会因受力不均衡造成侧偏,还可能会在交变载荷作用下加速材料的疲劳,产生裂纹并不断扩展等。

1.1.3 港口机械故障诊断方法

常用的故障诊断方法根据不同模式、技术手段可按以下四种方式进行分类[2]。

1.1.3.1 按诊断模式区分

离线人工分析诊断、在线监测诊断和远程监测诊断。

1.1.3.2 按检测手段区分

1）目视诊断方法

目视诊断通过直接观察机械设备的外观、运行状态等来判断故障。维修人员仅通过观察就能发现如零件的磨损、变形、腐蚀、泄漏等明显问题，简单、直观、成本低，不需要复杂的仪器设备，但对于隐藏在内部的故障不易检测。

2）振动检测诊断法

以机器振动作为信息源，在机器运行过程中，通过振动参数的特征变化来判别机器的运行状态。首先，振动检测诊断方法具有较高灵敏度，设备早期故障产生时，往往先在振动特性上有所体现，故而能及时捕捉到微弱变化；其次，振动信号包含着丰富的信息，包含了频率、幅值、相位等多维度信息，可以全面地反映机器的运行状态，包括故障类型、位置和严重程度；再者，振动信号的采集具有非侵入性，不需要对设备进行拆解或破坏，在不影响设备正常运行的情况下进行检测，大大减少了对生产流程的干扰和设备损坏的风险。

3）噪声检测诊断法

以机器噪声作为信息源，在机器运行过程中，通过噪声参数的变化特征来判别机器的运行状态。此方法的本质与振动检测诊断法是一致的，因为噪声的形成源主要是振动。虽检测简便，但易受环境噪声影响，不如振动检测诊断法准确。

4）温度检测诊断法

以机械系统中可观测的温度（如轴瓦、润滑油等的温度）作为信息源，在机器运行过程中，通过温度参数的变化特征来判别机器的运行状态。由于温度升高是一个时间累积过程，将其作为一个故障指标需要寻找更灵敏、可靠的检测和诊断方法。

5）压力检测诊断法

以机械系统中的气体、液体的压力作为信息源，在机器运行过程中，通过压力参数的变化特征来判别机器的运行状态。

6）声发射检测诊断法

以金属零件、钢结构件在磨损、变形、开裂过程中产生的弹性波作为信息源，在机器运行过程中，通过分析弹性波的频率变化特征来判别结构的运行状态，目前应用声发射方法进行机构故障损伤过程及规律的辨识已经得到应用。

7）磨损残余物检测法

利用铁谱分析仪、光谱分析仪检测机器运行时产生的磨损残余物，进行机器运行状态监测及故障诊断。如通过分析润滑油或切削冷却液中金属的成分、含量、形状及颗粒大小等的变化，来判别机器的运行状态。

8）金相分析诊断法

通过对某些运动零件的表面层金属显微组织、残余应力、裂纹及物理性质进行检查，研究其变化特征，来判别机器设备存在的故障及形成原因。

1.1.3.3 按诊断方法的数据处理原理区分

1）频域诊断法

应用频谱分析技术，根据频谱特征变化，判别机器的运行状态及故障原因。

2）时域分析法

应用时间序列模型及其有关的特性函数，判别机器工况状态的变化。

3）统计分析法

应用概率统计模型及其特性函数，实现机器的工况状态监测与故障诊断。

4）非平稳信号分析法

机械设备的测试信号常常是非平稳的，可应用 Wigner 分布、小波变换和时频分析等方法进行研究并提取特征量判别故障性质。

5）信息理论分析法

应用基于信息论建立的某些特性函数，例如 Kull-back-Leiber 信息数 J 散度等在机器运行过程中的变化，进行机器的工况状态分析与故障诊断。

6）人工智能方法

如模式识别、人工神经网络、专家系统等。指由于人工智能技术的发展而提出来的诊断方法。

1.1.3.4 按诊断对象区分

有旋转机械故障诊断、结构故障诊断、电路故障诊断等，对应到港口机械，可以大致分为起升机构等传动机构的故障诊断、钢结构损伤的故障诊断等。从故障诊断原理来看，不同诊断对象的动态性能和外部表征各具特点，但诊断的策略和方法却具有基本的共性。

1.1.4 港口机械故障诊断技术研究现状

对于港口机械，振动信号能够直接获取其运行状态信息。大量的文献和研究均表明，加速度振动信号包含着机械设备的各种动态信息，且加速度传感器具有安装便捷和抗干扰能力强等特性。对于港口机械传动机构而言，基于振动信号分析的故障诊断是有力的途径[6]。基于振动信号分析的故障诊断方法，可分为基于信号处理的传统故障诊断和基于机器学习的智能故障诊断。其中，按照采用机器学习模型的深度不同，智能故障诊断又分为基于浅层机器学习的故障诊断以及基于深度学习的故障诊断。

1.1.4.1　基于信号处理的传统故障诊断

根据国内某知名港口机械制造商对港口起重机历年故障类型和概率统计的结果，发现导致起重机停机检修的故障中，55%都是传动机构故障[7]。因此传动机构如齿轮箱、电机、卷筒座等的故障诊断研究是目前研究的重点。港口机械的传动链组成复杂、传动路径多样、多个振动源相互串扰，使得获取的振动监测信号有强非线性；非平稳工况和故障部件产生的非平稳性相互叠加，采集的振动信号更具有强烈的非平稳性和时变性。港口机械工作状态改变时，响应的振动信号也会随之发生变化。其中，信号烈度判断是最简单、也是最常用的设备健康评估方法。这种方法预先确定好阈值，当振动信号的幅值超过这个阈值，就会发出故障报警。但在实际应用中，该方法的应用存在很大的局限性。对于港口装卸机械，工况频繁变换同样会带来振动监测信号幅值的变换。图1-5展示了岸桥的一个典型工作循环，岸桥在装卸过程中，每个集装箱重量不一、转速不断变化，伴随着频繁的加减速和上升、下降过程，相应的振动信号也不断随之发生变化。甚至由此导致，设定阈值的方式甚至不能判断设备是否发生或者判明何种故障，无法采取针对性的维护策略，也就是“振动弱不代表没故障，

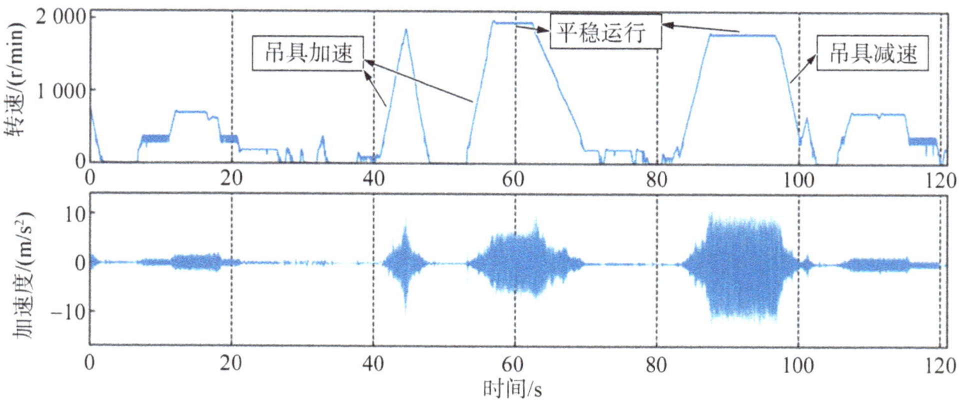

图1-5　某岸桥实际装卸过程中电机的转速与振动监测信号波形图

振动强烈不代表有问题”。因此振动信号分析的最大目的是提取工况不敏感特征，以及能够区别不同故障的特征。

港口机械设备采集的振动信号为非平稳、非线性信号。为处理这类信号，产生了许多优秀算法如信号分解方法、时频分析方法等等。图1－6中给出了信号处理方法的简要分类。

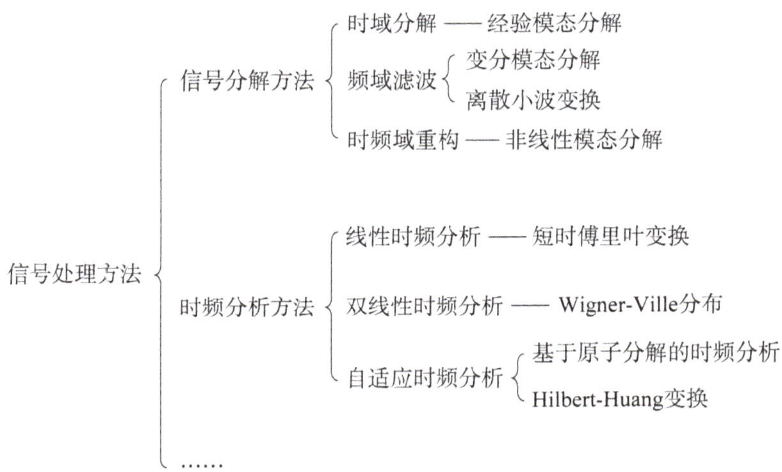

图1－6 常用信号处理方法分类

时域分析是最为简单和直观的一种分析方法，通过构造时域统计参数来表征设备的运行状态。均方根作为信号幅值的表征指标，被用来检测不平衡故障；峰值因子被定义为峰值与均方根值的比值，也可以用来对早期故障进行诊断。一些表征振动信号冲击特性的指标也被广泛用于指示故障，峭度是其中较为典型的一种。但是时域分析提取的指标表征故障能力有限，且比较容易受到工况变化和噪声干扰的影响，稳定性差。

考虑到港口机械上的齿轮箱这类典型旋转机械存在运动的周期性，振动信号的频域分析能够提供更加丰富的信息用于表征设备健康状态。港口起重机械发生故障，反映在振动信号上往往为周期性的冲击，比如滚动体每次经过轴承内圈上的磨损点。因此，将振动信号变换到频域，提取冲击信号所对应的频率，是一种常用的故障诊断方法，其中滚动轴承的内圈故障频率、外圈故障频率和滚动体自转频率是最为经典的故障频率特征，另外一些复杂的频率统计参数也可被用来反映信号频谱特性。将振动信号分解成不同的频率成分进而提取能量分布特征，是另一种被广泛研究的频谱分析方法。经验模态分解（Empirical

Mode Decomposition, EMD)是最著名的信号分解方法之一,还有小波包分解、变分模态分解、固有尺度分解和奇异谱分解等方法。基于频域的分析方法,只能表征信号整体上在频谱的能量分布,适用于分析平稳信号,对于频率成分随着时间变化的非平稳信号难以有效进行分析,特别是随着工况变化的振动监测信号。

时频域联合分析方法可以将时间信息和频率信息同时表征出来。短时傅里叶变换(Short Time Fourier Transform, STFT)是最为简单与常用的一种时频分析方法,基本原理是在时间轴上平移一个窗函数对原始信号进行分段傅里叶变换,将各分段的频域组成一个时频谱,从而分析比较每个片段内的频谱来得到信号的时变频谱特性。小波变换(Wavelet Transforms, WT)则是另一种被广泛研究,能够实现窗口大小自适应的时频分析方法,与 STFT 相比,WT 通过对窗函数伸缩和平移操作,实现对信号频谱的细化,最终取得想要的时域分辨率和频域分辨率,小波变换应用的难点在于需要人工选择参数构造合适的小波基函数。此外,STFT 和 WT 经常被称为一次时频分析方法,这些方法都有着一定的使用限制,比如时间和频率的分辨率、噪声水平、计算速度等原因。Wigner-Ville Distribution(WVD)是一种典型的二次时频变换方法,有着很好的时频域分辨率,应用前景广泛,但是目前用于 WVD 交叉项抑制的方法都是以牺牲其他有效时频成分的幅值为代价,没有办法同时在消除交叉项干扰的同时不损坏其他有用成分。

基于经典信号处理的故障诊断方法不需要数据进行训练,对于无历史故障样本的情况也能进行有效的诊断。在处理实时性要求较高的场景时,能够快速对采集到的信号进行分析和处理,给出即时的诊断结果。且诊断过程较为直观,通过对信号的直接处理和分析,故障特征的呈现和解释往往更加清晰易懂,具有很好的可解释性,从而便于在实际应用中进行操作和调整。然而,基于信号处理的故障诊断方法也存在一些不足之处。它对于复杂的故障模式和非线性关系的处理能力相对较弱,难以准确诊断一些较为复杂和隐蔽的故障。此外,该类方法需要技术人员掌握一定的领域知识,且需要寻找信号段并进行数据处理,诊断效率低、很容易因为疏忽而漏诊,更无法实时给出诊断结果。

1.1.4.2 基于机器学习的故障模式识别

从本质上讲,故障诊断问题可以定义为一种分类任务,利用算法识别输入数据的类型。在齿轮箱故障诊断中,振动信号经过处理之后进行特征提取与降维,降维之后的低维特征向量输入分类识别模型,输出齿轮箱的分类故障标签。机器学习算法由数据驱动,能够处理复杂的非线性映射,并且只需要借助很少的专家知识，在图像识别和语音处理方面有着大量的成功应用。

图 1-7 中给出了基于浅层机器学习的故障诊断一般流程。

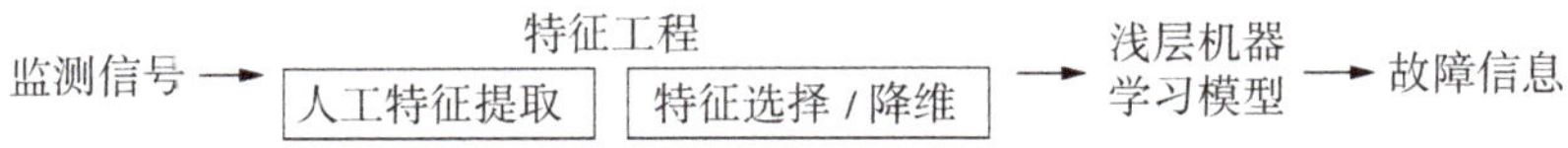

图 1-7 基于浅层机器学习的故障诊断一般流程

机器学习同样可以被划分为无监督学习和有监督学习两大类别。

无监督学习最大的特点是不需要标签信息辅助模型训练，完全基于输入数据内在的相关性，在没有标签指导的情况下挖掘数据的重要模式，适用于无标记数据的分类。聚类算法是最典型的无监督方法，根据定义的广义的相对距离不同，将数据划分为不同的类别。基本思想是使同一类别的数据尽可能聚集，不同类别的数据尽可能远离，例如 K-Means 算法。但是在实际故障诊断中，无监督机械学习方法因为不利用标签信息，无法进一步判断每一种类别所对应的故障状态，在诊断准确性上也低于有监督机械学习方法。

K 近邻（K-Nearest Neighbor, KNN）是最常用的一种有监督分类算法，对于一个待识别的数据，该方法通过最近的 K 个样本所属的类别来判断新样本的类别，虽然存在容易受异常数据干扰的问题，但是 KNN 计算简单，适用于大规模数据分析，在故障诊断领域有着大量应用。支持向量机（Support Vector Machine, SVM）是另一种广泛应用的有监督分类方法，SVM 在小样本、非线性及高维模式识别中表现出许多特有的优势。人工神经网络（Artificial Neural Network, ANN）是一种抽象于人脑神经元结构的有监督方法，具有强大的非线性学习能力，经过了大半个世纪的发展，在很多领域有着很多成功应用。ANN 由大量且分层次的神经元和它们之间的连接组成，整个算法学习过程分为两步，前馈过程负责计算各个神经元的输出，反馈过程通过梯度下降等算法不断更新每个神经元的权重，得到一个最优分类器。

除了上面 3 种有监督学习方法，贝叶斯模型、决策树、隐马尔可夫模型等经典机器学习算法同样在故障诊断领域有着广泛的应用，将多个机器学习算法组合在一起形成一个更加强大分类器的集成学习算法在故障的识别研究方面潜力巨大，其中最为典型的是随机森林算法，该算法由多重决策树组合而成。

1.1.4.3 基于深度学习的故障模式识别

从机器学习到集成学习，研究人员不断追求更强大的分类器来实现对现实复杂数据的识别,基于多层神经网络的深度学习方法应运而生。深度学习强大的能力结合现代计算机强大的算力,在特征提取和处理大数据方面具有巨大优势,能自适应地学习不同工况下的特征。图 1-8 简单展示了基于深度学习模型的智能故障诊断原理。

监测信号 ⟶ 深度学习模型 ⟶ 故障识别

图 1-8 基于深度迁移学习的故障诊断原理

对照图 1-7、图 1-8 可知,基于深度学习模型不再需要人工提取特征,可以形成一种类似端到端的故障诊断,进一步增加了系统的智能化程度。

根据深度学习理论,人工神经网络的每一层在前一层输出数据的基础上进行学习。因此,随着层数的增加,每一层都会重组前一层的特征,能够学习到更深层次的特征。下面介绍几种常用的深度学习模型及其在故障诊断领域的研究现状。

(1) 深度置信网络(Deep Belief Network, DBN):DBN 是生成式图形模型,由受限玻尔兹曼机(Restricted Boltzmann Machine, RBM)堆砌而成,是一种深层神经网络,每层内的单元不存在连接。通过这样的深层结构,深度置信网络可以直接处理原始振动信号,自动从原始信号中挖掘有代表性的敏感特征,从而减少人为构造特征所需的专业知识。

(2) 自动编码器(Auto Encoder, AE):AE 是一种用于无监督学习的高效数据编码的人工神经网络,由多个自动编码机堆叠而成,可以有效提取数据低维特征。

(3) 卷积神经网络(Convolution Neural Network, CNN):CNN 是一种有监督的深度学习算法,被广泛应用于模式识别领域。具有不同于其他深度学习算法的三大突出特点:局部感受野、权值共享以及池化。这不仅降低了网络的复杂度,也减少了过拟合的风险。

(4) 循环神经网络(Recurrent Neural Network, RNN):循环神经网络的神经元节点之间的连接沿着序列形成有向图,这使得它能够在一个时间序列上表现出时间动态行为。与前馈神经网络不同,RNN 可以使用它们的内部状态来处理输入序列,具有记忆功能,这使得它们适用于故障预测等回归性质的任务。

深度学习模型一般需要大量的样本进行训练。然而在实际工程中,要获取如此大规模且高质量的样本往往极为困难。这不仅耗费大量的时间和资源,而且样本的收集和标注过程也容易出现误差,影响诊断模型的准确性。这些故障在南沙三期目前收集的样本也不算很多,还需要在今后的工作中不断积累。本文提供的案例是在已有工作中精选出来的典型案例。

对于训练集中未涵盖的故障类别,深度学习模型可能无法有效识别,限制了其泛化能力。再者,诊断模型对工况十分敏感,例如设备的运行速度、负载变化等因素的改变,都可能使模型的诊断性能大幅下降。此外,深度学习模型的结构通常较为复杂,计算成本高昂,这对于一些计算资源有限的实际应用场景是一个较大的挑战。而且,深度学习模型的内部工作机制往往难以解释,使得在出现诊断错误时,难以准确追溯问题的根源和进行有效的改进。

1.1.5 港口设备智能运维

港口作为全球贸易和物流体系中至关重要的枢纽,承担着巨大的货物装卸和运输任务。随着科技的进步,港口企业出于降低运输成本、提高作业效率及提升企业竞争力的需要,装卸机械自动化及港口无人化成为发展潮流。港口机械设备如岸桥和集装箱堆场起重机(如 RMG、RTG)作为实现这一功能的关键载体,需要持续、高效且稳定地运行,以应对日益增长的物流需求和复杂多变的作业环境。由于港口设备长期在极其恶劣的工况条件如高温、高湿、高盐雾、强振动下运行,港口设备出现故障的频率也随之增加。

一旦港口机械设备出现故障未及时发现,将引发一系列的严重后果,包括长时间的生产停滞、高昂的维修成本、潜在的安全事故风险等等。尤其是对于自动化码头,故障引起的突然停机还会对堆场、AGV、转运等自动化作业流程造成连锁影响。及时、准确地诊断出港口机械设备故障具有极其重要的战略意义和现实价值。基于不断发展迭代的故障诊断算法,结合物联网等技术,工业界开始尝试搭建及研究各类港口设备状态监测系统,以期实现港口装卸设备的远程监控与全寿命周期管理。

针对港口码头定期保养这一维护模式的不足,广州港集团有限公司搭建了基于大数据驱动的港口机械状态监测平台。图 1-9 中给出了广州港集团有限公司设备管理平台的逻辑系统架构图,展示了该监测平台的逻辑层次架构。基于该系统,详细阐述了数据采集、故障诊断与预测等核心技术,并且提供了相应的解决方法和技术路线,并通过实际故障案例的分析阐述该监测平台的运用效果。为进一步保证港机传动链部分的安全稳定运行,南沙三期提出了一种基于振动信号的在线监测方案,并将其运用于岸桥及集装箱门式起重机的状态监测。实例分析结果表明,该在线监测方案通过实时处理振动数据,结合电机转速等信息,可以有效地发现设备早期故障。

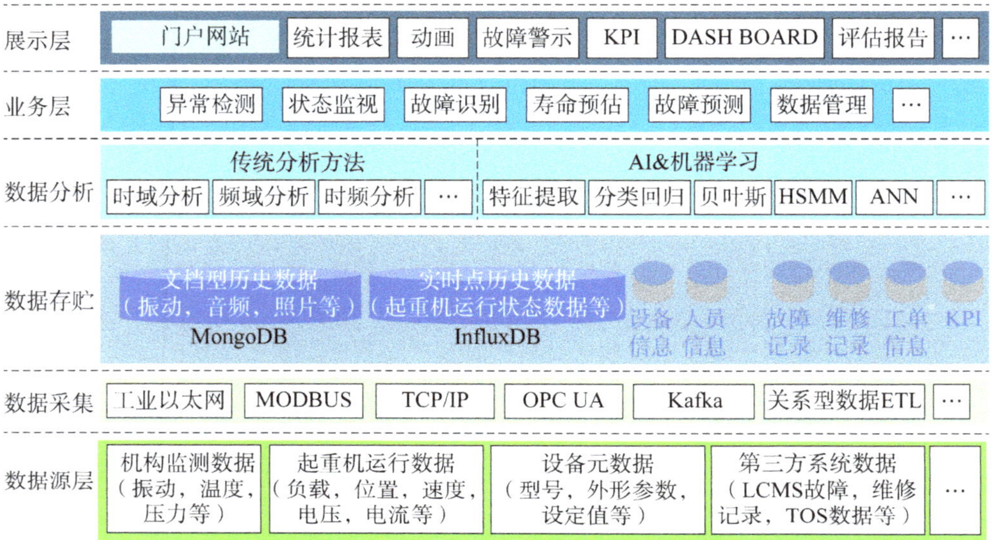

图 1-9　广州港南沙集装箱码头分公司设备管理平台系统逻辑架构图

1.2　故障预测与健康监测的技术内涵

随着测试技术、信息技术和决策理论的快速发展,在航空、航天、通信和工业应用等各个领域的工程系统日趋复杂,系统的综合化、智能化程度不断提高,研制、生产尤其是维护和保障的成本也越来越高。同时,由于组成环节和影响因素的增加,发生故障和功能失效的概率逐渐加大,因而高端装备的智能运维和健康管理逐渐成为研究者关注的焦点。基于复杂系统可靠性、安全性和经济性的考虑,以预测技术为核心的故障预测和健康管理(Prognostics and Health Management, PHM)策略得到了越来越多的重视和应用,已发展为自主式后勤保障系统的重要基础。PHM 作为一门新兴的、多学科交叉的综合性技术,正在引领全球范围内新一轮制造装备维修保障体制的变革。

PHM 技术作为实现装备视情维修、自主式保障等新思想、新方案的关键技术,受到了美英等军事强国的高度重视。实际中,根据 PHM 产生的重要信息,制定合理的运营计划、维修计划、保障计划,以最大限度地减少紧急(时间因素)维修事件的发生、减少千里(空间因素)驰援事件的发生以及减少财物损失从而降低系统费效比,具有迫切的现实需求和重大的工程价值。

在设备的使用和维护过程中,传统上常常采用定期维修的策略来维持设备可靠性和预防重大事故。一方面,由于机械设备在先天上存在一定程度的个体差异,甚至有一些设备具有一些难以发现的潜在缺陷,极高的设计可靠性与制造可靠性标准并不能避免个体设备的故障发生;另一方面,由于在使用过程中机械设备所经历的运行工况、外部环境及突发因素千差万别,运行时间与故障发生的相关性越来越小,定期维修的策略并不能非常有效地维护设备的健康。许多设计可靠性极高的设备在远低于预期寿命的时间内,仍然会突发地出现一些难以预期的故障,而另一些设备在仍然可以健康可靠运行之时就遭受了维修甚至更换,总体上讲"欠维修"与"过维修"的问题在设备的运行维护中非常突出。因此,针对正在服役的关键大型设备,在维修更换数据和实时退化数据建模的基础上,进行可靠性的动态评估和故障的实时预测,以及基于评估和预测信息制定科学有效的健康管理策略,是非常重要的研究课题。

从事后处理、被动维护到定期检查、主动防护,再到事先预测、综合管理不断深入,旨在实现从基于传感器的诊断向基于智能系统的预测转变。这种转变能够为现实装备保障带来如下提升[8]:

(1) 提供系统失效的高级警告;

(2) 提供视情维护能力;

(3) 能够为将来的设计、评估和系统分析获得历史数据及知识;

(4) 通过维护周期的延长或及时的维修活动提高系统的可用性;

(5) 通过缩减检查成本、故障时间和库存,降低全寿命周期的成本;

(6) 减少间歇性故障和无故障发现的发生。

开展故障预测与健康管理技术以及设备智能运维的研究能够确保机械设备的安全、稳定、可靠运行,保障人身安全,提高生产部门的生产效益,树立企业的信誉和形象,增强行业的国际竞争力和影响力,带来良好的经济效益与社会效益。

1.2.1 PHM 的概念和内涵

PHM 技术始于 20 世纪 70 年代中期,从基于传感器的诊断转向基于智能系统的预测并呈现出蓬勃的发展态势。20 世纪 90 年代末,美军为了实现装备的自主保障，提出在联合攻击战斗机（JSF）项目中部署 PHM 系统。从概念内涵上讲，PHM 技术从外部测试、机内测试、状态监测和故障诊断发展而来，涉及故障预测和健康管理两方面内容。故障预测（Prognostics）是根据系统历史和当前的监测数据诊断、预测其当前和将来的健康状态、性能衰退与故障发生的方法；健康管理（Health Management）是根据诊断、评估、预测的结果等信息，可用的维修资源和设备使用要求等知识，对任务、维修与保障等活动做出适当规划、决策、计划与协调的能力[9]。

如图 1－10 所示，PHM 技术代表了一种理念的转变，是装备管理从事后处置、被动维护，到定期检查主动防护，再到事先预测、综合管理不断深入的结果，旨在实现从基于传感器的诊断向基于智能系统的预测转变，从忽略对象性能退化的控制调节向考虑对象性能退化的控制调节转变，从静态任务规划向动态任务规划转变，从定期维修到视情维修转变，从被动保障到自主保障转变。故障预测可向短期协调控制提供参数调整时机，向中期任务规划提供参考信息向维护决策提供依据信息。故障预测是实现控制调参、任务规划和视情维修的前提，是提高装备可靠性、安全性、维修性、测试性、保障性、环境适应性和降低全寿命周期费用的核心，是信息物理系统（Cyber-Physical Systems, CPS）进而实现装备两化（信息化和工业化）融合的关键。近年来，PHM 技术受到了学术界和工业界的高度重视，在机械、电子、航空、航天、船舶、汽车、石化、冶金和电力等多个行业领域得到了广泛的应用。

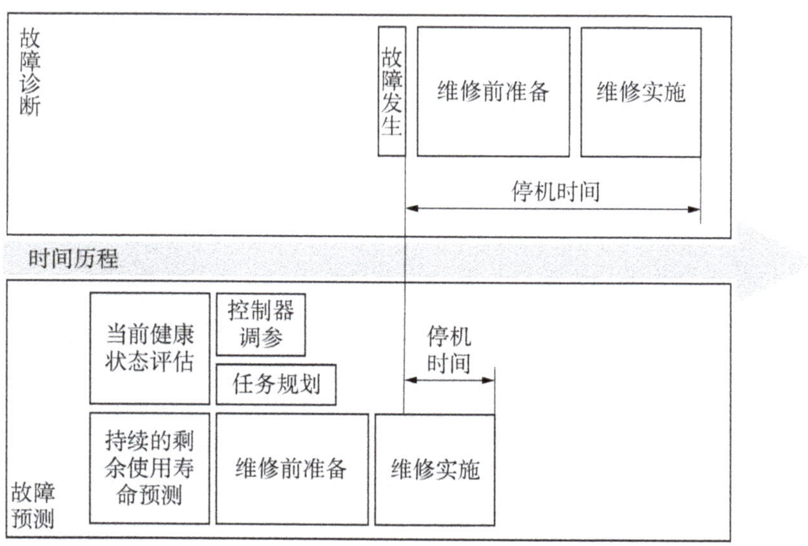

图 1－10　故障预测与故障诊断的比较

1.2.2 PHM的体系结构

PHM系统一般应具备如下功能[8]：故障检测、故障隔离、故障诊断、故障预测、健康管理和寿命追踪。对于复杂装备和系统，PHM应能实现不同层次、不同级别的综合诊断、预测和健康管理。PHM技术采用先进的传感器技术获取和采集与系统属性有关的特征参数，然后将这些特征参数和有用的信息关联，借助智能算法和模型进行检测、分析、预测，并管理系统或设备的工作状态。

PHM较为典型的体系架构是OSA－CBM（Open System Architecture for Condition-Based Maintenance）系统，是美国国防部组织相关研究机构和大学建立的一套开放式PHM体系结构，该体系结构是PHM研究领域内的重要参考。OSA－CBM体系结构作为PHM体系结构的典范，是面向一般对象的单维度七模块的功能体系结构；该体系结构重点考虑了中期任务规划和长期维护决策，面对基于装备性能退化的短期管理功能考虑不足。

如图1－11所示，CBM体系将PHM的功能划分为七个层次：数据获取、特征提取、状态监测、健康评估、故障预测、维修决策和人机接口。

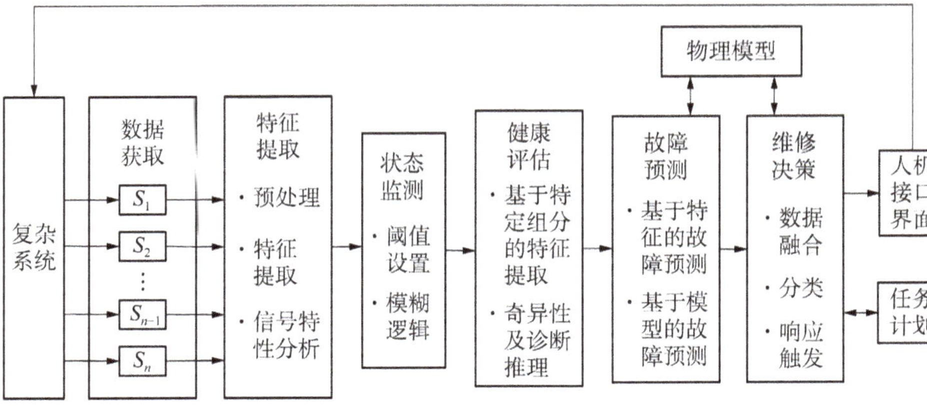

图1－11　CBM体系结构

港口机械PHM系统在功能上由数据获取、特征提取、状态监测、健康评估、故障预测、维修决策和集成控制7个功能模块组成。每项功能的内涵设计如下，各个功能模块之间的数据流向基本遵循上述顺序，其中任意一个功能模块具备从其他六个功能模块获取所需数据的能力。

（1）数据获取（Data Acquisition，DA）：分析 PHM 的数据需求，选择合适的传感器（如应变片、红外传感器和霍尔传感器）在恰当的位置测量所需的物理量（如压力、温度和电流），并按照定义的数字信号格式输出数据。

（2）特征提取（Feature Extraction，FE）：对单、多维度信号提取特征，主要涉及滤波求均值、谱分析、主分量分析（PCA）和线性判别分析（LDA）等常规信号处理、降维方法，旨在获得能表征被管理对象性能的特征。

（3）状态监测（Condition Monitor，CM）：对实际提取的特征与不同运行条件下的先验特征进行比对，对超出了预先设定阈值的提取特征，产生报警信号。涉及阈值判别、模糊逻辑等方法。

（4）健康评估（Health Assessment，HA）：健康评估的首要功能是判定对象当前的退化状态，根据退化状态生成新的监测条件和阈值，健康评估需要考虑对象的健康历史、运行状态和负载情况等。涉及数据层、特征层、模型层融合等方法。

（5）故障预测（Prognosis Assessment，PA）：故障预测的首要功能是在考虑未来载荷情况下根据当前健康状态推测未来，进而预报未来某时刻的健康状态，或者在给定载荷曲线的条件下预测剩余使用寿命，可以看作是对未来状态的评估。故障预测涉及跟踪算法、一定置信区间下的 RUL 预测算法。

（6）维修决策（Maintenance Decision，MD）：根据健康评估和故障预测提供的信息，以任务完成、费用最小等为目标，对维修时间、空间做出优化决策，进而制定出维护计划（如降低航速、减小载荷）、修理计划（如增加润滑油、降低供油量）、更换保障需求（作为自主保障的输入条件）。该功能需要考虑运行历史、维修历史，以及当前任务曲线、关键部件状态、资源等约束。涉及多目标优化算法、分配算法和动态规划等方法。

（7）人机接口（Human Interface，HI）：人机接口的首要功能是集成可视化，集成状态监测、健康评估、故障预测和维修决策等功能产生的信息并可视化，产生报警信息后具备控制对象停机的能力，还具有根据健康评估和故障预测的结果调节动力装备控制参数的功能。该功能通常和 PHM 其他的多个功能具有数据接口。需要考虑的问题是单机实施还是组网协同，是基于 Windows 还是嵌入式，是串行还是并行处理等。

1.3 港口机械故障诊断系统的主要结构

设备状态监测与故障诊断系统的一般工作过程如图 1－12 所示。

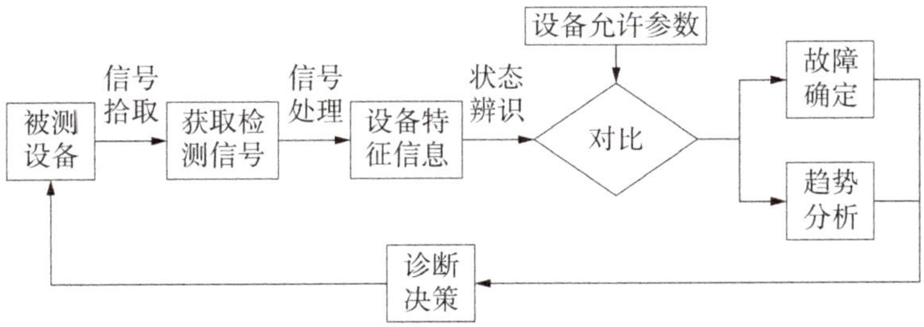

图 1-12 设备故障诊断过程框图

设备状态监测与故障诊断系统主要由信号拾取、信号处理(特征提取)、状态辨识与诊断决策[2]。

1) 信号拾取

设备在运行过程中必然会产生诸如力、热、振动及能量波动转换等各种状态参量的变化,由此产生各种不同的监测与诊断信息。信号拾取就是根据不同的诊断需要,选择能表征设备工作状态的不同信号,通过安装在设备上或设备附近的传感器来实现的。这些可用的信号包括振动、噪声、力、温度、压力、电流、电压、磁场和射线等。传感器的选择以最能反映设备状态变化为原则。

一般而言,为提高故障诊断的精确性,需要采用不同类型的传感器从不同侧面来拾取反映设备状态变化的信息。各种传感器的信息可能具有不同的特征:可能是实时信息,也可能是非实时信息;可能是快变或瞬变的,也可能是缓变的;可能是模糊的,也可能是确定的;可能由各传感器获得的信息相互支持或互补,也可能互相矛盾或竞争。这就需要把多个传感器的冗余或互补信息依据某种准则来组合,以获得被监测对象的一致解释或描述,使该诊断系统由此获得比它的各组成部分的子集所构成的系统更优越的性能。这就是多传感器信息融合技术的基本思想,其基本方法包括加权平均法、卡尔曼滤波、贝叶斯估计、统计决策理论、证据推理、粗糙集理论、具有置信因子的产生式规则、模糊逻辑、神经网络和模糊模式辨识等。

例如,对于港口的起重机,可以安装加速度传感器来采集设备关键部件(如起升机构、小车架、滑轮组等)的振动信号,这些振动信号能够反映部件的运行状态;还可以安装温度传感器采集电机、减速器等部位的温度信号,因为温度异常可能预示着设备存在故障隐患。此外,对于液压系统,可以安装压力传感器来采集液压油的压力信号等。

2）信号处理

采集到的原始信号往往包含大量噪声和无用信息,需要进行信号处理。传感器信号经过调理、传输和采样后送入信号处理模块,在信号处理模块中将拾取到的信号进行分类处理、加工,去掉冗余信息后获得能表征设备状态的特征量,也称特征提取过程。如果拾取到的信号能直接反映设备的问题,如温度的测量值,则与设备正常状态的规定值相比较即可。

但工程实际中拾取到的很多信号例如声波或振动信号,一般都伴有杂音和其他干扰,去噪方法如小波去噪可以在去除噪声的同时保留信号的特征信息,而使用放大操作可将微弱的信号增强到合适的幅度以便于后续分析,放大后多需要滤波,滤波可以去除信号中的高频或低频噪声,例如采用低通滤波器去除高频噪声干扰,使信号更加平滑,一般拾取到的波形和数值没有一定规则,需要把表示信号特征的参量提取出来,以此数值和信号图形来表示设备状态,这就是信号处理技术。

信号处理技术一般可分为两大类:一是时间系列处理技术,用来表现各种参数的时间函数,这些参数包括振动、声响或各类主要效果参数,这是一种最基本的技术,在其他各类信号处理技术中也经常要用到;二是图像处理技术,主要是把信号表现为空间位置函数,即表现成几何图像,有一维、二维(平面)和三维(立体)的。除光学图像外,设备故障诊断技术常以温度模式和几何形状为对象。相关分析和频谱分析是信号处理中最基本和最常用的方法。

3）状态辨识

将经过信号处理后获得的设备状态特征量送入状态辨识模块,在该模块中主要是将设备特征参数与规定的允许参数或判别参数进行比较、对比以确定设备所处的状态,即设备是否存在故障及故障的类型和性质等。为此应正确制定相应的判别准则和诊断策略。

设备故障诊断中常用的状态识别方法有两种。

(1) 决定论的识别方法。决定论的识别方法即从对被诊断设备的机构原理的理论研究和试验中,寻求其故障和征兆的关系。现在大部分诊断技术都采用决定论的识别方法,其基础是掌握每台设备的技术特征。例如,当轴承元件的工作表面出现疲劳剥落、压痕或局部腐蚀时,机器运行中就会出现周期性脉冲,用传感器接收各种缺陷的脉冲频率,就可分析诊断滚动轴承的故障。

（2）概率论的识别方法。概率论的识别方法是一种识别征兆原因的方法，可由过去的数据得到征兆参数和故障之间的关系，如再重新出现征兆，就可识别出引起的原因；还必须准备相应的逻辑，以便使识别结果的误判率最低。概率论的识别方法只能指出“A 故障出现的概率最高”，并不能断言必然出现 A 故障。为了提高这种技术的实用性，必须建立详细的理论，不断积累有特色的现场数据。

利用这些间接测得的信息作为判断机器运行状态的特征，带有某些“不确定性”。例如，判断机器运行过程中的主轴承状态，可选择轴承润滑油温作为特征。油温升高可能是由于轴承运行状态异常，也可能是由于室温高、散热慢、润滑油粘度偏高或运行时间较长等原因。因此，在判断时可能出现两类决策错误：一是把实际处于异常状态的机器误认为正常状态；二是把实际处于正常状态的机器错认为异常状态。如果同时用几个特征，如油温、润滑油成分分析和噪声来监视机器主轴承的运行状态，判断就较为可靠。

由此可见，采取正确的识别理论和方法是十分重要的。在识别理论中，首先要明确区分所要识别的状态，提出诊断对象；其次，要选择检测特征，确定其与机器状态之间的关系；再次，要提出决策规则。通常，为了区分机器的状态为正常或损坏，要相应地选择一组检测特征，如果将机器状态切分得更细一些，则需要选择另一组检测特征。因此，状态识别问题也可称为分类问题。

4）诊断决策

诊断决策过程主要是将获得的辨识结果送入监测与诊断决策模块进行综合决策，根据对设备状态的判断，决定应采取的对策和措施，同时应根据当前信号预测设备状态可能发展的趋势，进行趋势分析。

状态辨识和监测与诊断决策是一个整体。目前正在研究并应用的诊断方法包括：观测器方法、奇偶空间方法、参数估计方法、频谱分析方法、贝叶斯分类方法、假设检验方法、模糊逻辑方法、故障征兆树方法、基于规则推理方法和神经网络方法等。针对设备故障、传感器故障、执行器故障、过程故障，目前用得较多的方法是观测器方法、参数估计方法，而神经网络方法在故障诊断中将用得越来越多。

对于日常作业的港口大型机械设备，当出现维修难度较大的故障时，维修时间较长，会打乱整个港口的作业节拍，极端情况下会造成货物堆积，严重影响作业效率和客户服务水平。越早发现故障就越能帮助港口运维人员提前购买备件、调整港口作业节拍,以及合理安排维修时间、避免小故障拖延成重大故障,这就需要对港口设备建立合理的故障诊断与健康监测系统。

仍以岸桥的齿轮箱为例,一般其自重10~20吨、位于距离地面40多米岸桥机房,且为封闭式,因此难以检查内部零部件运行情况,同时出现故障时也难以维修,一旦出现大的故障更换难度更高。目前,定期巡检,依靠现场操作司机的经验判断仍是主要的故障发现方式。一方面,高昂的人员成本,不符合码头无人化的发展趋势;另一方面,难以及时发现并制止重载冲击发生的突发故障。因此,采用传感器全天候地对港口设备进行运行状态数据采集,进而制定故障诊断策略,是港口发展的新方向。

1.4 港口机械故障诊断系统框架及方案

智慧港口以信息物理系统为框架,通过高新技术的创新应用,使物流供给方和需求方沟通融入集疏运一体化的系统。智能运维系统使用现代信息技术、人工智能和其他先进技术,对港口的运维活动进行智能化管理和优化,为智慧港口提供了一种智能化、自动化和持续优化的方法,从而大大提高了港口的运营效率和质量,智能运维系统在智慧港口中起着关键的作用。

起重机的健康监测就是要对起重机结构的关键部位的载荷情况以及工作运行数据(起升位置、起重重量、小车位置、起升转速、起升力矩、小车力矩、俯仰力矩、结构件应力应变等)进行监测,并对这些测试数据进行实时分析处理(包括起重机不同结构位置的结构构件,特别是拉杆的应力应变趋势分析、剩余寿命预估、维护保养建议、结构冲击载荷研究等方面),对起重机结构健康状况进行长期实时在线监测,实时评估起重机的安全性和可靠性,以提早发现起重机安全隐患,及时发出预警,降低事故发生的概率,避免造成人员和财产的损失。

1.4.1 港口装卸设备钢结构健康在线监测与评估

金属桁架-刚架混合结构是起重机械的“骨架/脊梁”,支撑各工作机构自重和外部载荷,但在工作过程中长期遭受环境侵蚀及循环荷载作用。

起重机的金属结构疲劳损伤问题往往是一个长期演化过程,结构的疲劳损伤的征兆很不明显。同时各港口基本建设在海岸线上,高湿、盐雾等外界环境所导致的环境腐蚀也会加重起重机失效，加上复杂的外部载荷作用，金属结构出现的初始裂纹会不断扩展直到裂纹完全贯穿焊缝，撕裂结构，最终导致金属结构发生失效或者破坏。

1）钢结构健康在线监测与评估系统组成

钢结构健康在线监测与评估系统是基于光纤传感采集技术及大数据分析处理技术，内置力学模型、数学模型和信号处理算法，可以快速、实时和连续给出设备状态信息。起重机钢结构健康在线监测与评估系统的组成如下。

（1）根据起重机 PLC 实时数据，实时监测起重机运行数据，包括起升位置、起重重量、小车位置、起升转速、小车转速、俯仰转速、俯仰角度、风速、起升力矩、小车力矩、俯仰力矩等重要参数。

（2）统计起重机每周吊载工作情况，对起重机左侧前拉杆、右侧前拉杆、左侧中拉杆、右侧中拉杆、左侧后拉杆、右侧后拉杆、左侧铰点、右侧铰点等部位进行应力应变监测，并配合事先建立的力学模型进行应力状态预测，通过内嵌分析算法实时计算结构的演化趋势。

（3）依据疲劳累计损伤定律结合起重机实时吊载数据分析起重机前大梁、后大梁、海侧后拉杆、拉杆系统的承载、循环次数，评估健康情况并计算疲劳寿命。

（4）在对起升位置、起重重量、小车位置、起升转速、小车转速、俯仰转速、俯仰角度、风速、起升力矩、小车力矩、俯仰力矩等重要参数的实时监测过程中，若监测数据超过设定阈值触发报警，提醒用户停机检查，并对上述运行、报警数据进行存储，方便用户对历史数据查询分析。

该系统的突出特点：采用存算一体化的设计架构，实现多种载荷（如桥吊运行时间、行程、载荷等）与响应信息的融合，集成了最广泛应用的结构健康监测与预报技术，自动计算与诊断，在岸桥 PLC 显示屏上分层级实现状态预警和劣化报警。并结合 PLC 数据及大数据分析处理技术，内置起重机结构疲劳损伤算法及信号处理算法，可以快速、实时和连续给出设备状态信息和起重机剩余寿命。

2）测点布置

图 1-13 所示为一测点布置方案，起重机监测点布置原则：

（1）监测最大受力点；

（2）监测结构重要构件；

（3）所选监测点需具有代表性和全面性；

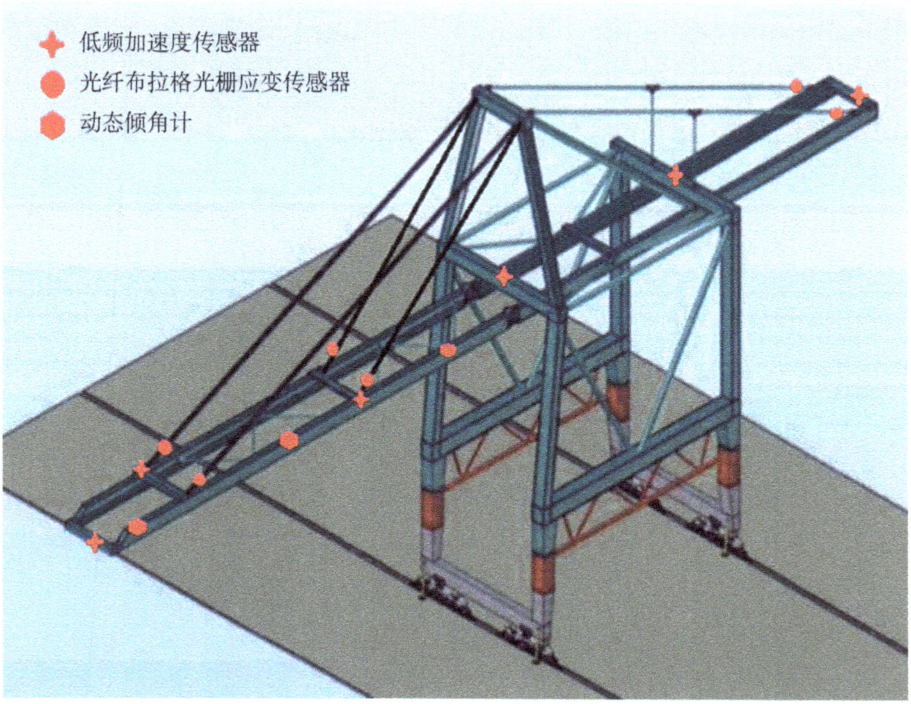

图 1-13 岸桥金属结构在线健康监测系统传感器的布置图

(4) 振动传感器和动态倾角计监测点布置在特定位置,包括前大梁头部、中部等,采集岸桥整机运行时加速度及刚性变形量。

1.4.2 传动部件机械状态在线监测

集装箱码头的特点是机械设备多,种类多,且工作状态都不一样,是典型离散事件动态系统。以南沙三期为例,存在几十台岸桥和集装箱门式起重机,对其监测会产生海量的数据,如何采集这些数据,并进行分析是状态监测平台的主要任务。

1) 港口起重机传动部件机械状态在线监测总体方案

图 1-14 给出了港口起重机传动部件机械状态在线监测总体方案,整个方案分为三部分内容。

(1) 数据采集:从单机监测系统获取单机起重机状态信息、关键部件监测点状态信息、关键部件报警信息、关键部件监测点传感器原始信号和

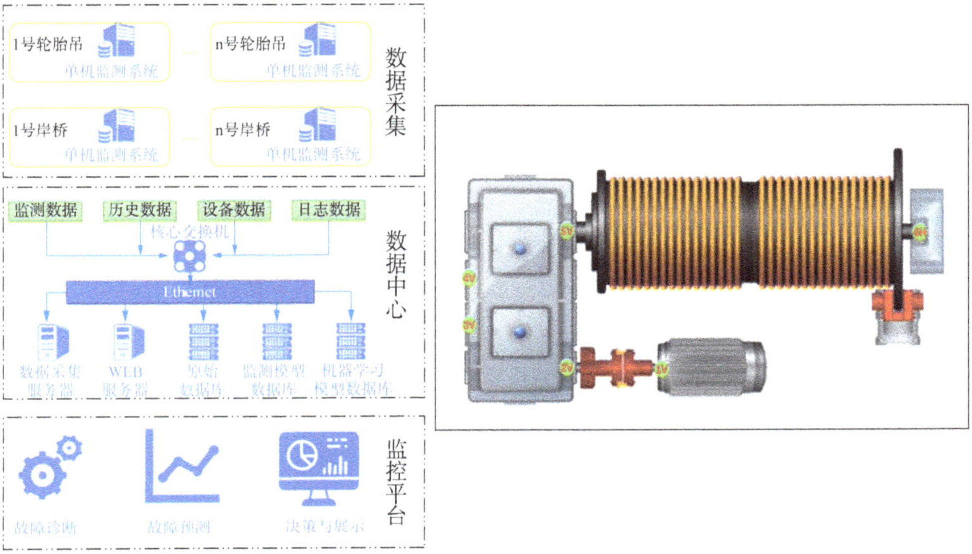

图 1-14 港口大数据监测平台总体方案

操作日志数据，利用物联网 IoT 数据采集技术、网络总线技术进行数据的传输。

（2）数据中心：数据中心将采集的数据，以及数据分析过程中产生的中间数据，模型进行存储、传输。原始数据库负责保存原始数据的地方，根据数据来源及数据不同结构类型，分别存入 InfluxDB、MongoDB 以及 MySQL 数据库。数据内容包括原始传感器物理信号、起重机故障数据、起重机运行相关数据、起重机设备参数等；监测模型数据库负责从原始数据库中提取实时故障监测相关特征数据，并存入到实时监测模型数据库，由起重机故障诊断分析模块读取并处理；机器学习模型数据库从原始数据库中提取起重机故障预测建模相关数据，经过数据预处理后存入机器学习模型数据库，由起重机故障预测建模软件模块负责读取并处理。

（3）监控平台：布置在云端提供远程监测与决策服务，包括港口机械故障诊断，故障预测，以及数据可视化平台。

2）传感器安装与配置

根据南沙三期的历史维护记录，港口机械的机械类故障多发生于传动系统，常见为齿轮箱的齿轮磨损、偏心、局部磨损裂纹、断齿等故障；轴承的滚子、内外圈故障（图 1-15）；电机的定、转子故障；机械不平衡故障等。

（a）轴承外圈磨损

（b）轴承内圈磨损

图 1-15 港机传动系统常见故障

以岸桥为例，传动设备监测重点为起升机构、小车机构和俯仰机构的零部件。

根据实际设备工况，振动传感器分别安装在电机驱动端、齿轮箱输入端、中间轴端和输出端和卷筒自由端，各级轴承处的传感器采集的数据传输汇集到单机监测采集器进行数据的计算和分析，图 1-16 给出了集装箱港口机械设备的传感器测点和采集器安装位置。相应的，图 1-17 展示了实际数据采集中的传感器与单级采集器的实物图。

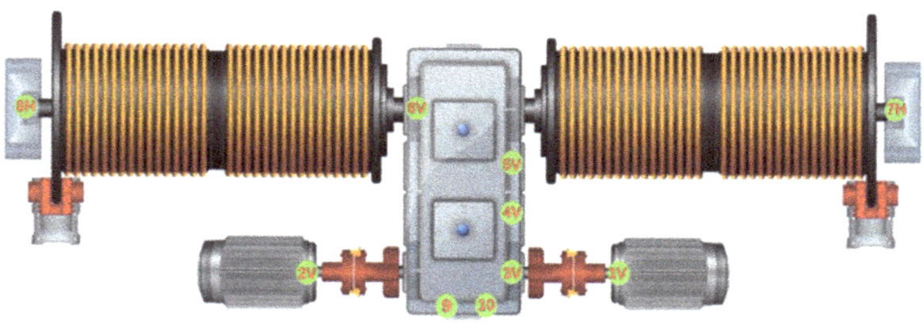

（a）起升机构，10 个测点

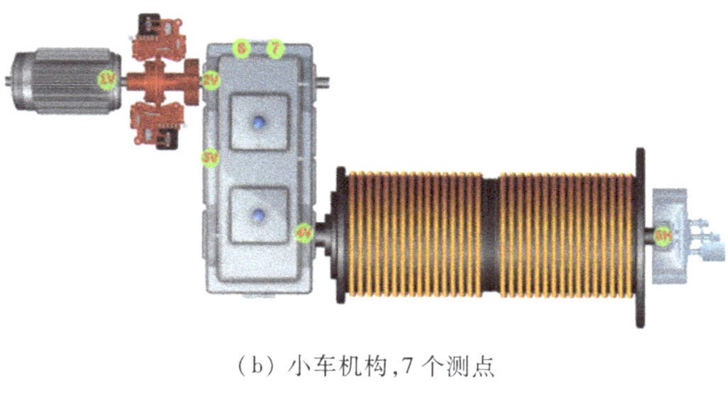

（b）小车机构，7 个测点

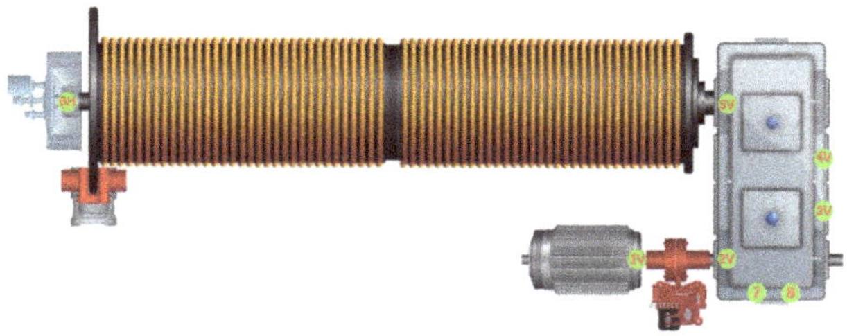

（c）俯仰机构，8 个测点

图 1－16　岸桥传动系统振动传感器安装分布图

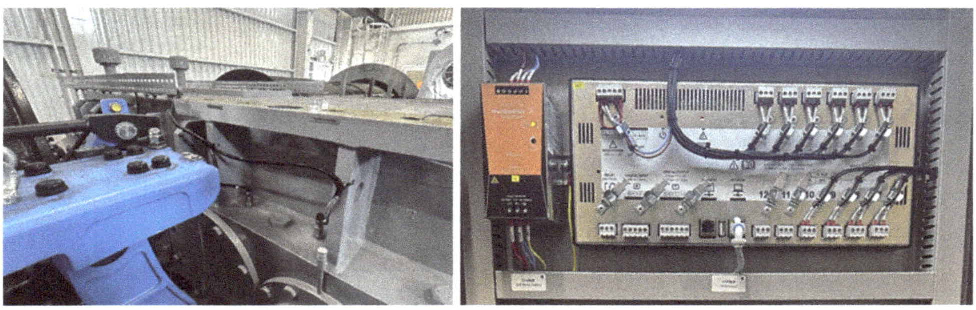

（a）振动传感器　　　　（b）单机采集器

图 1－17　传感器实际布置及采集器

3）数据采集策略

集装箱港口机械一直处于非平稳工况中，频繁启停且伴有冲击，在传感器信号采集过程中会引入干扰信号，影响后续的故障诊断与故障预测。因此，传统的定周期采集方法不再适用，需要制定新的采集策略来应对这种状况。

依据实际信号规律，采用转速等关键状态信息触发方式进行数据采集。将 PLC 中的转速、负载、电压电流、位置信息提取出来，在达到某一数值后触发采集仪进行数据采集。这种策略可以有效避免因工况变化带来的干扰，图 1－18

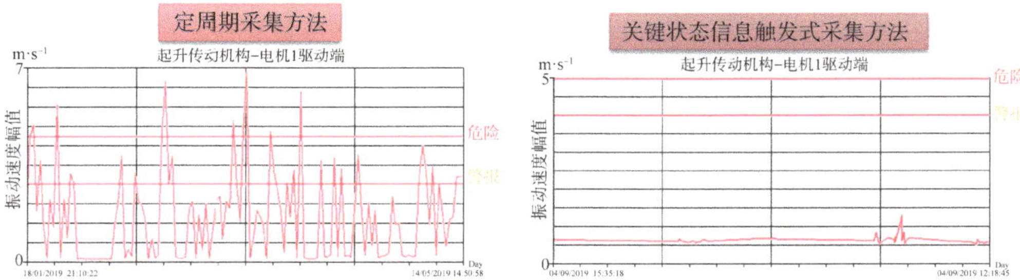

图 1－18　定周期采集法和关键状态信息触发式采集法对比

展示了定周期采集法和关键状态信息触发式采集法的对比。

4）数据远程运输与存储

在每台港口集装箱机械上布置众多的振动传感器将产生海量的数据，如何对这些数据进行收取传输，并保持实时性是监测平台建立的关键技术难题。

结合 TCP/IP 通信方式和消息队列遥测传输技术（MQTT），保障数据的稳定实时传输，图 1－19 为大数据远程传输与存储方案。

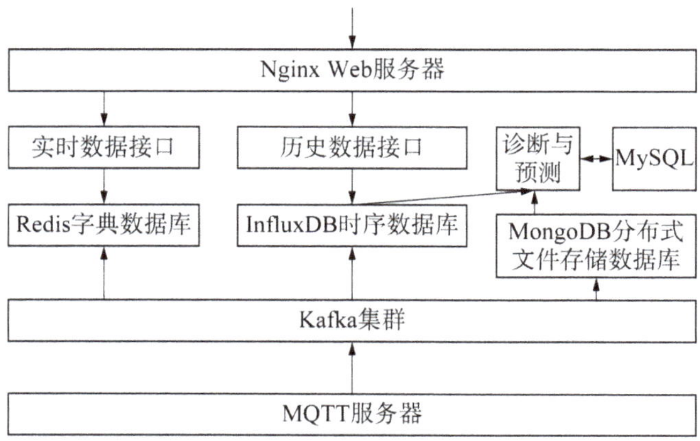

图 1－19 大数据远程运输与存储方案

数据采集外部接口采用 MQTT 服务器，保证了外部接口的灵活性。内部采用 Kafka 消息中间件，保证内部软件模块之间的连接的灵活性，同时具有很强的可扩展性，实现大批量数据点的实时采集及传输。

为满足不同数据类型数据的存储需求，采集系统提供了 MySQL 数据库，主要用于保存设备信息、人员信息、故障记录、维修信息以及工单信息等关系型数据及记录。InfluxDB 主要用于设备运行产生的各个信号变量的实时数据及历史数据记录。MongoDB 则主要用于保存各种传感器信息的高频原始信号。数据库按照不同使用阶段及调用关系又分为平台原始数据库，实时监测模型数据库以及机器学习模型数据库，供各个软件模块查询调用及处理后存储使用。

1.4.3 小车车轮及其轨道智能监测

生产过程中，焊接不当可能导致轨道连接处的踏面出现缺陷；随着时间的推移,轨道和小车之间的相互作用力会逐渐影响踏面的平整度,如图 1-20 所示。

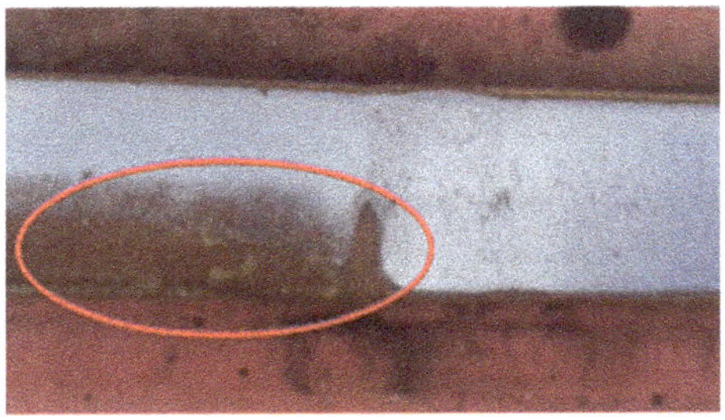

图 1-20 轨道踏面的缺陷

其中白色部位为车轮与轨道接触位置,红圈为轨道踏面缺陷;轨道缺陷还来自于轨道压板螺栓松动、轨道垫胶破损导致轨道与承轨梁出现间隙,导致轨道在小车驶过时发生浮动;对于焊接在承轨梁上的轨道,轨道和承轨梁之间脱焊也可造成上述情况。

小车轨道智能监测采用刚柔耦合接触模型对小车轨道踏面进行数值模拟。对轨道踏面的有缺陷工况和无缺陷工况进行动力学仿真,模拟某轨道吊上小车机构在轨道上的运行过程,得到车轮的振动加速度变化情况。其仿真结果可为小车轨道的维护、监测和检修提供建议。

1）小车轨道智能监测系统方案

小车轨道智能监测系统,是从单机起重机状态智能监测系统获取单机起重机状态信息、关键部件监测点状态信息、关键部件报警信息以及关键部件监测点传感器原始信号,利用物联网 IoT 数据采集技术、消息总线技术以及分布式计算等软件技术,构建适用于工业实时监测和大数据预测平台,实现大容量数据的采集、处理、存贮和诊断分析,实现对起重机设备的实时在线监视,各传感器原始数据及特征数据的高效安全存贮,实现构建一个高效、准确的预诊断健康管理平台。

用户通过数据管理工具能快速便利地查询所需历史数据,利用分析软件进行详细的诊断分析。系统提供大数据分析软件模块,对被监测的关键部件的健康状态评估及剩余寿命进行预测,考虑不同零部件之间相互作用对机械系统失效过程的影响,探索故障发生时设备衰退的演化机制。

如图 1-21 所示,系统设备架构方案包括起重机单机采集及通信计算设备、码头监控中心各服务器、数据库服务器、Web 服务器、通信设备及网络安全设备、管理员工作站、PC 客户端用户、远程用户、加速度传感器、采集器、网络传输设备、数据服务器。

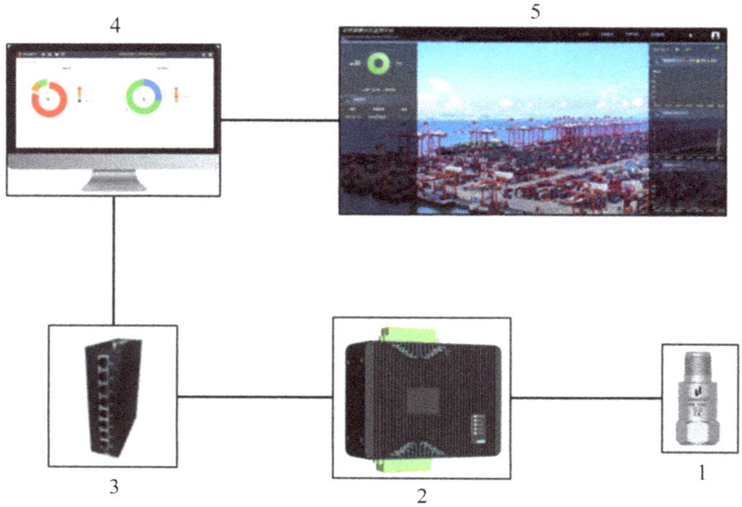

1—加速度传感器;2—信号采集器;3—信号传输设备;4—远端服务器;5—显示器。

图 1-21 系统设备架构图

2）小车测点布置原则

根据被监测小车行走机构的结构及运行特点，每台小车行走机构单元需要监测 4 个振动信号，并接入转速信号、负载信号和小车位置信息等，故每台小车行走机构单元选用一台 8 通道数据采集器及一套专业版的设备状态监测及故障报警软件，实时监测并分析出相关机构内部的安全及健康情况。

3）传感器安装

传感器的安装方向可分为水平 H 向，垂直 V 向和轴向 A 向三个方向，不同方向对振动故障响应不同，可依据现场情况在三个方向设置测点：

（1）V 向对故障的综合效应响应最好，优先级最高；

（2）A 向对于轴向受力分析，如联轴器故障中必不可少；

（3）H 向的特征与 V 有重合度，但在基础结构类、共振类、工艺类等故障的监测中，有其独特的敏感性。

同时测点要满足传递路径最短，刚性最好等要求。因此测点要靠近轴承刚性连接处（非基座或基础上），严禁在薄板处测量，传感器安装如图 1-22 所示。

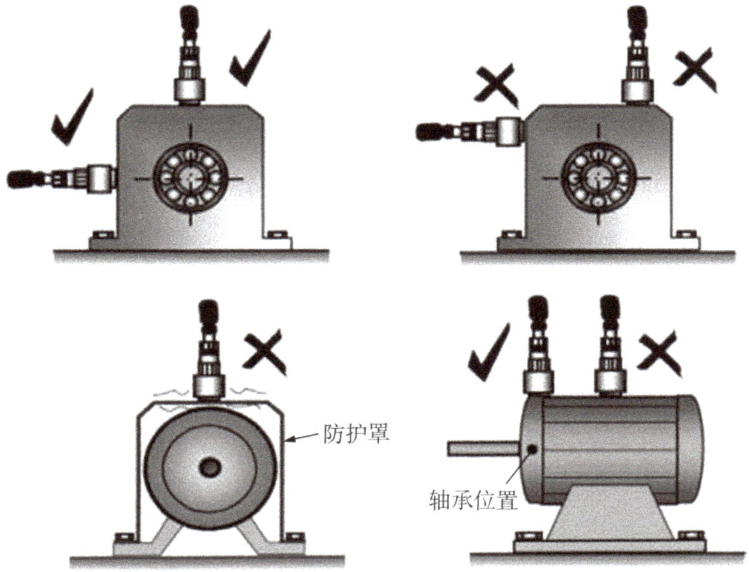

图 1-22 传感器安装图示

1.4.4 智能运维系统的创新

1）基础设施层的创新

南沙三期在基础设施层采用了合作伙伴专门研发的基于边缘计算技术的数据采集器，相关硬件与软件界面如图 1-23 和图 1-24 所示。该设备实现了前置处理软件和硬件的国产化。其核心为基于边缘计算技术，在数据采集前端内置了轴承自诊断算法，在本地（港口机械设备上）对异构信号进行实时分析、快速处理并共享处理结果，突破了设备机群大数据处理对通信带宽的瓶颈，保证了数据传输的安全性和实时性，大大减轻后台服务的算力和负担。通过项目成果转化，打破国外垄断，实现数据终端采集器国产化。

2）应用功能层的创新

基于上述的双层架构，功能层创新引入了物联网、边缘计算等前沿技术。通过自主研发，创建了一个结合 AI 诊断与可视化的展示平台。该平台运用数字建模、边缘计算及物联网技术，实现了设备的三维展示、监控、预警、定位和分析功能，进而能够对港口设备进行全面监控。可视化监控平台部分示意如图 1-25 和图 1-26 所示。

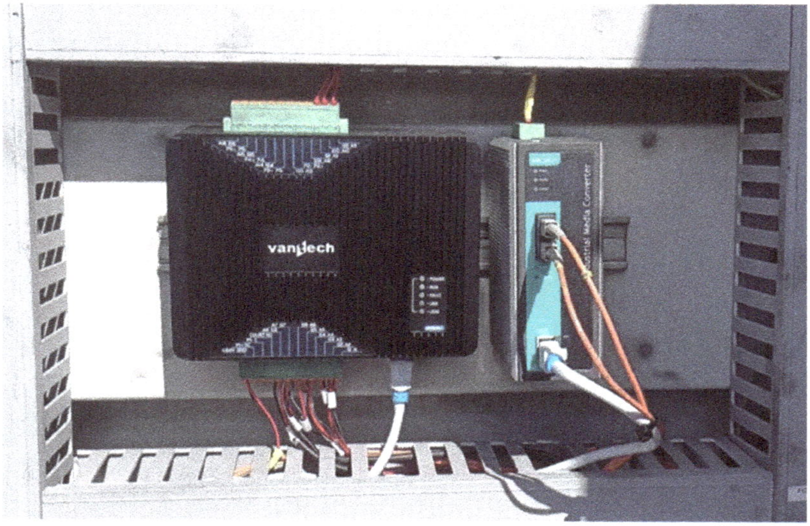

图 1-23 自主研发基于边缘计算技术的数据采集器

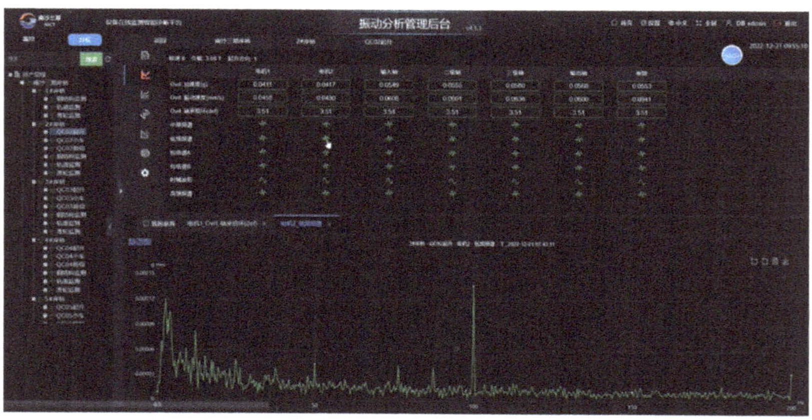

图 1-24 数据采集器处理软件

3）巡检运维策略的创新

南沙三期智能运维系统的实施，打通了信息壁垒，实现了互联互通。根据该运维系统制定了新型巡检维修策略，使得运维工作控制精细化、设备运行状态信息化、关键数据分析智能化、设备流程管理标准化。

在不使用类似智能运维系统的情况下，港口一般采取传统人工定期定向定点巡检运维策略。该策略成本高、滞后性强且运维不理想：传统运维策略需要派遣工人每周抵达港口机械设备的指定位置进行检查作业，所消耗工时量较大，通常还需要停机配合检查，且巡检环境较为恶劣；巡检中大部分待检测部位

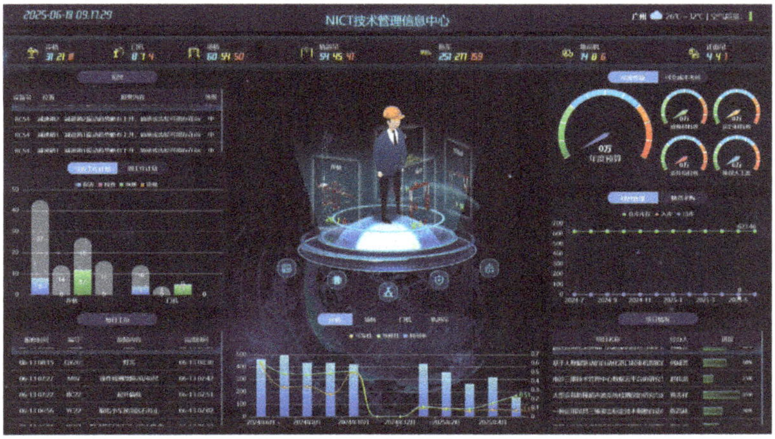

图 1-25 可视化监控平台主界面的设备状态及报警列表

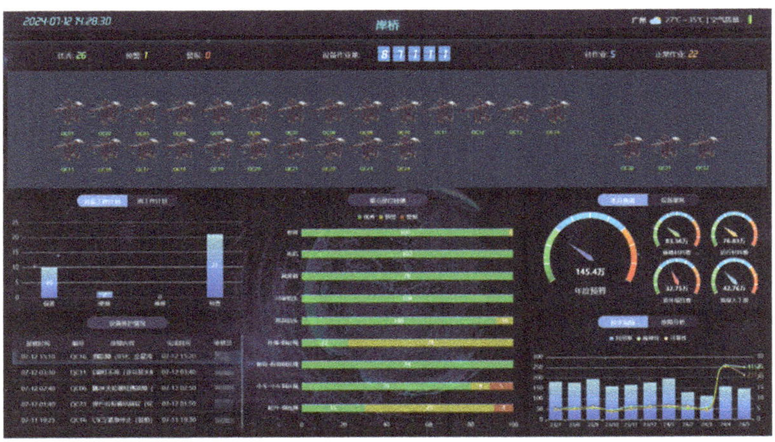

图 1-26 可视化监控平台机组界面的功能模块

常处于正常状态，巡检获得成果的效益不高；传统巡检模式中对电机、齿轮箱、卷筒等重要部件机械故障的漏检率较高，故障容易由小故障升级成大故障，从而导致计划外停机；传统巡检模式中巡检人员发现故障时，往往故障程度已经较为强烈，如需更换零部件，从发现故障到更换部件的时间常以月计，故障期间内该港口机械亦无法满载满功率运行。

得益于智能运维系统，新的智能巡检运维策略使得南沙三期港口设备运行更安全、更合理且经济。通过智能巡检运维策略的实施，打破了信息系统的数据壁垒，实现港口设备监测数据、运营数据以及设备管理数据协同应用：智能巡检运维策略会为巡检工人派发巡检任务工单，会根据以往历史数据巡检中待检测部位进行分类;针对巡检中不发生或者少发生故障的待检测部位适当减少巡检频率,做到"通常情况少检,忙碌情况不检",针对巡检中常发生故障或者故障程度较为严重的待检测部位做到应检尽检;智能运维系统依靠大规模测点的振动监测数据实时采集与传输,能够更早更加精准地提前预警并发现故障,减少计划外停机的风险;智能运维系统在发现早期故障或者巡检工人发现险情上报后,能够快速响应港口的突发故障,提供科学的维护意见,大大减少了决策时间,及时地提前预订零部件,并追踪故障劣化程度,在计划内停机更换部件,保障港机稳定、高效、平稳运行。

1.5 边缘计算的故障诊断与检测体系

在学术界,2016 年 5 月,施巍松[11]第一次给出了边缘计算的正式定义:边缘计算是指在网络边缘进行计算的技术,边缘定义为数据源和云数据中心之间的任一计算和网络资源节点。理论上,边缘计算应该在数据源附近进行计算分析和处理。由于边缘服务器和终端设备距离较近,边缘服务器直接提供服务从而保证较低的延迟,避免服务器在本地数据处理时将数据全部上传云端,从而降低了宽带压力,同时广泛分布的边缘服务器一定程度上降低了云服务器的能耗。

1.5.1 边缘计算与工业

边缘计算主要是为了解决实时性、网络可靠性、数据安全性等问题[12]。在愈来愈提倡数字化和智能化的时代,越来越多的终端和设备联网,这将给云端带来网络带宽压力,而如果这些终端和设备的数据全部传入云端处理,不仅成本巨大,还将花费更多的时间,网络的波动将会明显地影响到设备的使用。因此在未来,相当比例的数据将会在网络边缘侧进行分析和处理,这正是边缘计算应用的场景。如果把大脑比作云端,那么边缘计算就是神经末梢,神经末梢会将刺激进行处理并将处理后的特征信息反馈大脑。

边缘计算在工业中的应用是自然而然演进的,因为很多工业现场应用系统天生就涉及大量数据及时处理的需求。

工业现场的很多数据保质期很短,如果不能及时地处理,数据会迅速变质,数据价值呈断崖式跌落。例如,在车床刀具监测过程中,会通过采集机床主轴负载数据,并在边缘侧实现刀具加工过程中的实时状态监测和寿命预测管理,发现异常立刻预警;钢铁厂轧钢板的过程中,轧机依靠多个伺服电机协同驱动轧制过程,伺服电机控制不允许出现丝毫偏差,否则可能导致整块钢板报废,须以微(毫)秒级的采样率实时监测伺服电机的运转以保证轧制质量。这些例子,均对数据处理的实时性有明确的要求,工业现场的数据处理类似于"走钢丝",边缘计算将发挥不可替代的作用。

除了网络可靠性和实时性这两个因素之外,工业领域对数据安全的要求也十分严格,例如石油化工行业,设备工艺参数决定其产品质量和生产成本,是企业的核心数据,如果把这些关键数据上传到云端,存在企业核心知识产权泄露的风险。边缘计算将数据从原来的集中式管理演变为分布式管理,提高了数据的安全性。

近年来,物联网安全攻击事件频发,防范数据灾难的一个必要措施是采取隔离手段——边缘计算,从根源上在本地保障数据安全。除了企业自身对数据安全的要求之外,有时出于国家政策层面的原因,要求数据脱敏后才能上传到云端,而边缘计算就承担了数据脱敏预处理的工作。

1.5.2 边缘计算中的硬件

概括起来边缘计算所需硬件主要分为三类:工业网关、工控机和服务器[12]。

由于工业通信网络接口种类繁多,协议繁杂且互不兼容,因此需要通过工业网关进行各种协议转换,工业网关支持常用的工业协议,通过协议转换降低设备接入的难度,实现访问的统一性。业界有些公司专门研发此类工业网关并推出标准化产品,兼容市面上的众多工业控制器。

除了数据解析协议转换之外,工业网关还具备一定的数据处理能力,这些工业网关就变成了边缘计算网关。改变的不仅仅是名字,作为边缘计算网关,更强调它的数据处理能力,例如处理器主频、内存和 FLASH 存储比普通的工业网关配置高;同时强调和云端的对接,即不间断的互联网接入能力,它可以通过以太网 Wi-Fi 或 4G 等网络链路,保证设备无论身处何处都能够互联互通,这些边缘计算网关支持各种工业云平台,数据直接上云。

第二类承担边缘计算角色的是工控机(Industrial Personal Computer, IPC),工控机大量应用于测控和自动化领域。工控机是一种加固的增强型个人计算机,采用总线结构,是一种对生产过程及机电设备、工艺装备进行检测与控制的硬件总称。工控机具有典型的计算机特征,如 CPU、硬盘、内存和外设接口,并具有操作系统、控制网络和协议、计算能力以及友好的人机界面。不同的是,工控机能够在环境恶劣的条件下运行，由于对数据安全性的要求更高，因此通常会对工控机进行加固、防尘、防潮、防腐蚀和防辐射等特殊处理。

通俗地讲，工控机是专为工业现场而设计的计算机，而工业现场环境振动大、灰尘多、电磁干扰强，经常要求连续不间断作业。与普通计算机相比，工控机应具备更高的可靠性和更好的扩展性。与工业网关或其他小型微控制器相比，工控机具有更高的数据处理性能。

第三类承担边缘计算角色的是服务器，将数据中心的服务器搬到现场机房，它就变成边缘计算服务器了，由云端的集中式变为现场的分布式。服务器部署到现场之后，须考虑多节点管理问题、当企业同时拥有成千上万个分布式边缘计算节点时，将给管理人员和运维人员带来非常大的挑战，以标准化方式对边缘节点进行纳管和统一维护就变得非常重要了，不同的工业解决方案商有不同的应对策略。从目前来看，边云协同是主流思想，基于云的管理工具以实现对边缘节点的远程可视化管理。

工业网关和工控机在边缘计算的概念提出之前就已经广泛应用于工业中，边缘计算服务器单独从其硬件载体本身来看，看起来创新程度不高，特别是很多基于工控机或标准 x86 服务器，但他们在承担边缘计算相应的角色时，有一个区别是非常重要的，即在软件架构层面，边缘智能服务器采用的是云原生思维，边缘与云端紧密协同，由云端全局统一调度与管控边缘节点资源，软件功能随时更新与分发，支持物联网平台连接、数据管理及边缘分析。

1.5.3 边缘计算和云边协同

工业网关、工控机、服务器承担了边缘计算的角色，即使没有后面要介绍的边缘计算框架，它们也可以解决实时性、安全性以及网络可靠性的问题，在工业现场发挥重要的作用。然而让边缘计算发挥更大威力的，则是边缘计算和云计算两者的结合，即边云协同[12]。

对于企业而言，云计算或数据中心不可或缺，它们在企业数字化转型过程中扮演着重要角色。尽管如此，如果完全通过云平台或数据中心集中维护所有的数据，数据量可能过于庞大，而且对生产现场的所有数据进行收集也不太现实。对于边缘计算和云计算协同，云计算聚焦于非实时、长时间跨度的数据分析，能够在周期性维护、业务决策等领域发挥特长；边缘计算则聚焦于实时、短时间跨度的数据分析，支持本地快速决策。边缘节点能将处理后的特征信息输出给云端,支撑云端更精准的数据分析。反之,云端通过数据分析,对业务规则进行调整和优化,并下发给边缘,于是边缘能基于新的业务规则处理数据。

边缘计算并非只是传统意义上负责数据收集和转发的网关,它具备提供智能化运算的潜力,以此反馈并输出可操作的决策。以往智能化运算只能在云端完成,而如今可将云端的计算框架轻量化之后,通过裁剪、合并等简化手段,迁移至边缘端,使得边缘端能够运行云端训练后的算法模型。边缘计算须在单个节点或几个有限节点组成的小规模集群中,实现计算资源隔离,边缘计算不像云计算那样有理论上无限的计算存储资源,对资源隔离所产生的额外开销比较敏感,而基于容器技术的资源隔离对处理器、内存和存储资源的开销都非常小,可以实现毫秒级开启和关闭容器,容器的生命周期管理也非常高效,可见容器技术将成为边缘计算的标准技术。

“雾计算”是与工业边缘计算最为接近的一种边缘计算形式,但是在大的工业互联网背景下,移动边缘计算、微云计算等形式的边缘计算也都可以算作工业场景下边缘计算的组成部分,因此考虑到所有边缘计算的形式,工业边缘计算的整体架构如图 1-27 所示。

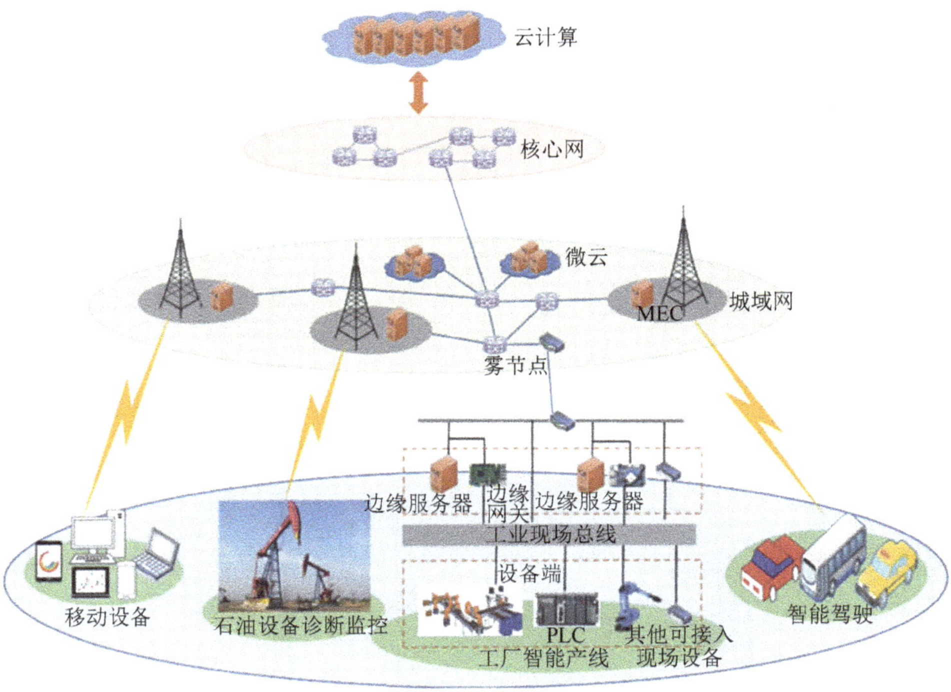

图 1-27 工业边缘计算系统架构图[13]

系统框架由三层组成：设备层、边缘层、云层[14]。

（1）设备层：由多种工业传感器组成，主要负责机械装备的多物理量数据同步采集，包括振动类型数据和非振动类型数据，最后发送到边缘层。

（2）边缘层：边缘计算框架的核心，集成数据处理、故障诊断、预警、数据存储和上传等应用，能有效减少传输时延，提高响应速度。

（3）云层：主要载体为服务器或云平台，进行大数据分析、人工智能学习算法的训练、设备管理、历史数据管理和实时显示等任务，与边缘层互联互通，协调边缘计算节点的工作任务。

面向边缘计算的状态监测系统框架如图 1－28 所示。云层实时接收边缘层各计算节点的输出结果，包括每个部件的特征值、诊断标签等状态数据，保存在云端数据库，云层利用机器学习、深度学习等人工智能算法，对上传的状态数据进行实时显示、深度分析、故障诊断模型和新颖值检测模型的重训练，将训练好的模型下发到边缘层完成模型迭代。

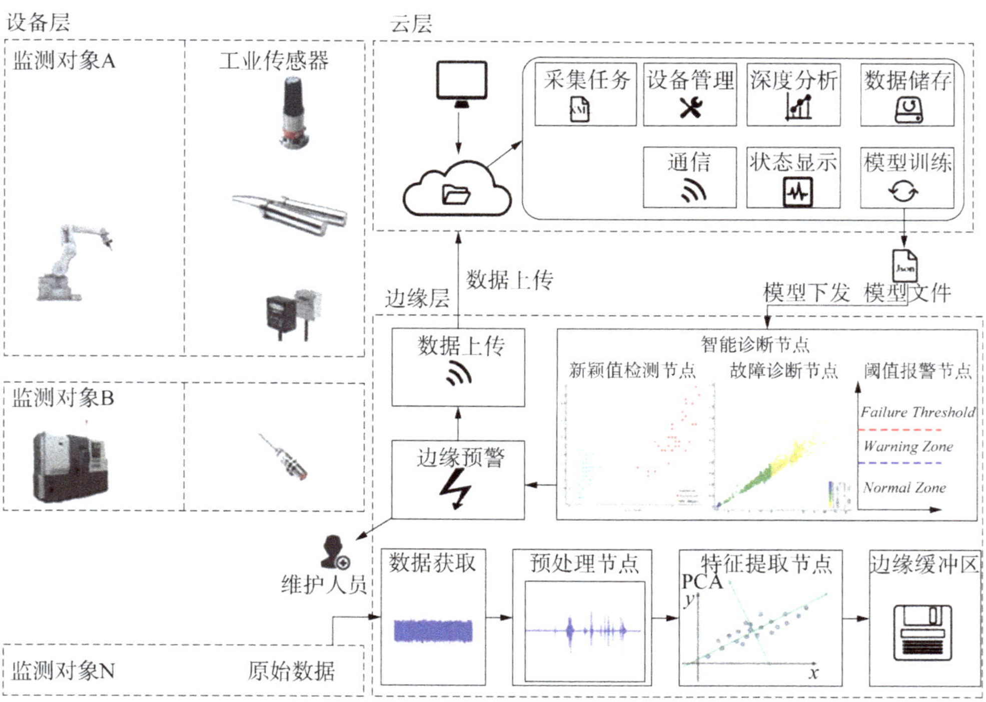

图 1－28 面向边缘计算的状态监测系统框架

1.5.4 基于边缘计算的预测性维护

有时人们很难确定一台设备应该工作多久之后下线检修，与此同时，需要权衡因潜在故障发生导致停机所带来的生产时间损失。这种两难处境迫使大多数维护团队做出取舍，要么冒着停机的风险最大限度地使用设备，要么提前更换新部件来延长设备的正常运行时间，或者凭借过往经验来预判故障可能发生的时间，以提前解决问题。

工业设备的维护大致分为 3 种策略：修复性维护、预防性维护和预测性维护[12]。

（1）修复性维护：属于事后维护，亡羊补牢。设备出现问题之后，安排人员进行诊断并维修。

（2）预防性维护：属于事前维护，基于时间、设备性能、现场使用工况等综合因素对设备进行定期维修，更多还是凭人的经验。

（3）预测性维护：属于事前维护，通过采集安装在设备上的各种传感器（前装或后装）数据，实时监控设备的运行状态，基于工业模型进行数据分析，准确预测故障何时发生，发现故障隐患时自动触发报警或下达维修指令。

最近几年，随着大数据、人工智能和边缘计算的发展和逐步推进，工业建模流程逐渐成熟，无论在云端还是边缘端，算力逐步增强，预测性维护这种更复杂级别的维护策略，得以实现大范围的应用，不再局限于过去的高端装备。

预测性维护通过实时了解设备的工作状态，突破了传统的点检定修模式，降低了对过往经验的依赖程度，将周期性维护变为有针对性的维修保养，降低了维护成本，变被动维修为主动维修。

美国智能维护中心建议从两个维度对故障进行分类，如图 1－29 所示。纵轴表示故障发生频率，横轴表示故障发生后产生的影响程度，预测性维护适合发生频率不高，影响却很大的故障。如果故障频繁且影响大，说明系统设计有问题，须改进设计。对于发生频率高、影响小的故障，准备更多备件就可以很好地解决。而对于频率低、影响小的故障，传统的维护方法足以应对。

除了故障分类，还需考虑一个重要的前提条件，那就是故障可预测性，设备从潜在故障到性能失效，存在可被检测和发现的潜伏期。如果故障没有任何可探测的征兆，一旦发生就会导致设备立刻陷入瘫痪状态，连反应的时间都没有，这种情形就无法预测了。

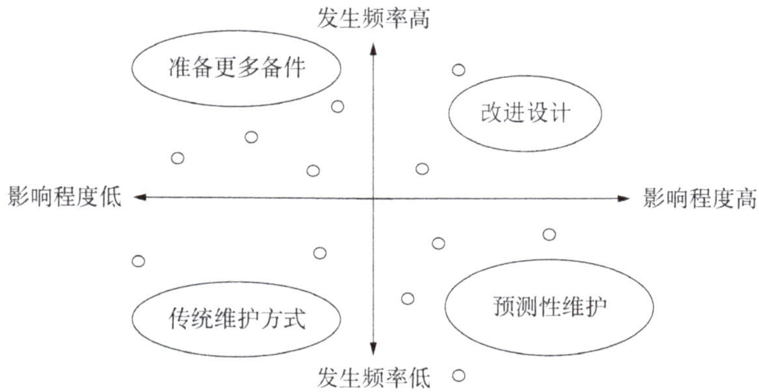

图 1-29 四象限法故障分类

对于预测性维护的适用场景，通常认为设备和设施的失效存在一个过程——从潜在故障(Potential, P)到功能丧失(Failure, F)，在这一段区间内，虽然故障已经发生，但设备仍可运行，且不致产生更大的影响，这段区间称为“P-F 间隔”。如图 1-30 所示，在 P 点处，设备虽然已经出现潜在故障，但并未丧失功能，F 点表示设备已失效。如果在 P 点之前进行维护，属于预防性维护，有可能过度维修。如果在 F 点以后维修，则属于事后维护，生产损失和设备损失已经发生。值得注意的是，P-F 间隔并非固定不变，即使对同一设备，使用的监测手段越精密，就有可能越早发现潜在故障，留给预测性维护的 P-F 间隔就越长。

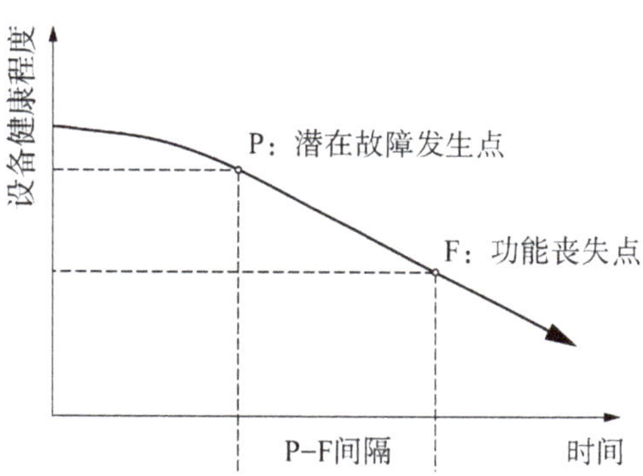

图 1-30 P-F 间隔

2 故障诊断信号分析

2.1 信号预处理

信号预处理对港口机械诊断至关重要，常见的数据预处理方法主要包括异常值处理、零均值化处理、消除趋势项、加窗处理、滤波，其作用主要体现在提升数据的准确性、增强系统的可靠性和有效性上。港口机械，如起重机、输送机等设备在复杂的作业环境中运行，承受多种工况，且负载变化极为频繁，其传感器信号易受环境噪声、振动干扰和其他不确定因素的影响。信号预处理能够消除噪声、平滑数据和提取关键特征，使得信号更具代表性，例如滤波、特征提取和归一化等步骤，有助于实时跟踪设备运行状态、识别潜在问题，降低因数据误差带来的诊断偏差和决策失误，为后续的故障检测、状态监测和性能分析提供可靠的数据支持。良好的信号预处理可以大幅提升监测数据的质量和准确性，不仅有助于延长机械设备的使用寿命，还优化了港口作业的效率与安全性。

对于异常值的处理，在实际工况监视与故障诊断系统中，考虑到分析、诊断的实时性要求，必须从处理方法的简便性和有效性两方面进行权衡。

2.1.1 异常值处理

在传感器采集数据、信号调理到 AD 转换这一过程中，任何一个中间环节瞬时失常或外界随机干扰都可能导致数字信号中含有异常值。数字信号中的各种处理方法对异常值的容错程度也各不相同。在某些情况下，即使只是存在一个异常值，也会在很大程度上影响处理结果，这就对异常值的识别和处理提出了要求。3σ 规则是常用的异常值处理方法，该规则是基于对测试数据的平稳正态假设，其主要特点是计算简便。尽管平稳正态性过程具有广泛的代表性，但并非适用于所有测试数据,因而具有一定的局限性。

2.1.2 零均值化处理

零均值化处理又称中心化。由于各种原因,港口机械传动系统测试所得的信号均值往往不为零,为了简化后续处理的计算工作,在分析数据之前一般要将被分析的数据转换为零均值的数据,这种处理就称为零均值化处理。零均值化处理对信号的低频段、特别是振动数据有特殊的意义,这是因为信号的非零均值相当于在此信号上叠加了一个直流分量,而直流分量的傅里叶变换是在零频率处的冲击函数。因此,如果不去掉均值,在估计信号的功率谱时,将在零频率处出现一个很大的谱峰,并会影响在零频率左右处的频谱曲线,使之产生较大的误差。

对连续样本记录 $x_t(t)$ 采样后所得到的离散数据序列为 $x_i(n)$, $n = 1, 2, \cdots, N$; 其中 N 为数据总长度。其均值 $\hat{\mu}_i$ 常通过下式估计:

$$\hat{\mu} = \frac{1}{N}\sum_{n=1}^{N} x_i(n) \tag{2-1}$$

零均值化就是定义一个新的信号$\{u_i\}$,$n=1, 2, \cdots, N$,有

$$u_i = x_i - \hat{\mu}_i \tag{2-2}$$

2.1.3 消除趋势项

趋势项是样本信号中周期大于记录长度的频率成分。这可能是测试系统本身由于各种原因引起的趋势性误差、漂移。数据中的趋势项,使得低频时的谱估计失去真实性(图 2-1 中 0.4~0.6 秒的最低峰绝对值比 0.0~0.2 秒、0.8~1.0 秒的最高峰值都高)。因此,从原始数据中去掉趋势项同样是非常重要的工作。但如果趋势项不是误差,而是原始数据中本来包含的成分,那么这样的趋势项就不能消除。消除趋势项最常用的方法是最小二乘法。该方法既能消除多项式趋势项,又能消除线性趋势项。对于其他类型的趋势项,可以用滤波的方法来去除。

设记录到的信号 $x(t)$ 如图 2-1(a)所示,它包含了图 2-1(b)所示的趋势项和图 2-1(c)所示的真实信号。趋势项是一个缓变的信号,可以用一个多项

式来拟合该趋势项,多项式的阶次随趋势项的形状而定。一旦该多项式被确定,那么从 $x(t)$ 减去趋势项,就可以近似得到真实信号。

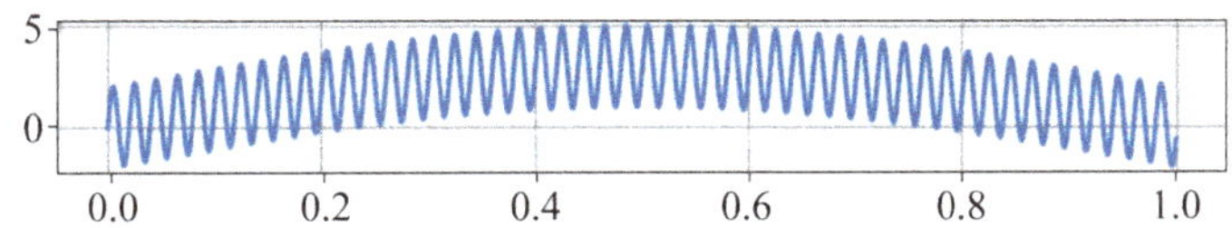

(a) 记录到的信号 $x(t)$

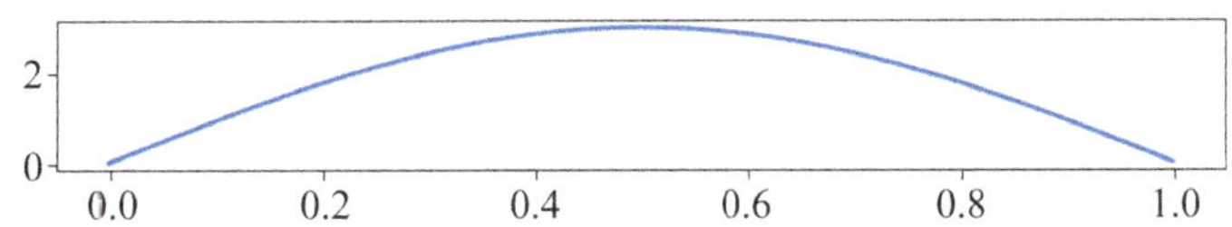

(b) 趋势项

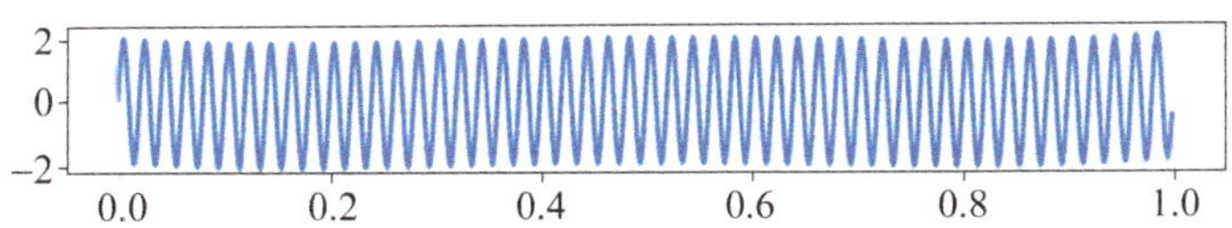

(c) 真实信号

图 2-1 含趋势性的信号

2.1.4 加窗处理

在实际进行数字信号处理时,往往需要把信号的观察时间限制在一定的时间间隔内,从而只需要选择一段时间信号进行分析。取有限长度的数据,就是信号数据截断的过程,相当于将信号进行加窗处理操作。这样操作以后,常常会发生频谱分量从其正常频谱扩展开来的现象,即所谓的"频谱泄露"。

当进行离散傅里叶变换时,时域中的截断是必要的,但这不可避免导致频谱泄露。因此,要对频谱泄露进行抑制,可以利用通过窗函数加权抑制离散傅里叶变换的等效滤波器的振幅特性的副瓣,或用窗函数加权,使有限长度的输入信号周期延拓后在边界上尽量减少不连续程度的方法实现。例如在 FIR 滤波器的设计中,为获得有限长单位的取样响应,需要用窗函数截断无限长单位取样响应序列。另外,在功率谱估计中也会遇到窗函数加权问题。

2.1.4.1 窗效应

加窗处理是截取测量信号中的一段信号,这必然会带来截断误差,使得截取的有限长信号不能完全反映原信号的频域特性,即产生窗效应。如图 2-2 所示正弦原始信号经过矩形窗函数之后,信号增加了新的频率成分,变成了无限带宽信号。这种信号在频率轴分布扩展的现象称为泄露。具体来说,加窗处理会增加新的频率成分,并且使谱值大小发生变化。从能量角度来讲,泄露现象相当于原信号各种频率成分处的能量渗透到其他频率成分上,所以又称为频率泄露。

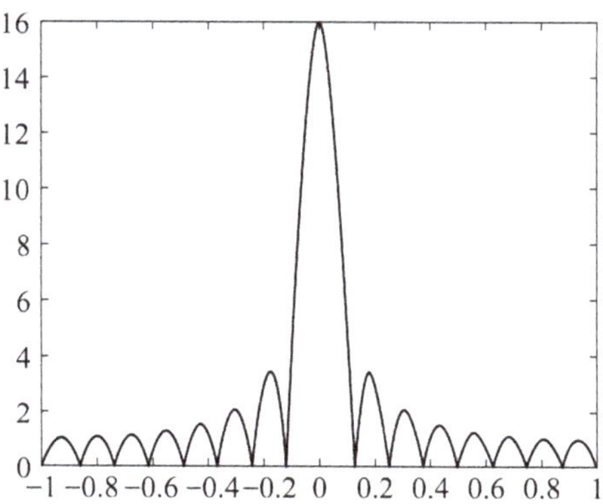

图 2-2 矩形窗的频域波形

信号截断以后产生的能量泄露现象是必然的,因为窗函数的频谱为无限带宽,所以,即使 $x(t)$ 为带限信号,经截断后必然成为无限带宽信号。由采样定理可知,无论采样频率多高,只要信号一经截断,就不可避免地引起混叠。因此,信号截断必然导致一些误差,这是信号分析中不容忽视的问题。但是当窗口宽度 T 趋于无穷大时,窗谱 $W(\omega)$ 将变为 $\delta(\omega)$ 函数,而 $\delta(\omega)$ 与 $X(\omega)$ 的卷积仍为 $X(\omega)$,这说明,如果窗口无限宽,即不截断,就不存在泄露误差。

2.1.4.2 常用窗函数

实际应用的窗函数可以分为以下主要类型。

(1) 幂窗:采用时间变量的某种幂次的函数,如矩形、三角形、梯形或其他时间变量的高次幂。

(2) 三角函数窗:应用三角函数,即正弦或余弦函数等组合成的复合函数,如汉宁窗、海明窗等。

(3) 指数窗:采用指数时间函数,如 e^{-st} 形式、高斯窗等。

下面介绍几种常用窗函数的性质和特点。

1）矩形窗

矩形窗(图 2-3)是时间变量的零次幂窗,函数形式为

$$u(t) = \begin{cases} \dfrac{1}{T}, & |t| \leqslant T \\ 0, & |t| \geqslant T \end{cases} \tag{2-3}$$

相应的窗谱函数为

$$W(\omega) = \frac{2\sin \omega T}{\omega T} \tag{2-4}$$

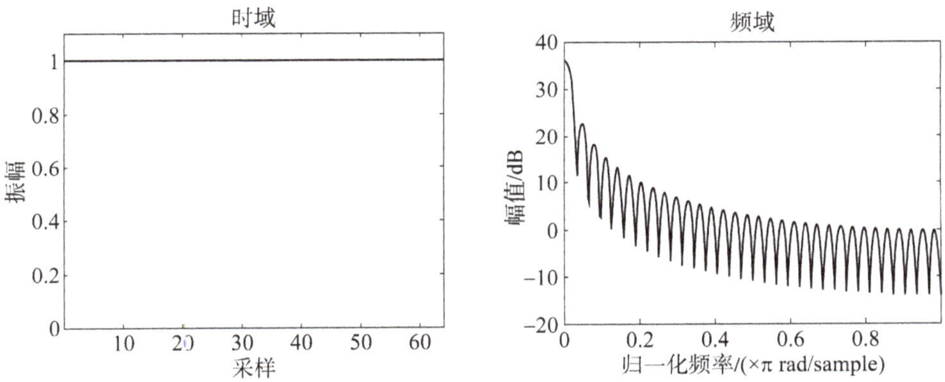

图 2-3 矩形窗

2）三角窗

三角窗(图 2-4)是幂窗的一次方形式,函数形式为

$$w(t) = \begin{cases} \dfrac{1}{T}\left(1 - \dfrac{|t|}{T}\right), & |t| \leqslant T \\ 0, & |t| > T \end{cases} \tag{2-5}$$

相应的窗谱函数为

$$W(\omega) = \left(\frac{\sin \dfrac{\omega T}{2}}{\dfrac{\omega T}{2}}\right)^2 \tag{2-6}$$

$$W(\omega) = \frac{\sin \dfrac{\omega T}{2}}{\dfrac{\omega T}{2}} + \frac{1}{2}\left[\frac{\sin(\omega T + \pi)}{\omega T + \pi} + \frac{\sin(\omega T - \pi)}{\omega T - \pi}\right] \tag{2-7}$$

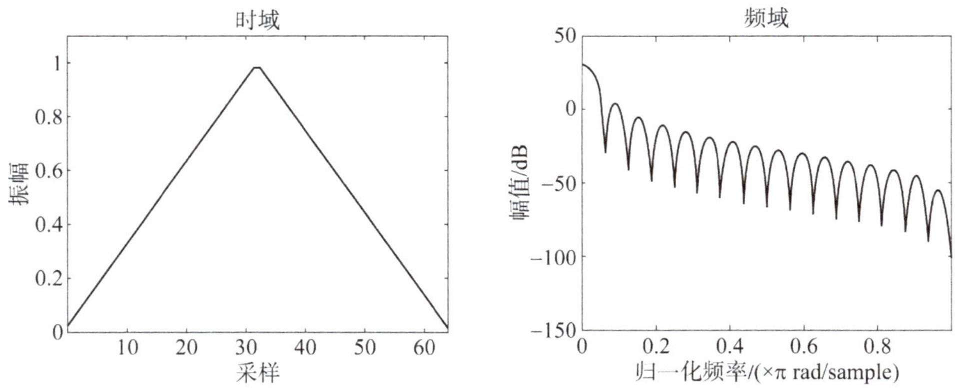

图 2-4 三角窗

3）汉宁窗

汉宁窗(图 2-5)可以看成 3 个矩形窗的频谱之和,函数形式为

$$w(n)=\begin{cases}0.5+0.5\cos\dfrac{2\pi n}{M-1}, & 0\leqslant n\leqslant M-1\\ 0, & \text{其他}\end{cases} \tag{2-8}$$

相应的窗谱函数为

$$W(\omega)=\frac{\sin(\omega T)}{\omega\left[1-\left(\dfrac{\omega T}{\pi}\right)^{2}\right]} \tag{2-9}$$

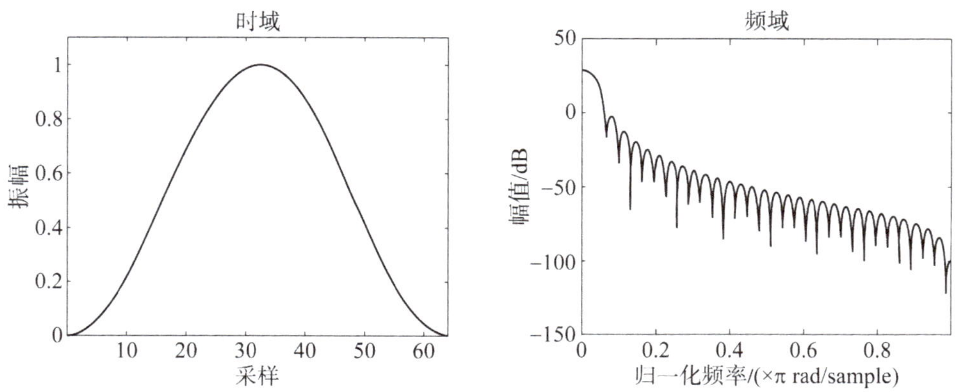

图 2-5 汉宁窗

4）海明窗

海明窗(图 2-6)也是余弦窗的一种,又称改进的升余弦窗,其时间函数表达式为

$$w(t)=\begin{cases}\dfrac{1}{T}\left(0.54+0.4\cos\dfrac{\pi T}{T}\right), & |t|\leqslant T\\ 0, & |t|>T\end{cases} \tag{2-10}$$

相应的窗谱函数为

$$W(\omega)=1.08\frac{\sin\omega T}{\omega T}+0.46\frac{\sin(\omega T+\pi)}{\omega T+\pi}+\frac{\sin(\omega T-\pi)}{\omega T-\pi} \tag{2-11}$$

海明窗与汉宁窗都是余弦窗,只是加权系数不同。海明窗加权的系数能使旁瓣更小。实验表明,海明窗与汉宁窗都是很有用的窗函数。海明窗的时域及频域信号如下图所示。

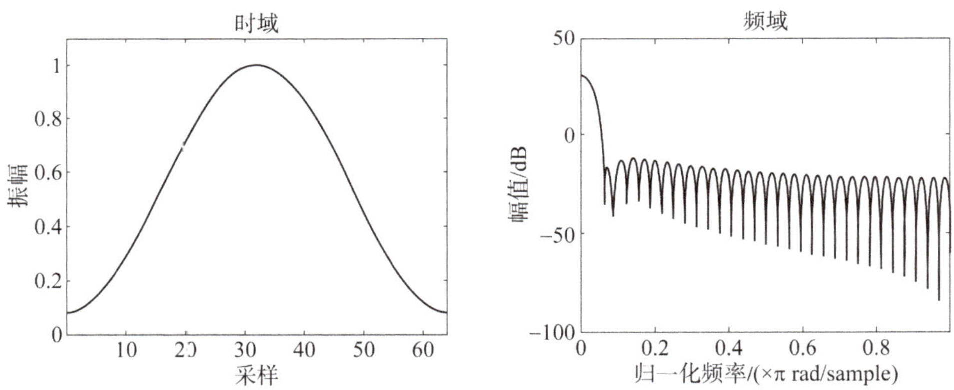

图 2-6 海明窗

5）布莱克曼窗

布莱克曼窗(图 2-7)函数与汉明窗和汉宁窗函数的定义很像,不过增加了升余弦的二次谐波分量,其窗函数的定义为

$$w(n)=\begin{cases}0.42-0.5\cos\left(\dfrac{2\pi n}{M-1}\right)+0.08\cos\left(\dfrac{4\pi n}{M-1}\right), & 0\leqslant n\leqslant M-1\\ 0, & 其他\end{cases} \tag{2-12}$$

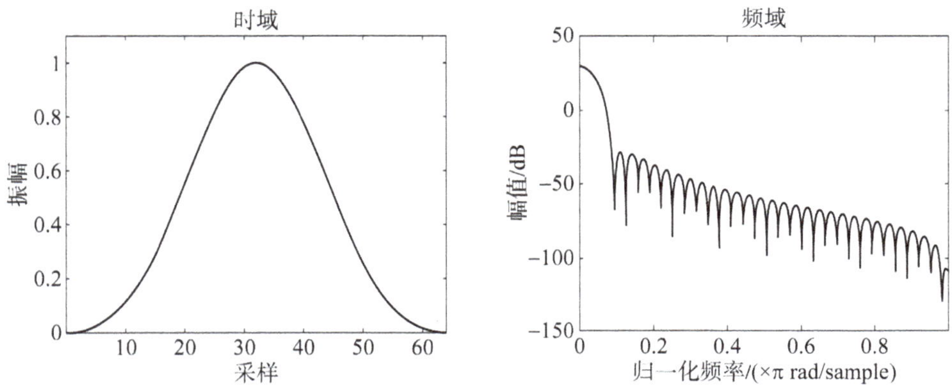

图 2-7 布莱克曼窗

6）切比雪夫窗

切比雪夫窗（图 2-8）是一种对局部进行优化的时窗，因为它满足窗函数的最大振幅比原则，所以也称为最大振幅比时窗函数。其特点是旁瓣具有等波动性，也就是所有旁瓣高度相同。切比雪夫窗的函数形式为

$$w(n)=\frac{1}{N}\left\{\frac{1}{\gamma}+2\sum_{k=1}^{N}T_{\frac{N}{2}-1}\left[\beta\cos\left(\frac{k\pi}{N}\right)\right]\cos\left(\frac{2nk\pi}{N}\right)\right\},\ n=1,\ \cdots,\ N-1 \tag{2-13}$$

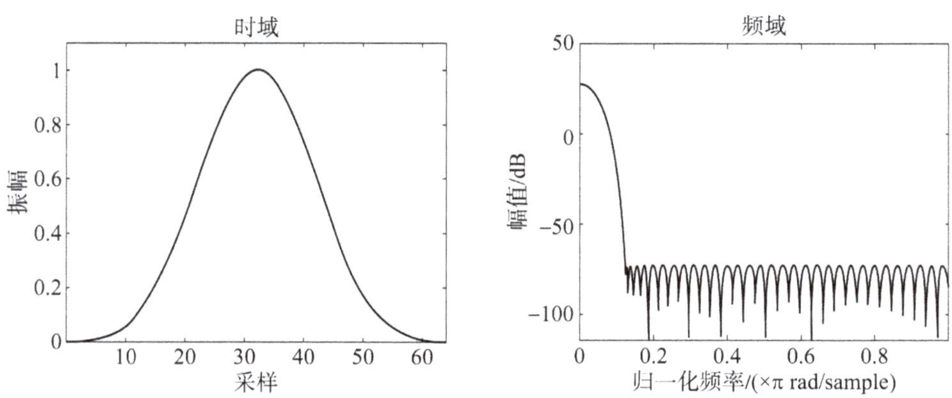

图 2-8 切比雪夫窗

对于这几个常用的窗函数，如果仅要求精确读出主瓣频率，而不考虑幅值精度，则可选用主瓣宽度比较窄而便于分辨的矩形窗，如测量物体的自振频率等。如果分析窄带信号，且有较强的干扰噪声，则可选用旁瓣幅度比较小的窗

函数，如汉宁窗、三角窗等。而对于随时间衰减的函数，可采用指数窗来提高信噪比。

2.1.4.3 选窗原则

根据窗函数对于数据处理的影响，可参照下述原则选取理想的窗函数来改善频谱能量泄露问题。

（1）窗函数频谱的主瓣应尽可能窄，即能量尽可能集中在主瓣内，以提高估计时的频域分辨率和减少泄露，在数字滤波器设计中获取较小的过渡带。

（2）尽可能减小窗函数频谱最大旁瓣的相对幅度，以使旁瓣高度随频率快衰减。

如果这两条不能同时兼顾，往往是增加主瓣宽度以换取对旁瓣的抑制。除此之外，在应用窗函数时，除要考虑窗函数频谱本身的特性外，还应充分考虑信号的特点及具体处理要求。在一般情况下，当信号在“远”频段包含强干扰时，选择具有高旁瓣的窗函数；当信号在有用频率附近包含强干扰时，选择具有较低的大旁瓣级别的窗函数；当需要在某一频率附近分离两个或多个信号时，选择具有窄主瓣而平滑的窗函数；在信号频率组成的幅值比其频率精度更重要的场合，选择具有宽主瓣的窗函数；当信号频段较宽时，可采用均匀的矩形窗函数或不加窗函数。

2.1.5 滤波

数字滤波器是一个离散时间系统（按预定的算法，将输入离散时间信号转换为所要求的输出离散时间信号的特定功能装置）。应用数字滤波器处理模拟信号时，首先必须对输入模拟信号进行限带、采样和模-数转换。数字滤波器输入信号的采样率应大于被处理信号带宽的两倍，其频率响应具有以采样频率为间隔的周期重复特性，且以折叠频率即 1/2 采样频率点呈镜像对称。为得到模拟信号，数字滤波器处理的输出数字信号必须经数-模转换。数字滤波器具有高精度高可靠性、可程控改变特性或复用、便于集成等优点。

数字滤波器有低通、高通、带通、带阻和全通等类型。它可以是时不变的或时变的、因果的或非因果的、线性的或非线性的。应用最广的是线性、时不变数字滤波器，以及 FIR 滤波器。

传统的抗混叠滤波器设计采用的都是无源元件，如广泛使用的 RC 滤波器。这类滤波器在设计上有如下缺点。

（1）截止频率不可调，特别是对于通用的数据采集系统，采集频率可以人为设定，也要求截止频率能够人为设定，通常的做法是把截止频率固定为系统最高的采集频率，并乘以一个大于2的系数作为最终的截止频率。

（2）高阶滤波器设计复杂，采用元件较多，参数调试不方便。

（3）有源器件和无源器件等元件之间的分布参数复杂，滤波器的性能很难保证。

（4）RC无源滤波器的截止频率呈非线性，依靠调节RC元件的参数很难适应这个非线性特性，且灵活性差。

正是由于测控系统对滤波器的特殊要求，促进了集成有源滤波器、可编程有源滤波器的发展。有源滤波器的发展，一方面提供了高精度、高稳定性、高性能的集成有源滤波器；另一方面提供了通用的有源滤波器。可编程有源滤波器的出现是开关电容技术发展的结果，正是由于开关电容技术的成熟，使得可编程有源滤波器的实现成为可能。

基本的抗混叠滤波器有巴特沃斯滤波器、贝塞尔滤波器、切比雪夫滤波器和椭圆函数型滤波器4种。

根据不同的设计方法，以二阶有源低通滤波器为例，常用的新型滤波器类型及特点见表2-1。

表2-1 常用滤波器类型及特点

分类	滤波器类型	特点
近代设计法	巴特沃斯滤波器	通带内响应最为平坦
	切比雪夫滤波器	截止特性特别好，群延时特性不太好，通带内有等纹波起伏
	逆切比雪夫滤波器	阻带内有零点（陷波点），由于圆函数型滤波器能够比它有更好的截止特性，因此不太常用
	椭圆函数型滤波器	通带内有起伏，阻带内有零点，截止特性比其他滤波器都好但对器件要求严
	贝塞尔滤波器	通带内延时特性最平坦，截止特性相当差
	高斯滤波器	这种函数的BPF常用于决定频谱分析仪带宽的滤波器
	相位等波纹滤波器	通带内的相位是等纹波变化的
	勒让德滤波器	截止特性比巴特沃斯滤波器好，并且可以用小器件来实现
古典设计法	定K型滤波器	设计简单，易于增加阶数
	M推演型滤波器	能得到比定K型滤波器更陡峭的截止特性，但阻带特性较差

工程上常用的数字滤波方法可总结如下。

1）限幅滤波法

根据经验判断，确定两次采样允许的最大偏差值（例如假设为 x），每次测到新值时判断，如果本次值与上次值之差小于或等于 x，则本次值有效；如本次值与上次值之差大于 x，则本次值无效，放弃本次值，用上次值代替本次值。

优点：能有效克服因偶然因素引起的脉冲干扰。

缺点：无法抑制周期性的干扰，平滑度差。

2）中位值滤波法

连续采样 N 次（N 取奇数），把 N 次采样值按大小排列，取中间值为本次有效值。

优点：能有效克服因偶然因素引起的波动干扰，对温度、液位的变化缓慢的被测参数有良好的滤波效果。

缺点：对流量、速度等快速变化的参数不宜。

3）算术平均滤波法

连续取 N 个采样值进行算术平均运算，当 N 值较大时，信号平滑度较高，但灵敏度较低；当 N 值较小时，信号平滑度较低，但灵敏度较高。输入值的选取原则如下：一般流量测量，可取 $N=12$；对压力的测量，可取 $N=4$。

优点：适用于对一般具有随机干扰的信号进行滤波，这种信号的特点是有一个平均值，信号在某一数值范围附近上下波动。

缺点：对于测量速度较慢或要求数据计算速度较快的实时控制不适用，比较浪费 RAM（随机存取存储器）内存。

4）递推平均滤波法（滑动平均滤波法）

把连续 N 个采样值看成一个队列，队列的长度固定为 N，每次采样到一个新数据放入队尾，并扔掉原来队首的数据（先进先出原则）。对队列中 N 个数据进行算术平均运算，就可获得新的滤波结果。N 值的选取原则如下：一般流量测量，可取 $N=12$；对压力的测量，可取 $N=4$；对液面的测量，可取 $N=4\sim12$，对温度的测量，可取 $N=1\sim4$。

优点：对周期性干扰有良好的抑制作用，平滑度高，适用于高频振荡的系统。

缺点：灵敏度低，对偶然出现的脉冲性干扰抑制作用较差，不易消除由于脉冲干扰所引起的采样值偏差，不适用于脉冲干扰比较严重的场合，比较浪费 RAM 内存。

5）中位值平均滤波法（防脉冲干扰平均滤波法）

相当于“中位值滤波法+算术平均滤波法”，连续采样 N 个数据，去掉一个最大值和一个最小值，然后计算 $N-2$ 个数据的算术平均值。N 的取值范围为 3～14。

优点：融合了两种滤波法的优点，对于偶然出现的脉冲性干扰，可消除由于脉冲干扰所引起的采样值偏差。

缺点：测量速度较慢，和算术平均滤波法一样，比较浪费 RAM 内存。

6）限幅平均滤波法

相当于“限幅滤波法+递推平均滤波法”，每次采样到的新数据先进行限幅处理，再送入队列进行递推平均滤波处理。

优点：融合了两种滤波法的优点，对于偶然出现的脉冲性干扰，可消除由于脉冲干扰所引起的采样值偏差。

缺点：比较浪费 RAM 内存。

7）一阶滞后滤波法

取 $a=0\sim1$，本次滤波结果=（1-a×本次采样值+a×上次滤波结果）。

优点：对周期性干扰具有良好的抑制作用，适用于波动频率较高的场。

缺点：相位滞后，灵敏度低，滞后程度取决于 a 值大小，不能消除滤波频率高于采样频率 1/2 的干扰信号。

8）加权递推平均滤波法

是对递推平均滤波法的改进，即不同时刻的数据加以不同的权重，通常越接近当前时刻的数据，权重取得越大，给予新采样值的权系数越大，则灵敏度高，但信号平滑度越低。

优点：适用于有较大纯滞后时间常数的对象和采样周期较短的系统。

缺点：对于纯滞后时间常数较小、采样周期较长、变化缓慢的信号，不能迅速反映系统当前所受干扰的严重程度，滤波效果差。

9）消抖滤波法

设置一个滤波计数器，将每次采样值与当前有效值比较，如果采样值等于当前有效值，则计数器清零。如果采样值不等于当前有效值，则计数器加 1。并判断计数器是否大于或等于上限 N（溢出）。如果计数器溢出，则用本次值替换当前有效值，并清零计数器。

优点：对于变化缓慢的被测参数有较好的滤波效果，可避免在临界值附近控制器的开关反复跳动或显示器上的数值抖动。

缺点:对于快速变化的参数不宜,如果在计数器溢出的那一次采样到的值恰好是干扰值,则会将干扰值当作有效值导入系统。

10）限幅消抖滤波法

相当于"限幅滤波法+消抖滤波法",先限幅后消抖。

优点:继承了"限幅"和"消抖"的优点,改进了"消抖滤波法"中的某些缺陷,避免将干扰值导入系统。

缺点:对于快速变化的参数不宜。

2.2 特征提取与信号处理

2.2.1 特征选择与提取

按照信号的特征,信号可简要分类如图 2-9 所示。

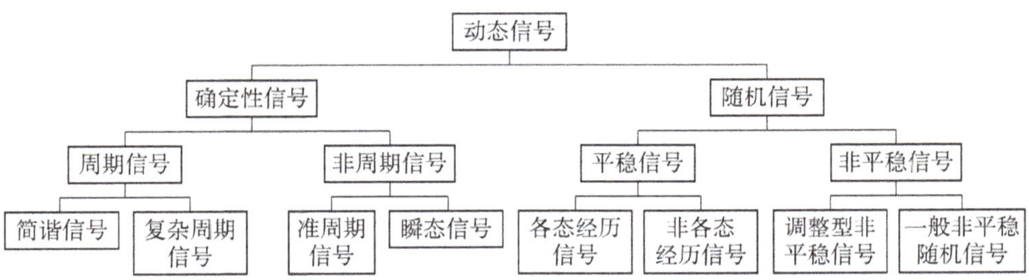

图 2-9 信号的分类

如果描述系统的状态变量可以用确定的时间函数来表述,则称这样的物理过程是确定性的,描述它们的测量数据就是确定性信号。

周期信号包括简谐信号和复杂周期信号。表述简谐信号的基本物理量是频率、振幅和初相位;复杂周期信号可借助傅里叶级数拓展成一系列离散的简谐分量之和,其中任意两个分量的频率比都是有理数。

非周期信号包括准周期信号和瞬态信号。准周期信号也是由一些不同离散频率的简谐信号合成的信号,但它不具有周期性。组成它的简谐分量中总有一个分量与另一个分量的频率比为无理数。瞬态信号的时间函数为各种脉冲函数或衰减函数,如有阻尼自由振动的时间历程就是瞬态信号。瞬态信号可借助傅里叶变换得到确定的连续频谱函数。

如果描述系统的状态变量不能用确切的时间函数来表述，则无法确定状态变量在某瞬刻的确切数值，其物理过程具有不可重复性和不可预知性时，称这样的物理过程是随机的，描述它们的测量数据就是随机信号。在数学上称为随机过程，随机信号虽然具有不确定性，但却具有一定的统计规律性，可借助概率论和随机过程理论来描述。

传统的特征提取技术主要有信号的幅值域分析、信号的时域分析，以及以傅里叶变换为核心的经典信号处理分析方法（主要有频谱分析、相关分析、传递函数分析、细化谱分析、倒频谱分析、包络分析等）。它们在起重机械故障特征提取中发挥了巨大的作用。一些常用的传统的特征提取技术及其算法如下所述。

2.2.2 时域分析方法

时域分析能通过港口机械振动信号的时间波形来提取机械零部件的故障特征。在时域分析中主要有时基波形分析、自相关分析和互相关分析等方法。时域特征如均值、最大值、最小值、均方根值等是起重机械振动信号比较直观的特征信息。常用的时域特征及其计算公式如下。

1）均方根值（RMS）

RMS 的计算公式为

$$X_{\mathrm{RMS}} = \sqrt{\frac{1}{N}\sum_{i=1}^{N} x_i^2} \tag{2-14}$$

式中，x_i 为振动幅值；N 为采样点数。RMS 反映振动能量的大小。

2）峰值因子

通过用最大值 $X_{\max}$ 与均值比较来进行计算，反映振动中峰值因子表示波形中波峰高度的指标，用公式 $C_f = \dfrac{X_{\max}}{X_{\mathrm{RMS}}}$ 描述冲击成分的大小。

3）峭度因子

峭度因子通过公式 $K_V = \dfrac{\beta}{X_{\mathrm{RMS}}^4}$ 计算得到，其中 $\beta = \dfrac{1}{N}\sum_{i=1}^{N} x_i^4$，峭度因子表示在冲击下的振动波形如何变化，揭示波形是如何变得陡峭的量值。

4）时基波形分析

港口机械设备的振动信号在时域一般是以时间波形的形式表示的。时间波形有直观易于理解等特点，由于是最原始的信号，所以包含的信息量大。其缺点是不太容易看出所含信息与故障的联系。对于某些信号，由于其波形具有明显的特征，这时可以利用时间波形做出初步判断。例如，对港口起重机械而言，当其不平衡故障较严重时，信号中有明显的以旋转频率为特征的周期成分。

5）自相关分析

信号或数据 $x(t)$ 的自相关函数 $R_x(t)$ 用于描述一个时刻的取值与另一个时刻的取值之间的依赖关系。若信号 $x_s(t)$ 为采样所得的一组离散数据 x_1，x_2，…，x_N，则自相关函数的离散化数据计算公式为

$$R_x(n) = \frac{1}{N-n}\sum_{r=1}^{N-n} x(r)x(r+n),\ n = 0,\ 1,\ 2,\ \cdots,\ M \tag{2-15}$$

式中，N 为采样点数；r 为时间序列；n 为时延序列（时间位移数）。

$R_x(\tau)$ 是有量纲的，不同波形的自相关程度很难比较，工程中常使用自相关系数来描述相关性，其量纲为 1，更具有对比性和方便性。

自相关系数定义为

$$\rho_x(t) = \frac{R_x(\tau) - \mu_x}{\sigma_x^2} \tag{2-16}$$

式中，μ_x 是均值；σ_x^2 是方差；自相关系数的值总在区间 [-1,1] 中。当 $\tau=0$ 时自相关系数总为 1。

自相关分析的应用如下。

（1）判断信号的性质。周期信号的自相关函数仍为同周期的周期函数：对于随机信号，当时间延迟趋于无穷大时，自相关系数趋于信号均值的平方，当时间延迟为 0 时，自相关系数为最大，等于 1。

（2）用于检测随机信号中的周期成分，尤其是噪声中的确定性信号。因为周期信号在所有时间延迟上，自相关系数不等于 0，而噪声信号当时间延迟趋于无穷大时，自相关系数趋于 0。

（3）对自相关函数进行傅里叶变换，可以得到自功率谱密度函数为

$$G_X(f) = 2\int_{-\infty}^{+\infty} R_x(\tau)e^{-j2f\tau}\mathrm{d}\tau\,(f \geqslant 0) \tag{2-17}$$

6）互相关分析

互相关函数如 $R_{xy}(\tau)$ 是表示两组数据之间依赖关系的相关统计量，互相关函数表示为

$$R_{xy}(\tau) = \lim \frac{1}{T}\int_0^t x(t)y(t+\tau)\mathrm{d}t \tag{2-18}$$

若信号 $x(t)$ 为采样所获得的一组离散数据 x_1, x_2, …, x_N,则相关函数的离散化数据计算公式为

$$R_{xy}(n) = \frac{1}{N-n}\sum_{r-1}^{N} x(r)y(r+n) \tag{2-19}$$

式中,r 为时间序列;N 为采样点数;n 为时延序列(时间位移数)。

工程中通常使用互相关系数来描述相关性,更具有对比性和方便性。互相关系数定义为

$$\rho_{xy}(\tau) = \frac{R_{xy}(\tau) - \mu_x\mu_y}{\sigma_x\sigma_y} \tag{2-20}$$

式中,μ_x 和 μ_y 为均值;σ_x 和 σ_y 为标准差。互相关系数的值总是在区间[-1, 1]中。

互相关分析应用岸桥振动信号处理的过程如下。

(1) 研究系统的时间滞后性质,系统输入信号和输出信号的互相关函数,在时间延迟等于系统滞后时间的位置上出现峰值。

(2) 利用互相延时和能量信息可以对传输通道进行分析识别。

(3) 检测噪声中的确定性信号。

(4) 确定设备振动噪声主要来源于哪个部件。

(5) 对互相关函数进行傅里叶交换,可以得到互功率谱密度函数:

$$G_{xy}(f) = 2\int_{-\infty}^{+\infty} R_{xy}(\tau)e^{-j2\pi f\tau}\mathrm{d}\tau \tag{2-21}$$

2.2.3 频域分析方法

信号的时域描述只能反映信号幅值随时间的变化情况,一般很难明确揭示信号的频率组成及各频率分量的大小。信号频域分析是借助傅里叶变换,将时域信号转换到频率域,分解为不同频率的简谐信号,揭示信号的频率成分。频谱图以信号幅值为纵坐标,频率为横坐标,可反映被测信号的频率组成情况。

2.2.3.1 周期信号及其离散频谱

1) 周期信号傅里叶级数的三角函数展开式

从数学分析已知,任何周期函数在满足狄里克利条件时,都可以展开成由

正交函数线性组合的无穷级数(如三角函数集或复指数函数集)的傅里级数,即一个周期为 T 的周期信号 $x(t)$。如果满足狄里克利条件,在一个周期内,均可以展开为傅里叶级数,且级数收敛。

狄里克利条件如下:

(1) 在一个周期内,函数处处连续或只存在有限个第一类间断点;

(2) 在一个周期内,数极值点(极大值、极小值)的个数是有限的;

(3) 在一个周期内,函数是绝对可积分的,即 $\int_{-\frac{T_0}{2}}^{\frac{T_0}{2}} x(t)\,\mathrm{d}t$ 应为有限值。

工程实际中的周期函数,一般都满足狄里克利条件,所以可将它展开成收敛的傅里叶级数。

傅里叶级数是描述周期信号的基本数学工具,通过它可以把任一周期信号展开成无穷多个正弦或余弦函数之和。

2) 周期信号的频域描述

以角频率 ω_0(或频率 f)为横坐标,各次谐波的幅值 A_n,或相位 θ_n,为纵坐标所作的图形称为周期信号的"三角频谱",横坐标的取值范围为 $0\sim+\infty$。其中图 A_n-ω 称为幅值频谱图(简称幅频图),如图 2-10 左图所示,幅频谱中每条竖线均为谱线,代表某一频率分量的幅值;图形 θ_n-ω 称为相位频谱图(简称相频图),如图 2-10 右图所示。信号的幅频图与相频图统称为信号的频谱图,这就是周期信号的频域描述。

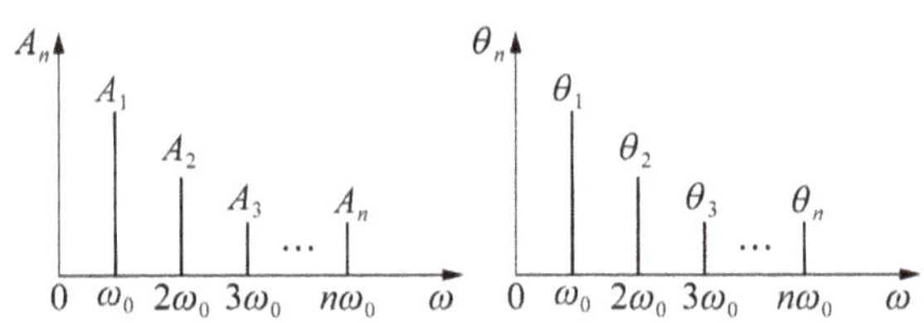

图 2-10 周期信号的值与相位频谱图

在周期信号的频谱图中,由于 ω_0 为整数,则相邻频率的间隔 $\Delta\omega=\omega_n-\dfrac{2\pi}{T}$,即各频率成分都是 ω_0 的整数倍。一个谐波在频谱图中对应一根谱线,对周期信号来说,谱线只会在频率等于 $0,\ \omega_1,\ \omega_2,\ \cdots,\ \omega_n$。离散频率点上出现,这种频谱称为离散频谱,它是周期信号频谱的主要特点。三角频谱中的角频率。(或频率 f)从 0 到 ∞ 的变化,谱线总是在横坐标的一边,因而三角频谱也称为“单边谱”。

周期信号频谱特点如下。

(1) 离散性。周期信号的频谱由不连续的谱线组成,每一条谱线代表一个分量。

(2) 谐波性。每条谱线只出现在基波频率的整倍数上,基波频率是诸分量频率的公倍数。

(3) 收敛性。各个频率分量的谱线高度表示该谐波的幅值或相位角,且幅值随谐波次数的增加而降低。

2.2.3.2　非周期信号及其连续频谱

非周期性信号包括准周期信号、瞬态信号。除准周期信号之外的非周期信号称为一般非周期信号,也就是瞬态信号。瞬态信号有瞬变性,如足球射门时冲击力的变化、承载缆绳(拉索)断裂时的拉力变化、洗澡过程淋浴器中水温的变化等信号均属于瞬态信号,如图 2－11 所示。本节讨论的非周期信号即指瞬态信号。

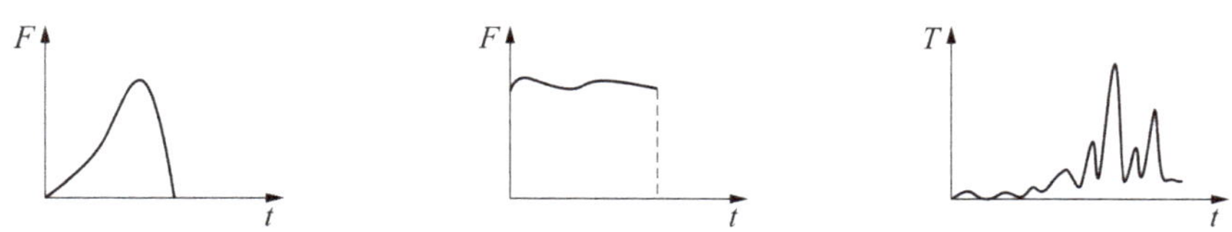

(a) 足球射门时的冲击力　(b) 拉索断裂前后拉力的变化　(c) 水温的变化

图 2－11　瞬态信号(非周期信号)

非周期信号是在时间上不会重复出现的信号,它的周期 $T\to+\infty$,因此,可以把非周期信号看作是周期趋于无穷大的周期信号,如图 2－12 所示。基于这个观点,就可以从周期信号的角度来理解非周期信号并推导其频谱。

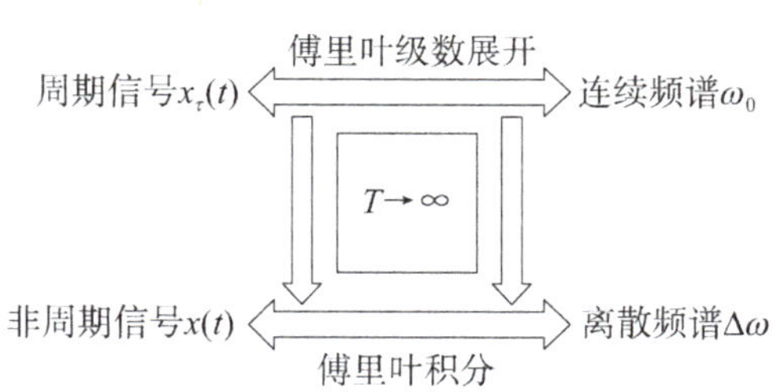

图 2－12　周期信号和非周期信号关系图

已经知道周期为 T 的信号 $x(t)$ 的频谱是离散频谱，相邻谐波之间的频率间隔 $\Delta\omega=\omega_0=\frac{2\pi}{T}$，与周期 T 的大小有关。当 $T\to+\infty$ 时，$\Delta\omega=\omega_0=\frac{2\pi}{T}\to 0$，这意味着在周期无限扩大时，周期信号频谱的相邻谱线的间隔将无限缩小，相邻谐波分量无限接近，离散参数 $n\omega_0$ 变成连续变量 ω，以致离散频谱的顶点最后变成一条连续曲线，即成为连续频谱。对离散频率分量求级数和运算可用积分运算来取代（求和 $\Sigma\to$ 积分 $\int$），因此非周期信号的频谱是连续的是由无限多个、频率无限接近的分量所组成的。这时由于频率的连续性，非周期信号的频域描述已不能用傅里叶级数展开，而要用傅里叶积分来描述

$$\begin{aligned} X(\omega) &= \int_{-\infty}^{+\infty} x(t)e^{j\omega t}\mathrm{d}t \\ x(t) &= \frac{1}{2\pi}\int_{-\infty}^{+\infty} X(\omega)e^{i\omega t}\mathrm{d}t \end{aligned} \tag{2-22}$$

这样，$x(t)$ 与 $X(\omega)$ 建立了确定的对应关系称 $X(\omega)$ 为 $x(t)$ 的傅里叶变换（Fourier translation, FT），称 $x(t)$ 为 $X(\omega)$ 的傅里叶逆变换（傅里叶积分）（inverse Fourier transform, IFT），记作

$$\begin{aligned} x(t) &\xrightarrow{\text{FT}} X(\omega) \\ X(\omega) &\xrightarrow{\text{IFT}} x(t) \end{aligned} \tag{2-23}$$

非周期信号频谱具有以下特点。

（1）连续性。非周期信号的频谱是连续的，这是与周期信号频谱的最大区别。

（2）谐波性。非周期信号也可以分解为许多不同频率的谐波（正弦、余弦）分量之和，但它包含了从 0 到+∞ 的所有频率成分（个别点除外）。

（3）收敛性。非周期信号的幅值频谱从总体变化趋势上看具有收敛性，即谐波的频率越高，其幅值密度就越小。

2.2.3.3 包络谱分析

包络谱分析的发展可以追溯到 20 世纪 70 年代，当时机械设备的故障诊断需求日益增加。传统的频谱分析方法在处理非平稳信号和调制信号时存在局限性，无法有效地提取故障特征。为了克服这些问题，研究人员提出了包络谱分析方法。20 世纪 70 年代，包络谱分析方法开始应用于机械故障诊断，特别是滚动轴承和齿轮箱的故障诊断。20 世纪 80 年代，随着数字信号处理技术的发展，包络谱分

析方法得到了进一步的推广和应用。20 世纪 90 年代至今,包络谱分析方法在工业界得到了广泛应用,并且不断与其他信号处理技术结合,如小波变换、经验模态分解等,进一步提高了故障诊断的准确性和可靠性。

轴承、齿轮等旋转机械零部件发生损伤性故障时,振动信号呈现调制特征,频谱上存在边频带,给直接利用频谱分析进行故障诊断带来困难。信号调制就是用低频测量信号去控制另一个作为载体的高频载波信号,让后者的某一参数,比如幅值、频率、相位等,按前者的值变化。信号解调就是将载波信号的参数取出来,从已调制波中恢复原有低频调制信号的过程。因此,需对故障信号进行解调处理,分析包络谱的强度和频率,从而判断故障部位和损伤程度。本小节将对希尔伯特解调也就是包络谱分析进行介绍。

1) 实信号的复数表示

将一个实信号表示成一个复信号,不仅会在理论分析方面带来方便,而且可以由此研究信号的包络、瞬时相位和瞬时频率。对简单的余弦信号 $\cos(2xft)$(其中 $2f>0$),可用复数形式表示为

$$\cos(2\pi f_0 t) = \frac{(e^{i2\pi f_0 t} + e^{-i2\pi f_0 t})}{2} \tag{2-24}$$

式(2-24)右边两个指数的虚部相互抵消,实部表示了原来的实信号。显然有,$\cos(2\pi f_0 t) = Re\{e^{i2\pi f_0 t}\} = Re\{e^{-i2\pi f_0 t}\}$,因此称 $e^{i\omega_0 t}$ 为 $\cos(2\pi f_0 t)$ 的复信号。

为了将连续实信号 $x(t)$ 表示成仅含正频率成分的复信号的实部,设 $X(f)$ 是 $x(t)$ 的频谱:

$$\begin{aligned} x(t) &= \int_{-\infty}^{+\infty} X(f)e^{i2\pi ft}\mathrm{d}f \\ &= \int_{0}^{+\infty} X(f)e^{i2\pi ft}\mathrm{d}f + \int_{-\infty}^{0} X(f)e^{i2\pi ft}\mathrm{d}f \\ &= \int_{0}^{+\infty} X(f)e^{i2\pi ft}\mathrm{d}f + \int_{0}^{+\infty} X(-f)e^{-i2\pi ft}\mathrm{d}f \end{aligned} \tag{2-25}$$

因为 $X(-f) = X^*(f)$,所以有

$$\int_{0}^{+\infty} X(-f)e^{-i2\pi ft}\mathrm{d}f = \int_{0}^{+\infty} X(f)e^{i2\pi ft}\mathrm{d}f \tag{2-26}$$

因此,$x(t)$ 可表示为

$$x(t) = Re\left\{\int_{0}^{+\infty} 2X(f)e^{i2\pi ft}\mathrm{d}f\right\} = Re\{q(t)\} \tag{2-27}$$

式中，$q(t)=\int_0^{+\infty}2X(f)e^{i2\pi ft}\mathrm{d}f$，显然，$q(t)$就是$x(t)$的复信号。

2）希尔伯特变换

设$q(t)$的频谱为$Q(f)$，由式$x(t)=Re\left\{\int_0^{+\infty}2X(f)e^{i2\pi ft}\mathrm{d}f\right\}=Re\{q(t)\}$可知

$$Q(f)=\begin{cases}2X(f), & f\geqslant 0\\ 0, & f<0\end{cases} \tag{2-28}$$

因此，复信号$q(t)$的频谱$Q(f)$在$f<0$时为0。

假设$Q(f)$是由$X(f)$滤波得到的，则相应的滤波器的频谱$H(f)$为

$$H_1(f)=\begin{cases}2,\text{当} f\geqslant 0\text{时}\\ 0,\text{当} f<0\text{时}\end{cases} \tag{2-29}$$

相应地$Q(f)=H_1(f)X(f)$，滤波器$H_1(f)$对应的时间函数是

$$h_1(t)=\delta(t)+i\frac{1}{\pi t} \tag{2-30}$$

因此，任何一个实信号$x(t)$的复信号（解析信号）$q(t)$可由滤波得到

$$q(t)=h_1(t)\cdot x(t)=x(t)+i\frac{1}{\pi t}\cdot x(t)=x(t)+ix'(t) \tag{2-31}$$

式中，$x'(t)=\frac{1}{\pi t}\cdot x(t)=\frac{1}{\pi}\int_{-\infty}^{+\infty}\frac{x(\tau)}{t-\tau}\mathrm{d}\tau$，称为$x(t)$的希尔伯特变换。希尔伯特反变换公式为

$$x(t)=-\frac{1}{\pi t}\cdot x'(t)=-\frac{1}{\pi}\int_{-\infty}^{+\infty}\frac{x'(\tau)}{t-\tau}\mathrm{d}\tau \tag{2-32}$$

式2-32可以看出，对一个信号进行希尔伯特变换，相当于对该信号进行了一次滤波处理。滤波单位脉冲响应$h(t)$为

$$h(t)=\frac{1}{\pi t} \tag{2-33}$$

它的频谱为

$$H(f)=\begin{cases}-i, & \text{当} f\geqslant 0\text{时}\\ i, & \text{当} f<0\text{时}\end{cases} \tag{2-34}$$

希尔伯特变换的频谱可以表示为

$$H(f)=\ e^{i\phi(s)} \tag{2-35}$$

式中，$\Phi(s)=\begin{cases}-\dfrac{\pi}{2}, & 当 f\geqslant 0\\ \dfrac{\pi}{2}, & 当 f<0\end{cases}$ 因此，希尔伯特变换又称为90°移相滤波或称为垂直滤波。

3）希尔伯特解调原理

设一套带调制信号 $x(t)=\ a(t)\cos(2\pi f_0 t+\varphi(t))$，其中，$a(t)$ 是缓慢变化的调制信号。令 $\theta(t)=\ 2\pi f_0 t+\varphi(t)$，$\mu(t)=\ \dfrac{\mathrm{d}\theta(t)}{\mathrm{d}t}=\ 2\pi f_0+\dfrac{\mathrm{d}\varphi(t)}{\mathrm{d}t}$ 是信号 $x(t)$ 的瞬时频率。设 $x(t)$ 的希尔伯特变换为 $x'(t)=\ a(t)\sin(2\pi f_0 t+\varphi(t))$。则它的解析信号为

$$g(t)=\ x(t)\ +ix'(t)=\ a(t)\left[\cos(2\pi f_0 t+\varphi(t))\ +i\sin(2\pi f_0 t+\varphi(t))\right] \tag{2-36}$$

解析信号的模或信号的包络为

$$|\ a(t)\ |=\ \sqrt{x^2(t)\ +x'^2(t)} \tag{2-37}$$

解析信号的相位为

$$\theta(t)=\ \arctan\frac{x'(t)}{x(t)}=\ 2\pi f_0 t\ +\varphi(t) \tag{2-38}$$

解析信号相位的导数或瞬时频率为

$$\mu(t)=\ \frac{\mathrm{d}\theta(t)}{\mathrm{d}t}=\frac{\mathrm{d}\left[\arctan\dfrac{x'(t)}{x(t)}\right]}{\mathrm{d}t}=\ 2\pi f_0\ +\frac{\mathrm{d}\varphi(t)}{\mathrm{d}t} \tag{2-39}$$

根据上述步骤，可总结希尔伯特解调过程，如图2-13所示。

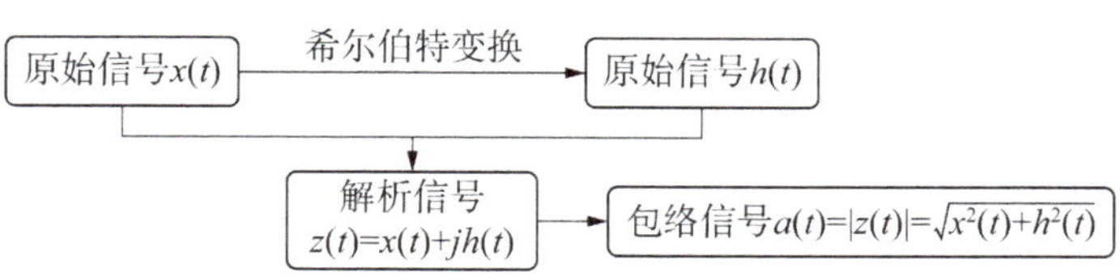

图2-13 希尔伯特解调步骤

4）优势

（1）故障特征提取：包络谱分析能够有效提取调制信号中的故障特征，特别适用于滚动轴承、齿轮等机械部件的故障检测。

（2）处理非平稳信号：包络谱分析能够处理非平稳信号，适用于各种复杂工况下的信号分析。

（3）高灵敏度：包络谱分析对微弱故障信号具有较高的灵敏度，能够在早期阶段检测到故障。

（4）简单易用：包络谱分析方法相对简单，易于实现和应用，适合工业现场的实时监测和故障诊断。

（5）故障诊断中的共振解调（包络检波频谱分析法）

共振解调法通常用于具有滚动轴承的轴组件振动的分析。它是利用轴承或检测系统作为谐振体，把故障冲击产生的高频共振响应波放大，通过包络检波方法（如希尔伯特变换）变为具有故障特征信息的低频波形，然后采用频谱分析法找出故障的特征频率（间隔频率），从而确定故障是否发生，以及在有故障发生时故障的类型。共振解调法的信号变换过程如图 2－14 所示。

5）倒频谱分析

倒频谱（Cepstrum）分析可以处理复杂频谱图上的周期结构。倒频谱包括功率倒频谱分析和复倒频谱分析两种主要形式。倒频谱用于分析具有同族谐波频率或异族谐波频率、多成分边频等复杂信号，找出功率谱上不易发现的问题。

倒频谱的数学描述包括两类：一类是实倒频谱（Real Cepstrum，R－CEP）；另一类是复倒频谱（Complex Cepstrum，C－CEP）。

（1）实倒频谱。如果时间序列 $x(t)$ 的傅里叶正变换为 $X(f)$，其功率谱为

$$G_x(f) = \frac{2}{T_0}|X(f)|^2 \tag{2-40}$$

那么，功率倒频谱 $C_R(q) = |F|\ln G_x(f)\|^2$，F 为傅里叶变换符号，是将对数功率谱进行傅里叶变换，然后取其模的平方。

幅值倒频谱实际应用较多的是式 $G_x(f) = \frac{2}{T_0}|X(f)|^2$ 的算术平方根定义形式，称为幅值倒频谱，即

$$C_O(q) = \sqrt{C_R(q)} = |F||\ln G_x(f)| \tag{2-41}$$

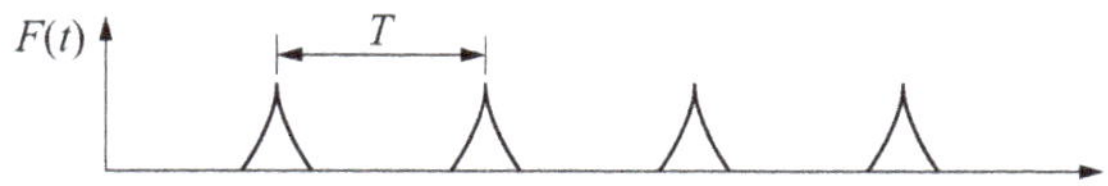

（a）原始脉冲波

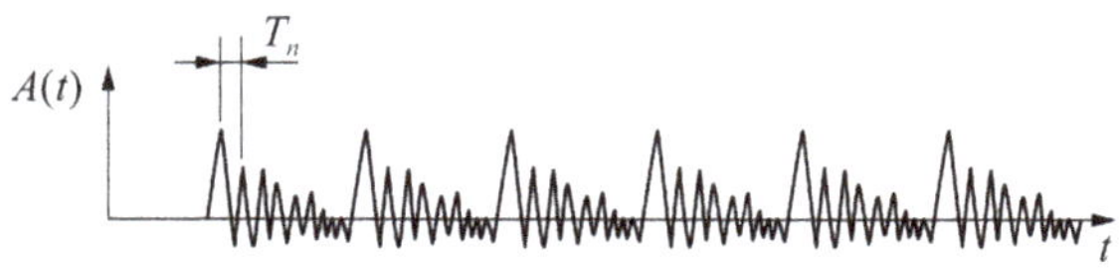

（b）共振响应波

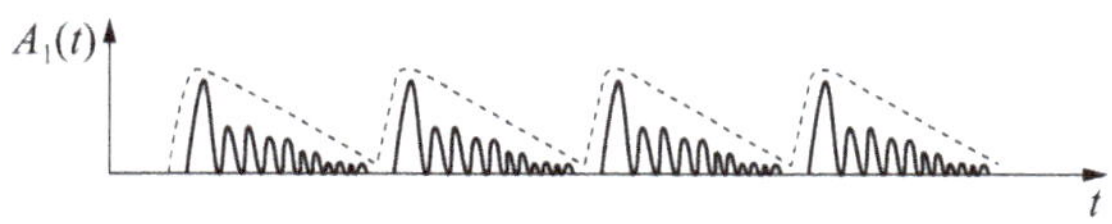

（c）绝对值处理

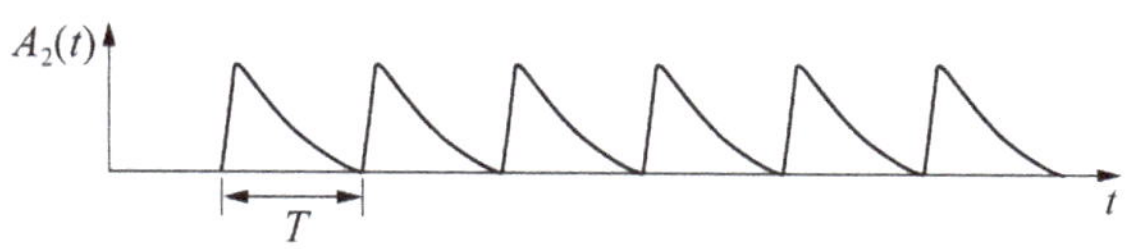

（d）包络检波

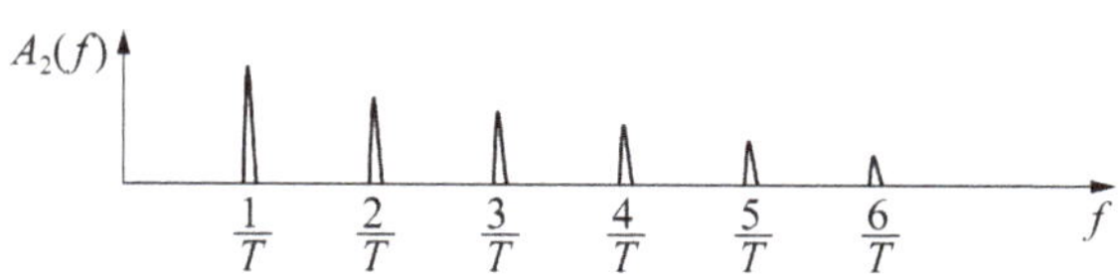

（e）频谱分析

图 2－14　共振解调法的信号变换过程

（2）复倒频谱。在实倒频谱的分析中，丢失了相位信息。复倒频谱是另一种倒频谱，它是从复谱得来的，因此不损失相位信息。与实倒频谱不同，获得复倒频谱的过程是可逆的，这在很多情况下符合工程要求。

设时间信号 $x(t)$ 的傅里叶变换为

$$X(f) = Re[X(f)] + Im[X(f)] \tag{2-42}$$

则复倒频谱 $C_C(q)$ 为

$$C_C(q) = \mathrm{F}^{-1}\{\lg X(f)\} \tag{2-43}$$

倒频谱分析技术早期用于地震的回波分析，近年在装备故障诊断、语音信号分析、生物医学、雷达及声呐的数据处理等方面得到广泛的应用。它能分离边带信号和谐波，这在齿轮和滚动轴承发生故障、信号中出现调制现象时，对于检测和分析信号十分有效。

（3）倒频谱应用。港口机械实测的波动、噪声信号往往不是振源信号本身，而是振源或声源信号 $x(t)$ 经过传递系统 $h(t)$ 到测点的输出信号 $y(t)$。线性系统 $x(t)$、$h(t)$、$y(t)$ 之间的关系可用卷积公式表示：

$$y(t) = x(t) * h(t) = \int_0^{+\infty} x(\tau) h(t-\tau) \mathrm{d}\tau \tag{2-44}$$

在时域中，信号在经过卷积后一般是一个比较复杂的波形，难以区分源信号与系统的响应。为此，需要对式 2－44 继续进行傅里叶变换，在频域上进行分析。

$$S_y(f) = S_x(f) S_h(f) \tag{2-45}$$

对式 2－45 两边取对数，得

$$\ln S_y(f) = \ln S_x(f) + \ln S_h(f) \tag{2-46}$$

对式 2－46 再进一步进行傅里叶逆变换，可得倒频谱：

$$F\{\ln S_y(f)\} = F\{\ln S_x(f)\} + F\{S_h(f)\} \tag{2-47}$$

或

$$C_y(q) = C_x(q) + C_h(q) \tag{2-48}$$

式 2－48 在倒频谱上由两部分构成，即低频和高频部分。它们各自在倒频谱图上占有不同的倒频率位置，因而，倒频谱可以提供清晰的分析结果。

2.2.4 时频域分析方法

基于傅里叶变换的信号频域表示及其能量的频域分布，揭示了信号在频域的特征，它们在传统的信号分析与处理的发展史上发挥了极其重要的作用。但是，傅里叶变换是一种整体变换，它只是建立了从时域到频域的通道，并没有将时域和频域组合成一个域，即对信号的表征要么完全在时域，要么完全在频域，信号的时间信息在频域中无法得到。对港口机械传动系统启、停过程等信号频率成分不断变化的过程,单独的时域分析或频域分析都不充分,必须将两者结合起来进行分析。

时频分析法将时域和频域组合成一体,这就兼顾到非平稳信号的要求。它的主要特点在于时间和频率的局部化,通过时间轴和频率轴两个坐标组成的相平面,可以得到整体信号在局部时域内的频率组成,或者看出整体信号各频带在局部时间上的分布和排列情况。时频分析在语音处理、地震资料分析、信号检测和数据压缩等多个领域得到了广泛应用。对港口起重机传动系统而言,发生故障时的振动信号,大量是非平稳、非线性的信号,因此,时频分析方法是进行起重机械故障特征提取的一个重要的方法和特征提取工具,并广泛应用于各类旋转机械故障诊断中。

信号的时频分析分为线性和二次型两种。典型的线性时频表示有短时傅里叶变换、小波变换和加伯变换等。在很多实际场合中,还要求二次型的时频表示能够描述该信号的能量密度分布。这样一种更加严格意义下的时频表示称为信号的时频分布。基于经验模态分解的时频分析方法,是一种优秀的时频信号分析法,尤其适合于非线性、非稳态的信号序列处理。

2.2.4.1 短时傅里叶变换

为了克服傅里叶变换没有时间分辨率的缺陷,短时傅里叶变换通过在信号上加个滑移时间窗的方法,对信号进行分段取样,将其转换为若干个局部平稳信号。然后对这些分段的平稳信号进行傅里叶变换,可以得到一组原信号的局部频谱,将这些局部频谱组合成时频谱图就能找出信号的非平稳特性。

设 $x(t)$ 是一个时变信号,若其随时间变化的过程是缓慢的,则可以用一个滑移时间窗将其分割成若干个短段,在每个短段内,信号可以看成是近似平稳的。

对截取后的近似短时平稳信号进行傅里叶变换,得到短时傅里叶变换(STFT)公式为

$$\mathrm{STFT}(t, f) = \int_{-\infty}^{+\infty} x(t) h^*(\tau - t) e^{-j2\pi ft} \mathrm{d}\tau \tag{2-49}$$

式中,$h^*(\tau - t)$ 是滑移时间窗 $h(\tau - t)$ 的共轭。根据信号的特点,可以采用矩形窗、汉宁窗、布莱克曼窗等;t 为窗口的中心位置。这样,$h(t)$ 起到时限作用。$e^{-j2\pi ft}$ 起到频限作用,短时傅里叶变换同时具有了时域和频域的局部化功能。

对短时傅里叶变换系数取平方,得到信号的短时功率谱为

$$\mathrm{STP} = |\ \mathrm{STFT}(t,\ f)\ |^2 \tag{2-50}$$

STP 反映了信号在时频相平面上的功率谱密度分布情况。

设信号 $x(\tau)$ 和窗函数 $h(\tau)$ 的傅里叶变换为

$$X(f) = \int_{-\infty}^{+\infty} x(\tau) e^{-j2\pi f\tau} \mathrm{d}\tau \tag{2-51}$$

$$H(f) = \int_{-\infty}^{+\infty} h(\tau) e^{-j2\pi f\tau} \mathrm{d}\tau \tag{2-52}$$

则可以得到短时傅里叶变换的另一种表达式:

$$\mathrm{STFT}(t,\ f) = e^{-j2\pi ft} \int_{-\infty}^{+\infty} X(v) H^*(v - f) \mathrm{d}v \tag{2-53}$$

这相当于在频率域上用一个滑移谱窗对信号进行分段截取。滑移时间窗的时域函数 $h(t)$ 和频域函数 $H(t)$ 在时域和频域分别确定了信号的截取范围,从而确定了傅里叶变换的分析精度。

由上述可知,短时傅里叶变换的分析精度由滑移时间窗的时窗和谱窗的宽度联合确定,窗宽越窄,则相应的分辨率越高。但是,根据测不准原理,一个滑移时间窗不能同时具有窄的时窗宽度和谱窗宽度,如果时窗窄,则谱窗必然宽;反之亦然。

短时傅里叶变换符合研究信号不同位置局部性的要求比傅里叶变换优越。但是短时傅里叶变换口的形状大小与频率无关,保持不变,这不满足实际问题中高频信号的分辨率应比低频信号低的要求。

下文基于 Python 以示例信号分析为例,使用 SciPy 库来实现 STFT。

1) 仿真信号案例

假定待分析的时变信号包含三个不同频率成分(50 Hz、120 Hz、300 Hz),数学表达式为

$$s(t) = \begin{cases} \sin(2\pi t \times 50),\ 0 \leqslant t < 1 \\ \sin(2\pi t \times 120),\ 1 \leqslant t < 2 \\ \sin(2\pi t \times 300),\ 2 \leqslant t \leqslant 3 \end{cases} \tag{2-54}$$

采样频率为 1 000,点数为 3 000 点。基于 STFT 绘制该信号的时频图,如图 2-15 所示。

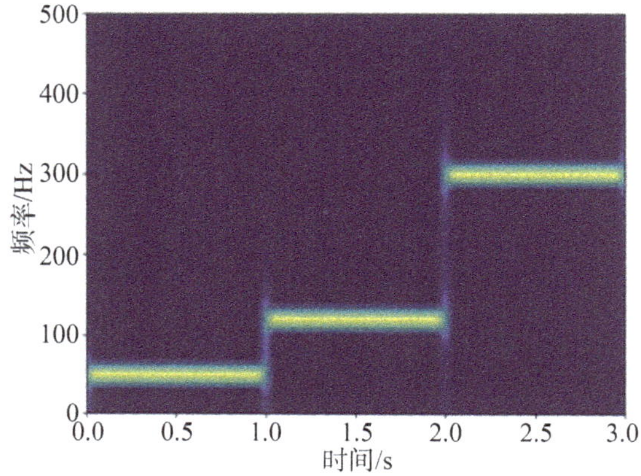

图 2-15 仿真信号 STFT 时频图

图 2-15 展示了时变信号的时频图，不难发现，STFT 可以刻画信号不同时刻的主要频率成分。对于 STFT 的参数影响可总结如下。

（1）窗口长度。窗口长度定义了每个时间段内的信号长度，也就是说，它规定了窗口的大小。较小的窗口长度可以提供更高的时间分辨率，因为窗口更短，可以捕捉到信号的更快变化，但频率分辨率较差。较大的窗口长度提供更高的频率分辨率，但可能失去对信号快速变化的捕捉。选择适当的窗口长度要根据信号特性，如频率变化的速率和信号长度等。

（2）重叠长度。重叠长度定义了相邻时间段之间的重叠部分。较大的重叠长度可以提高时间分辨率，因为相邻时间段之间有更多的共享信息。但可能导致频谱图中的泄漏。较小的重叠长度可以提高频率分辨率，减少泄漏，但时间分辨率可能下降。

上述两个参数的选择需要考虑到对信号分析的具体需求，平衡时间和频率分辨率，尝试不同的窗口长度和重叠长度值，观察结果的变化。对于窗口长度，选择较小的值可能需要根据信号的特定频率内容进行调整。确保窗口足够短，以捕捉到频率变化。对于重叠长度，通常选择 50%的重叠是一个常见的起点。

2）港口机械信号案例

上文以仿真信号为例，展示了 STFT 分析时变信号的优势。进一步的，使用 STFT 分析岸桥电机振动信号，并探讨不同窗长度对时频图的影响。信号的采样频率 51 200 Hz，采样时长为 2 s。该信号的时域波形如图 2-16 所示。

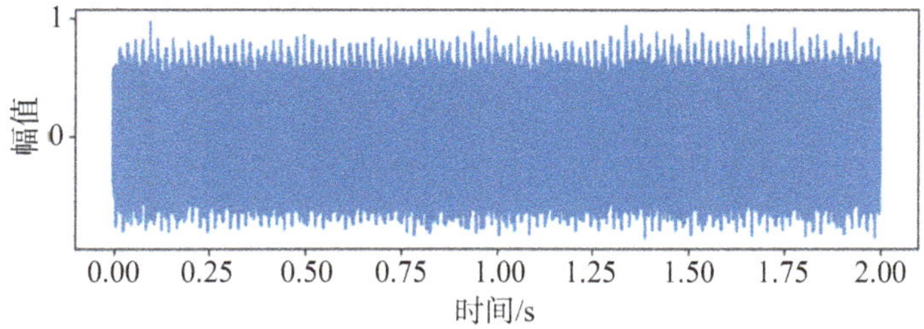

图 2-16 实际信号短时傅里叶变换时域图

基于重叠比例为 0.5，不同窗口尺度下，该信号使用 STFT 获得的时频图如图 2-17 所示。

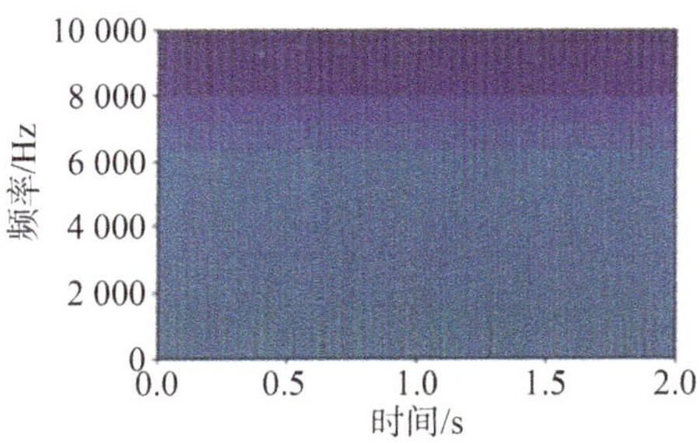

（a）32 窗口尺度

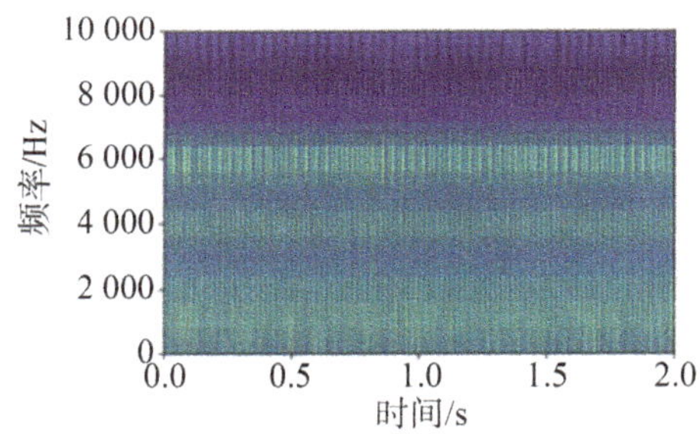

（b）64 窗口尺度

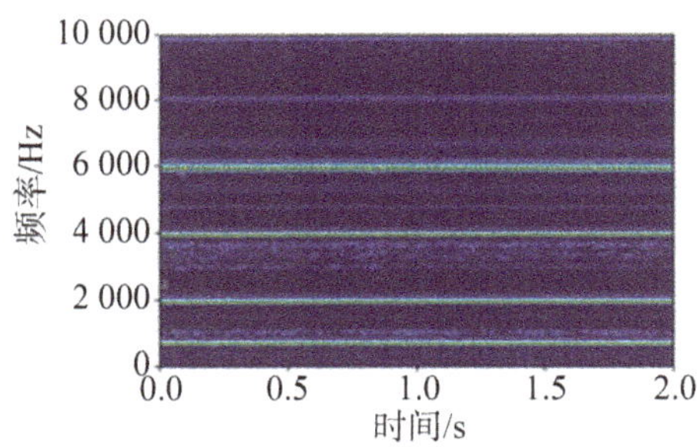

（c）1024 窗口尺度

图 2-17 岸桥电机信号时频图

由图 2-17 可知，窗口长度决定了时域、频域的分辨率。窗口长度长有着较高的频率分辨率，短的窗口有着较高的时间分辨率。

2.2.4.2 Wigner-Ville 分布（WVD）

基于 WVD 的时频分析方法自提出以来，就在瞬时频率估计、信号的相干检测和时变滤波等很多领域得以应用。Wigner-Ville 分布是 Cohen 类双线性时频分布的一种,它以自相关函数相对时间位移 T 为积分变量对信号自相关函数进行傅里叶变换,从而得到关于时间和频率的二维线性函数,其定义为

$$\mathrm{WVD}_x(t, f) = \int_{-\infty}^{+\infty} x\left(t + \frac{\tau}{2}\right) x^*\left(t - \frac{\tau}{2}\right) e^{-j2\pi f\tau} \mathrm{d}\tau \tag{2-55}$$

核函数为

$$\Phi(\tau, v) = 1 \tag{2-56}$$

式中,$x(t)$ 是实际信号 $s(t)$ 的复频率信号。它借助希尔伯特变换将原信号移相 90°,组成解析信号:

$$x(t) = s(t) + j\mathrm{HT}(s(t)) \tag{2-57}$$

Wigner-Ville 分布的性质如下:时移不变性、频移不变性、时域有界性、频域有界性。

1)时移不变性

时移不变性是指信号在时域中的平移不会改变其 Wigner-Ville 分布在时频平面上的形状,只是整体沿着时间轴进行平移。这一性质使得 Wigner-Ville 分布在处理具有时移特性的信号时具有稳定性和可靠性。

2)频移不变性

频移不变性则是指信号在频域中的平移(即频率的偏移)不会改变其 Wigner-Ville 分布在时频平面上的形状,只是整体沿着频率轴进行平移。这一性质使得 Wigner-Ville 分布在处理具有频移特性的岸桥机械振动信号时同样具有稳定性和可靠性。

3)时域有界性

时域有界性是指如果信号在时域内是有限的(即信号在某一时间段内存在,而在该时间段外为 0),那么其 Wigner-Ville 分布在时频平面上也将是时域有界的。这一性质与信号的物理意义相符合,因为在实际应用中,信号往往是在有限的时间内产生和存在的。

4)频域有界性

频域有界性则是指如果信号在频域内是有限的(即信号的频谱在某一频率范围内存在,而在该范围外为 0),那么其 Wigner-Ville 分布在时频平面上也将是频域有界的。然而,需要注意的是,由于 Wigner-Ville 分布是一种二次型时频分布,它可能会产生交叉项(即不同信号分量之间的相互作用),这些交叉项可能

会使得分布在频域上看起来不那么“干净”。但是,在理想情况下,如果信号本身在频域内就是有限的,那么其 Wigner-Ville 分布在频域上也应该是有界的。

下面的示例采用的信号与式(2-54)代表的虚拟信号一致,采样频率为 1 000,点数为 3 000 点。呈现 WVD 分布,如图 2-18 所示。

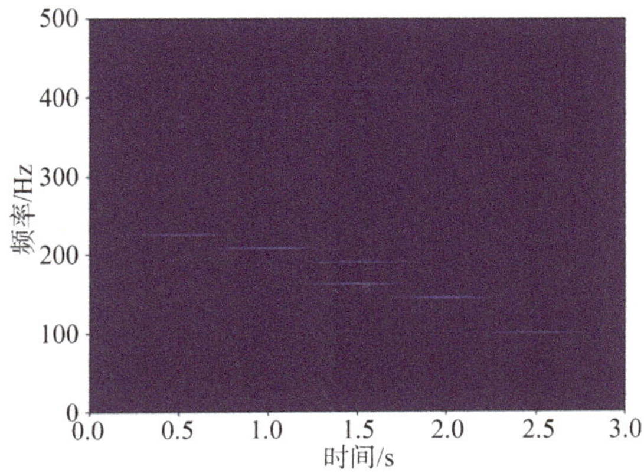

图 2-18 虚拟信号 Wigner-Ville 分布图

可以看到图 2-18 中出现了若干条频率谱线,相较于图 2-15,出现了明显的干扰频率。其原因是 WVD 进行时频分析时,会产生交叉项。这些交叉项是不同信号分量相互作用的结果,特别是在信号频率分量变化较大的区域。WVD 分布对于时变信号特别敏感,它会尝试在时频平面上表示信号的所有频率成分,包括由交叉项产生的频率成分,所以可视化呈现出来的效果不佳。

2.2.4.3 小波变换

小波变换是在 20 世纪 80 年代末发展起来的新兴学科。1981 年,法国地质物理学家 Morlet 在分析地质数据时基于群论首先提出了小波分析(Wavelet Analysis)这一概念。因为在分析函数(信号)时,STFT 并不具有形状不变性,所以 Morlet 最初提出的是形状不变的小波(Wavelet of Constant Shape)。由于小波变换成功地实现了时频局部化,而且具有快速简捷的算法,因此,它一出现就引起了各研究领域的注意,并成为信号处理的强有力工具。1986 年,Meyer 及其学生 Lemarie 提出了多尺度分析的思想。1988 年,年轻的女数学家 Daubechies 提出了具有紧支集光滑正交小波基——Daubechies 基,为小波应用研究增添了催化剂。现在人们借助 Daubechies 基和 Mallat 算法可从事广泛的应用研究。后来,信号分析专家 Mallat 提出了多分辨分析的概念,给出了构造正交小波基的一般方法,因为在这以前人们构造的正交小波基都带有高度技巧性和不可模仿性。多分辨分析概念是小波理论最基本的概念之一。Mallat 受到金字塔算法的启发,以多分辨分析为基础提出了著名的快速小波算法——Mallat 算法。这是小波理论突破性的成果,其作用和地位相当于傅里叶分析。Mallat 算法的提出宣告小波从理论研究走向宽广的应用研究。

小波分析由于可在时频域局部化,而且时窗和频窗的宽度可调节,故可检测到突变信号。当取母小波为平滑函数的一阶导数时,信号的小波变换的模在信号的突变点取得局部极大值,如再考虑多尺度(多分辨)小波分析,则随着尺度的增大,噪声引起的小波变换模的极大值点迅速减少,而故障引起的小波变换模的极大值点得以显露。故小波分析不但可以在低信噪比的信号中检测到故障信号,而且可以滤去噪声,恢复原信号,具有很高的应用价值。给定一个基本函数 ψ,令

$$\psi_{a,b}(t)=\frac{1}{\sqrt{a}}\psi\left(\frac{t-b}{a}\right) \tag{2-58}$$

式中,a、b 均为常数,并且 $a>0$。

显然,$\psi_{a,b}(t)$ 是基本函数 $\psi(t)$ 先进行移位再进行伸缩以后得到的。若 a、b 不断变化,则可得到一族函数 $\psi_{a,b}(t)$。给定平方可积的信号 $x(t)$,即 $x(t)\in L^2(R)$,则 $x(t)$ 的小波变换(WT)定义为

$$\mathrm{WT}_x(a,b)=\frac{1}{\sqrt{a}}\int_{-\infty}^{+\infty}x(t)\psi^*\left(\frac{t-b}{a}\right)\mathrm{d}t=\langle x(t),\psi_{a,b}(t)\rangle \tag{2-59}$$

式中,a、b 和 t 均是连续变量。因此,上式又称为连续小波变换(CWT)。

信号 $x(t)$ 的小波变换 $\mathrm{WT}_x(a,b)$ 是 a 和 b 的函数,b 是时移,a 是尺度因子。$\psi(t)$ 又称为基本小波或母小波,$\psi_{a,b}(t)$ 是母小波经移位和伸缩所产生的一族函数,称为小波基函数或简称小波基。

记 $\Psi(\Omega)$ 为 $\psi(t)$ 的傅里叶变换,若

$$c_\psi\int_{-\infty}^{+\infty}\frac{|\psi(\Omega)|}{\Omega}<\infty \tag{2-60}$$

则 $x(t)$ 可由其小波变换 $\mathrm{WT}_x(a,b)$ 来恢复,即

$$x(t)=\frac{1}{c_\psi}\int_0^{+\infty}a^{-2}\int_{-\infty}^{+\infty}\mathrm{WT}_x(a,b)\psi_{a,b}(t)\,\mathrm{d}a\mathrm{d}b \tag{2-61}$$

小波变换具有以下特点。

(1) 多分辨率又称多尺度,可以由粗至精逐步地观察信号。

(2) 小波变换也可以看成基本频率特性为 $\Psi(\omega)$ 的带通滤波器在不同尺度下对信号进行滤波。由于傅里叶变换的尺度特性:$\psi\left(\frac{t}{a}\right)$ 的频谱为 $a\Psi(a\omega)$,故这组滤波器不论 $a(a>0)$ 为何值,$\psi\left(\frac{t}{a}\right)$ 始终保持了和 $\psi(t)$ 具有相同的品质因数。

(3) 适当选择基本小波,使 $\psi(t)$ 在时域上为有限支撑,$\Psi(\omega)$ 在频域上也比较集中,便可以使小波变换在时频两域内都具有表征信号局部特性的能力,因此有利于检测信号的瞬态或奇异点。

因此,小波变换被誉为分析信号的"数学显微镜"。每种类型的小波都有不同的形状、平滑度和紧凑度,可用于不同的目的。由于小波只需满足两个数学条件,因此很容易生成新型小波。

这两个数学条件就是所谓的归一化和正交化约束:小波必须具有有限能量和零均值。有限的能量意味着它局限在时间和频率上;它是可积的,小波和信号之间的内积总是存在的。可接受性条件意味着小波在时域中具有零均值,在时域中零频率处为零。这是必要的,以确保它是可积的,并且小波变换的逆也可以计算。小波被归一化为具有单位能量。在每个小波家族中,可以有许多属于该家族的不同小波子类别。可以通过系数的数量和分解级别来区分小波的不同子类别。

小波变换分为:连续小波变换(CWT)与离散小波变换(DWT)。其中连续小波变化主要用于信号的时频分析,离散小波变化用于信号的分解。

下文基于 Python,分别 CWT 和 DWT 开展信号分析。PyWavelets 库包含 14 个母小波(小波家族),如'haar','db','sym',…

1) 连续小波变换(CWT)

类似于上文 STFT,利用 CWT 对岸桥电机实测信号进行分析。信号的采样频率仍为 51 200 Hz,采样时长为 2 s。选取'morl' 小波基,基于 CWT 的时频图如图 2-19 所示。

由图 2-19 可知,CWT 相对于 STFT 不需人工选取窗口长度,具有自适应性。采用三维形式展示其时频图,如图 2-20 所示。

图 2-20 显示了信号在不同时间和频率下的分布,颜色变化显示了信号强

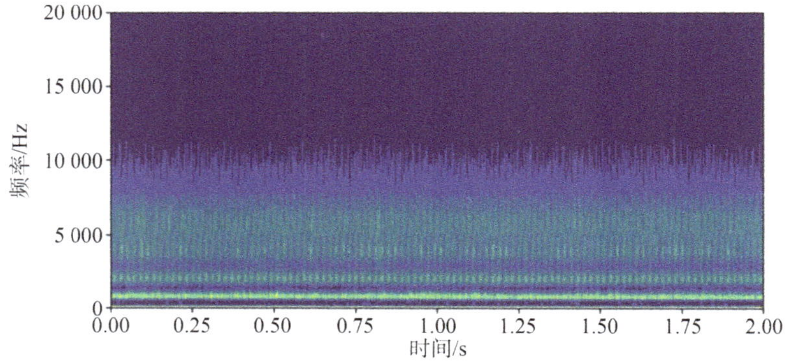

图 2-19 基于 CWT 的时频图

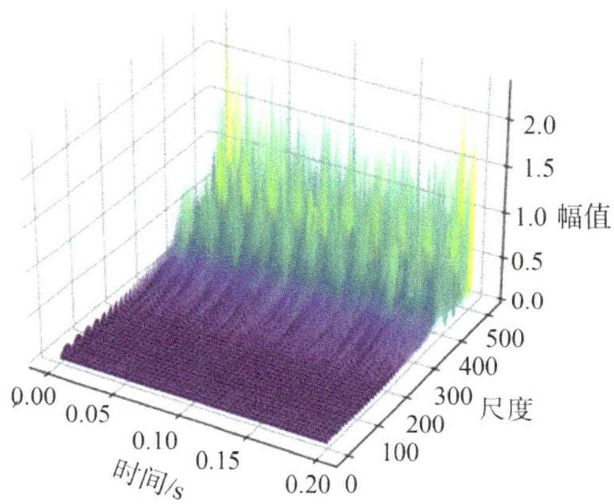

图 2-20 实际信号连续小波变换三维时频图

度的变化,大的尺度对应较低的频率。

三维图中,纵坐标“尺度”与小波函数的频率带宽有关。尺度参数控制了小波分析的频率分辨率和时间分辨率:较小的尺度对应于较高的频率,提供较高的时间分辨率但较低的频率分辨率;较大的尺度对应于较低的频率,提供较高的频率分辨率但较低的时间分辨率。

2)离散小波变换(DWT)

DWT 通过高通和低通滤波器的级联成为一个滤波器组,将信号分成几个子频带。

假设我们有一个频率高达 1 000 Hz 的信号。在第一阶段,我们将信号分成低频部分和高频部分,即 0~500 Hz 和 500~1 000 Hz。在第二阶段,我们将低频部分再次分成两部分:0~250 Hz 和 250~500 Hz。在第三阶段,我们将 0~250 Hz

部分拆分为 0~125 Hz 部分和 125~250 Hz 部分。这一直持续到我们达到所需的细化水平或直到我们用完样本。

（1）构建信号，表达式为 $s(t) = \sin(250\pi t^2)$，取样本点 2 048 个，如图 2-21 所示。

（2）利用离散小波变换对该时变信号进行分析，选取小波基'sym' 5 阶，逐级将信号分解。图 2-22 展示了信号的分析结果。

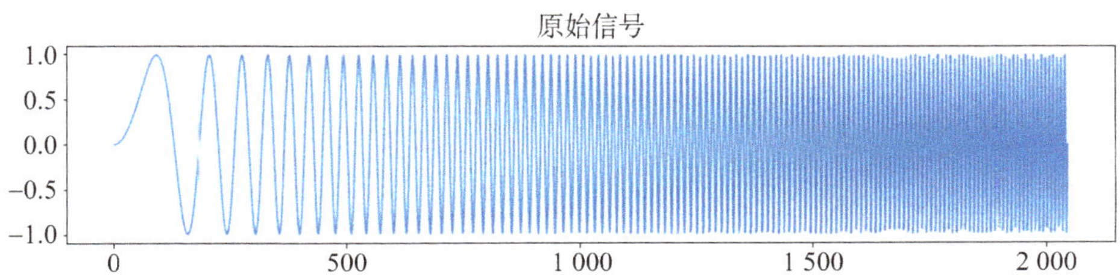

图 2-21 虚拟信号原始时域图

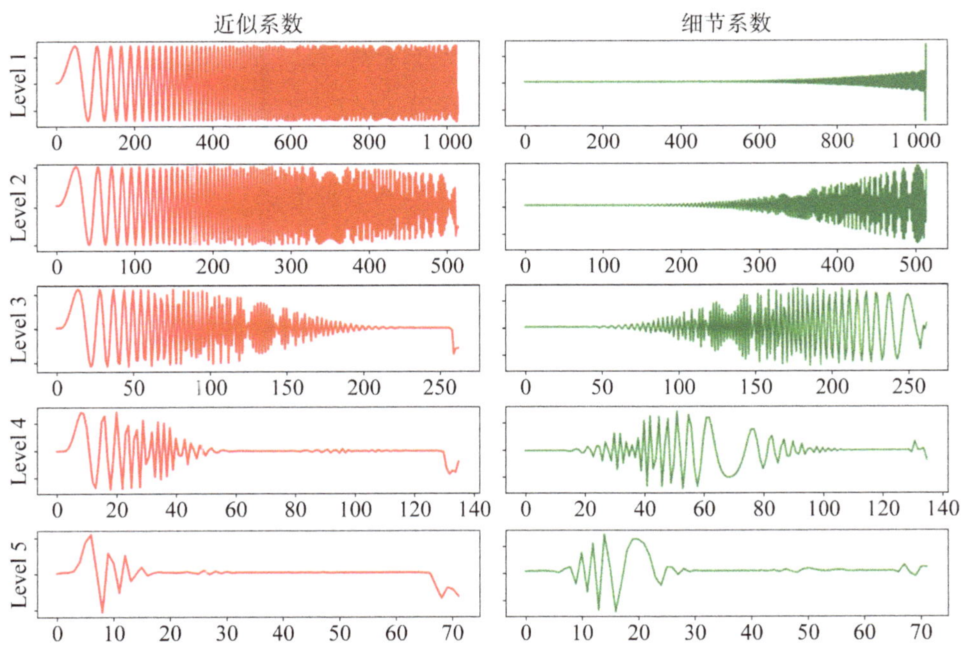

图 2-22 仿真信号离散小波变换分解结果

近似系数代表了信号在特定尺度上的低频或慢变化部分，在小波变换中，通常包含了信号的主要趋势和低频成分。细节系数代表了信号在特定尺度上的高频或快速变化部分，能捕捉信号中的高频细节，如边缘、尖峰或其他快速变化的特征。两个系数具有互补性,在每一级小波分解中,原始信号可以由该级的近似系数和细节系数完全重建。这意味着近似系数和细节系数共同构成了信号的完整表示。

由图 2-22 可知,DWT 作为滤波器组,在每个后续级别,近似系数被划分为低通和高通部分,并且 DWT 被再次应用于低通部分。可以看到,原始信号现在被转换为多个信号,可以通过后续处理找到某一频带的信号。

2.2.4.4 EMD 经验模态分解

经验模态分解(Empirical Mode Decomposition, EMD)是近年来在机电系统故障诊断中最受关注、应用前景比较好的信号处理方法之一,它在非平稳信号分析及处理等领域起着十分重要的作用。基于模态分解的时频分析方法于 1998 年由 Norden E Huang 提出,他运用基于经验的模态分解方法,将一个时间序列信号分解成有限个不同时间尺度的内禀模态函数(Intrinsic Mode Function, IMF),然后对每个 IMF 进行 Hilbert-Huang 变换,得到时频平面上的能量分布谱图,用来分析信号时频谱特征的信号分析方法。Hilbert-Huang 变换适合处理非线性、非平稳信号。用这种方法进行分析可更准确有效地掌握原信号的特征信息。此方法包括两个过程:经验模态分解和希尔伯特变换,其中最关键的部分是 EMD 方法。EMD 方法基于信号的局部特征时间尺度,能把复杂信号函数分解为有限的内禀模态函数之和,每个 IMF 所包含的频率成分不仅与分析频率有关,而且最重要的是随信号本身变化而变化,因此,EMD 方法是自适应的信号处理方法。

EMD 方法假设:任意一个信号都是由若干内禀模态函数组成的,在任何时候,一个信号都可以包含许多内禀模态函数,如果内禀模态函数之间相互重叠,便形成复合信号。对于内禀模态函数,可以用希尔伯特变换构造解析信号,然后求出瞬时频率。对于一般的不满足内禀模态函数条件的复杂信号,先要采用 EMD 方法将其分解。EMD 方法将一个复杂的信号分解为若干个内禀模态函数之和,它基于一个基本假设——任何复杂的信号都是由一些不同的内禀模态函数组成的,每个内禀模态函数不论是线性或是非线性的还是非平稳的,都具有相同数量的极值点和过零点,在相邻的两个过零点之间只有一个极值点,而且上下包络线关于时间轴局部对称,任何两个模态之间是相互独立的;在任何时候,一个信号都可以包含许多内禀模态函数(一个 IMF 代表一个简单的振动模态),如果模态函数相互重叠,便形成复杂信号。

在此假设基础上,可以通过下面的步骤对任何信号 $x(t)$ 进行 EMD 分解。

具体流程如下。

（1）确定信号的所有局部极值点，然后用三次样条曲线将所有的局部极大值点连接起来，形成上包络线。

（2）用三次样条曲线将所有的局部极小值点连接起来，形成下包络线，上下包络线应该包络所有的数据点。

（3）上下包络线的平均值记为 m_1，有

$$h_1 = x(t) - m_1 \tag{2-62}$$

理想地，如果 h_1 是个 IMF，那么 h_1 就是 $x(t)$ 的一个 IMF 分量。

（4）如果 h_1 不满足 IMF 的条件，则把 h_1 作为原始数据，重复步骤（1）～（3），得到上下包络线的平均值 m_{11}，再判断 $h_{11} = h_1 - m_{11}$ 是否满足 IMF 的条件，如不满足，则重复循环 k 次，得到 $h_{1(k-1)} = h_{1k} - m_{1k}$，使得 h_{1k} 满足 IMF 的条件。记 $c_1 = h_{1k}$，则 c_1 为信号 $x(t)$ 的第一个满足条件的分量。

（5）将 c_1 从 $x(t)$ 中分离出来，得

$$r_1 = x(t) - c_1 \tag{2-63}$$

将 r_1 作为原始数据重复步骤（1）～（4），得到 $x(t)$ 的第二个满足 IMF 条件的分量 c_2，重复循环 n 次，得到信号 $x(t)$ 的 n 个满足 IMF 条件的分量。这样就有

$$\begin{cases} r_1 - c_2 = r_2 \\ \quad \vdots \\ r_{n-1} - c_n = r_n \end{cases} \tag{2-64}$$

当 r_n 成为一个单调函数，不能再从中提取满足 IMF 条件的分量时，循环结束。这样，得到

$$x(t) = \sum_{i=1}^{n} C_i + r_n \tag{2-65}$$

式中，r_n 称为残余函数，代表信号的平均趋势。

EMD 的分解过程其实是一个“筛分”过程，在“筛分”的过程中，不仅消除了模态波形的叠加，而且使波形轮廓更加对称。EMD 方法从特征时间尺度出发，首先，把信号中特征时间尺度最小的模态分离出来；其次，分离特征时间尺度较大的模态函数；最后，分离特征时间尺度最大的分量。可以把 EMD 方法看成一组高通滤波器，分量 c_1，c_2，…，c_n 分别包含了信号从高到低不同频率段的成

分，而 r_n 则表示了信号 $x(t)$ 的中心趋势。

短时傅里叶变换、小波变换都是常用的时频分析方法，它们适用于线性、非稳态信号的特征提取；基于 EMD 的时频分析方法，是一种新的时频分析方法。这几种时频分析方法在对起重机械振动信号的特征提取方面，性能和特点对于起重机械中不同的故障模式各有优势和缺陷。EMD 方法的优势和局限性简述如下。

优势：(1) 对信号的非线性和非平稳特性具有良好的适应能力；(2) 无需提前对信号进行假设，自适应性较强；(3) IMF 之间相互正交，便于进一步分析每个分量的物理意义。

局限性：(1) 收敛速度较慢，计算复杂度较高；(2) 对噪声敏感，噪声会影响 IMF 的提取效果；(3) 需要根据实际问题对 IMF 的物理意义进行进一步解释和分析。

若利用 Python 实现 EMD，则可方便地使用开源库来实现经验模态分解 (EMD) 方法，其中比较常用的是 PyEMD 库。PyEMD 库提供了 EMD 方法的实现，可以帮助用户对信号进行分解并提取数据的内在模式。

构造一个仿真信号，表达式为 $\sin(2\pi t\times5)+\sin(2\pi t\times10)$，采样频率设置为 1 000。随后对该信号进行 EMD 分解，原始信号及分解结果如图 2-23 所示。

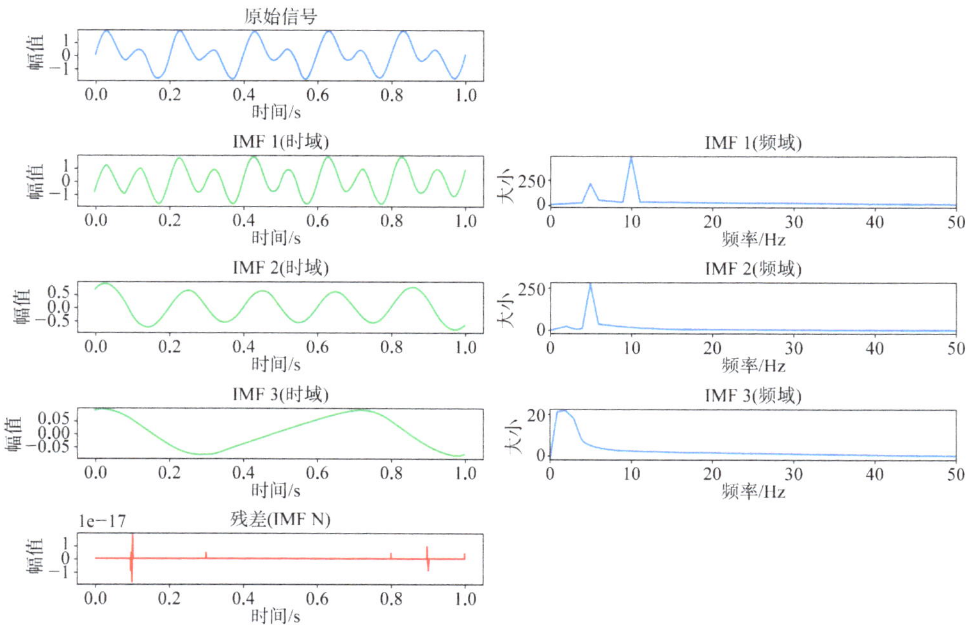

图 2-23 仿真信号 EMD 分解结果

从图 2-23 可以看出，每个 IMF 分量都对应着一个特定的频率范围，通过比较不同 IMF 分量的频域图，可以发现它们各自代表的频率成分或信号模式在频域上是相互分离的，5 Hz 和 10 Hz 的两个频率成分有效地分离出来。

进一步地，对某港口岸桥电机故障信号进行分析。

此数据是临近电机 1 驱动端的加速度传感器数据，对应的运行状态及相关部件特征频率见表 2-2。

表 2-2 电机运行状态及特征参数

参数	数值	参数	数值
电机转速	900 r/min	负载	0
驱动端轴承内圈特征频率	94.95 Hz	驱动端轴承外圈特征频率	70.05 Hz
驱动端轴承滚动体特征频率	96.90 Hz	驱动端轴承保持架特征频率	6.3 Hz

该电机输入转速为 15 Hz，故障主要存在于齿轮箱电机输入端的轴承外圈，轴承类型为单列深沟球轴承。信号采样频率同上文，设置为 51 200 Hz，采样时长为 2 s。

EMD 分解后得到的分解结果以及残差如图 2-24 所示。

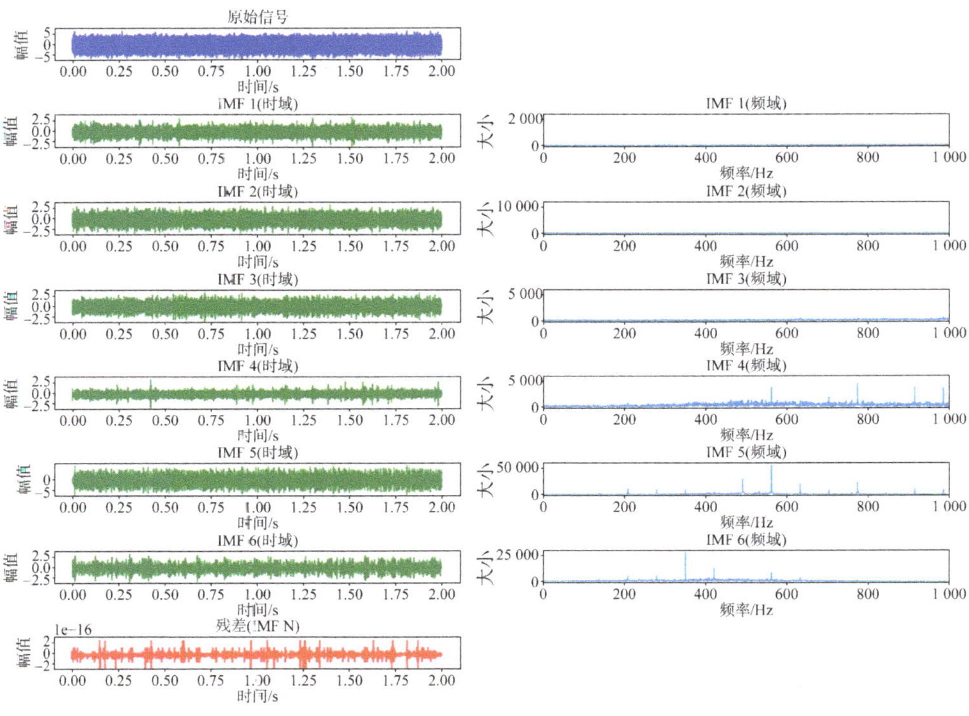

图 2-24 岸桥电机信号 EMD 分解结果

从图 2-24 中可以看出，IMF5、6 对应的频域图中，比较清晰地呈现出 140 Hz、210 Hz、280 Hz、350 Hz、420 Hz 等频率峰值，这正好对应着轴承外圈故障频率的谐波频率。上述分析表明，此时的岸桥电机 1 驱动端出现了轴承外圈故障，验证了 EMD 分解能够将原始信号中的不同频率成分或信号模式有效地分离出来，并能够有效识别港口机械轴承的故障特征。

2.3 数据约减方法

2.3.1 主成分分析

在统计学上，主成分分析（Principal Components Analysis, PCA）的定义为用几个较少的综合指标来代替原来较多的指标，而这些较少的综合指标既能尽可能多地反映原来较多指标的有用信息，且相互之间又是无关的。作为一种建立在统计最优原则基础上的分析方法，主成分分析具有较长的发展历史。1901 年，Pearson 首先将变换引入生物学领域，并重新对线性回归进行了分析，得出了变换的一种新形式。Holling 于 1933 年将主成分分析与心理测验学领域联系起来，把离散变量转变为无关联系数。在概率论理论建立的同时，主成分分析又单独出现，由 Karhunen 于 1947 年提出，Loeve 于 1963 年对主成分分析归纳总结。因此，主成分分析也被称为 K-L 变换。

PCA 运算就是一种确定一个坐标系统的直交变换，在这个新的坐标系统下，变换数据点的方差沿新的坐标轴得到了最大化。这些坐标轴经常被称为主成分。PCA 运算是一个利用了数据集的统计性质的特征空间变换，这种变换在无损或很少损失数据集的信息的情况下降低了数据集的维数。

PCA 的基本原理如下：给定输入数据矩阵 $\boldsymbol{X}_{m\times n}$（通常 $m>n$），它由一些中心化的样本数据 $\{\boldsymbol{x}_i\}_{i=1}^{m}$ 构成，其中 $\boldsymbol{x}_i \in \boldsymbol{R}^n$ 且有

$$\sum_{i=1}^{m} \boldsymbol{x}_i = 0 \tag{2-66}$$

PCA 通过下式将输入数据矢量 $\boldsymbol{x}_i$ 换为新的矢量：

$$s_i = \boldsymbol{U}^T \boldsymbol{x}_i \tag{2-67}$$

式中，$\boldsymbol{U}$ 是一个 $n\times n$ 正交矩阵，它的第 i 列 $\boldsymbol{U}_i$ 是样本协方差矩阵 $\boldsymbol{C}$ 的第 i 个本

征矢量。

$$C = \frac{1}{n}\sum_{i=1}^{n}\boldsymbol{x}_i\boldsymbol{x}_i^T \tag{2-68}$$

换句话说,PCA 首先求解如下本征问题:

$$\lambda_i\boldsymbol{u}_i = \boldsymbol{C}\boldsymbol{u}_i,\ i = 1,\ \cdots,\ n \tag{2-69}$$

式中,λ 是 $\boldsymbol{C}$ 的一个本征值;$\boldsymbol{u}_i$ 是相应的本征矢量。

当仅利用前面的 P 个本征矢量时(对应本征值按降序排列),得矩阵 $\boldsymbol{S} = \boldsymbol{U}^T\boldsymbol{X}$。新的分量 $\boldsymbol{S}$ 称为主分量。最大特征值 λ 对应的最大特征向量 $\boldsymbol{u}$ 就是第一个主成分,这个特征向量就是数据有最大方差分布的方向。第二主成分也就是第二大特征值对应的特征向量,数据点沿着这个方向方差有第二大变化,且这个特征向量与第一个是正交的。

实际过程中原始数据如果没有经过中心化,则可以对数据进行标准化处理。即对每个指标分量进行标准化处理:

$$\boldsymbol{X}_{ij} = \frac{\boldsymbol{A}_{ij} - \overline{\boldsymbol{A}_J}}{\boldsymbol{S}_j} \tag{2-70}$$

式中,样本均值为

$$\overline{\boldsymbol{A}_J} = \frac{1}{m}\sum_{i=1}^{m}\boldsymbol{A}_{ij} \tag{2-71}$$

样本标准差为

$$\boldsymbol{S}_j = \sqrt{\frac{1}{m-1}\sum_{i=1}^{m}(\boldsymbol{A}_{ij} - \overline{\boldsymbol{A}_J})^2} \tag{2-72}$$

得到 $\boldsymbol{X} = (x_{ij})_{m\times n}$,接下来根据上式运算,这就是标准的 PCA,这种标准化方法有效减少了数据量纲对数据提取的影响。

PCA 从原始变量出发,通过旋转变化(即原始变量的线性组合)构建出一组新的,互不相关的新变量。这些变量能够尽可能多地解释原始数据之间的差异性(即数据内在的结构),即是原始数据的主成分。由于这些变量不相关,因此他们无重叠地各自解释一部分差异性。依照每个变量解释时差异性大小排序,他们成为第一主成分,第二主成分,以此类推。

PCA 是一种基于变量协方差矩阵对数据进行压缩降维,去噪的有效方法,

其思想是将 n 维特征映射到 k 维上（$k<n$），这 k 维特征称为主元（主成分），是旧特征的线性组合，这些线性组合最大化样本方差，尽量使用新的 k 个特征互不相关。这 k 维是全新的正交特征，是重新构造出来的 k 维特征，而不是简单地从 n 维特征中取出其余 $n-k$ 维特征。

PCA 降维的算法步骤大致如下：

（1）将原始数据按列组成 n 行 m 列矩阵 $\boldsymbol{X}$；

（2）将 $\boldsymbol{X}$ 的每一行（代表一个属性字段）进行零均值化（去平均值），即减去这一行的均值；

（3）求出协方差矩阵 $\boldsymbol{C}$；

（4）求出协方差矩阵的特征值及对应的特征向量；

（5）将特征向量按对应特征值大小从上到下按行排列成矩阵，取前 k 行组成矩阵 $\boldsymbol{P}$（保留最大的 k 个特征向量）；

（6）$\boldsymbol{Y} = \boldsymbol{PX}$ 即为降维到 k 维后的数据。

下文利用 Python 中的 sklearn（scikit-learn）库，展示 PCA 降维的过程。为使得这一过程能够被观察，不妨对一组三维数组进行降维。

（1）随机生成一组三维数据并可视化，如图 2－25 所示。

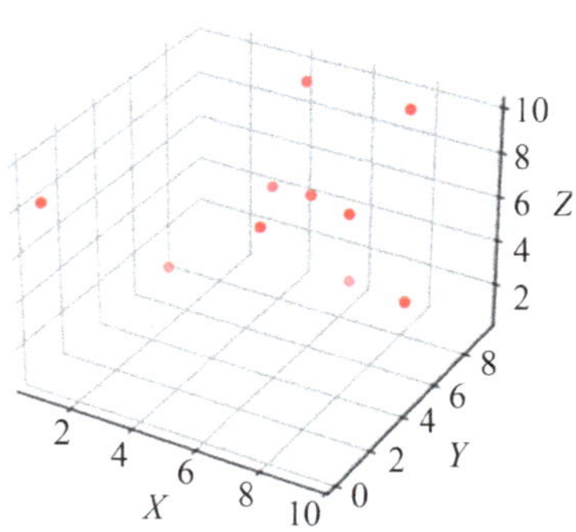

图 2－25　原始数据三维分布图

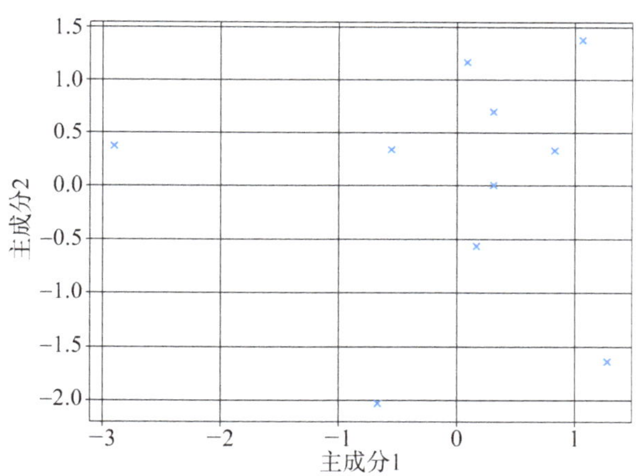

图 2－26　原始数据 PCA 降维二维分布图

（2）对上述数据进行 PCA 降维，并可视化，结果如图 2－26 所示。

由图 2－25 到图 2－26，便实现了利用 PCA 将三维数据降至二维的过程。

进一步地，将统计特征结合 PCA 运用于岸桥传动系统的无监督故障诊断。如前文所述，按照信号采集，特征提取，模式识别这一主要流程，进行案例展示。

分别计算电机轴承外圈故障信号与正常信号的统计指标作为样本。这里，计算了四个指标（均值、标准差、峰值、峭度）提取振动信号特征。随后，对获取的特征向量进行预处理使数据标准化。利用 PCA 将四维数据降维到三维并可视化，如图 2－27 所示。

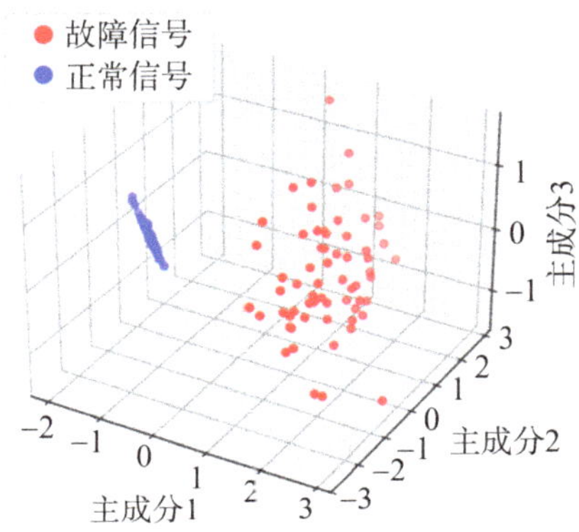

图 2－27 信号数据 PCA 降维三维分布图

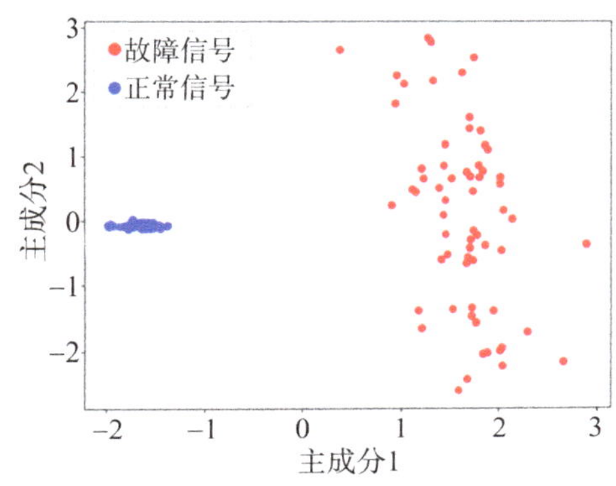

图 2－28 信号数据 PCA 降维二维分布图

由图 2－27 可知，正常信号的特征与故障信号的特征在三维空间分散开来，能够很好地区分。使用 PCA 将特征向量降维到二维并可视化，如图 2－28 所示。

从图 2－28 可以看出，正常信号最终降维后的散点聚集在一起，和故障信号的有明显的分隔，基本呈现出一个聚类关系。

2.3.2 核主元分析

作为一种由线性到非线性之间的桥梁，核方法的相关研究起源于 20 世纪初，其在模式识别中的应用至少可以追溯到 1964 年。然而直到最近几年，核方法的研究才开始得到广泛的重视，从而相继提出了各种基于核方法的理论和方法。

核方法是一系列先进性数据处理技术的总称，其共同特点是这些数据处理方法都应用了核映射。核函数方法的基本原理是通过非线性函数把输入空间映射到高维空间，在特征空间中进行数据处理，其关键在于通过引入核函数，把非线性变换后的特征空间内积运算转换为原始空间的核函数计算，从而大大简化了计算量。

从具体操作过程上看，核方法首先采用非线性映射将原始数据由数据空间映射到特征空间，进而在特征空间进行对应的线性操作。由于采用了非线性映射，且这种非线性映射往往是比较复杂的，从而大大增强了非线性数据的处理能力。从本质上讲，核方法实现了数据空间、特征空间和类别空间之间的非线性变换。

设 x_i 和 x_j 为数据空间中的样本点，数据空间到特征空间的映射函数为 $\boldsymbol{\Phi}$，核函数的基础是实现向量的内积变换：

$$(x_i,\ x_j) \rightarrow K(x_i,\ x_j) = \boldsymbol{\Phi}(x_i) \cdot \boldsymbol{\Phi}(x_j) \tag{2-73}$$

通常，非线性变换函数 $\boldsymbol{\Phi}(\cdot)$ 相当复杂，而运算过程中实际用到的核函数 $K(\cdot,\cdot)$ 则相对简单得多，这正是核方法的优势。

对于核函数，必须满足 Mercer 条件：对于任意给定的对称函数 $K(x_i,\ x_j)$，它是某个特征空间中的内积运算的充要条件是对于任意的、不恒为 0 的函数 $g(x)$ 满足

$$\int g(x)^2 \mathrm{d}x < \infty \tag{2-74}$$

有

$$\int K(x,\ y) g(x) g(y) \mathrm{d}x \mathrm{d}y \geqslant 0 \tag{2-75}$$

上式给出了函数成为核函数的充要条件。

考虑到核方法的基础是实现了一种由输入空间到特征空间的非线性映射，假设输入空间数据为 $x_i \in R^{d_L}(i = 1,\ 2,\ \cdots,\ N)$，对任意对称、连续且满足 Mercer 条件的函数 $K(x_i, x_j)$，存在一个希尔伯特空间 $\boldsymbol{H}$，对映射 $\boldsymbol{\Phi}: R^{d_L} \rightarrow \boldsymbol{H}$ 有

$$K(x_i,\ x_j) = \sum_{n=1}^{d_F} \boldsymbol{\Phi}_n(x_i) \cdot \boldsymbol{\Phi}(x_j) \tag{2-76}$$

式中，d_F 是 $\boldsymbol{H}$ 空间的维数。

常用的核函数有以下几种形式。

（1）线性核函数：

$$K(x,\ x_i) = x \cdot x_i \tag{2-77}$$

（2）p 阶多项式核函数：

$$K(x, x_i) = [(x \cdot x_i) + 1]^p \tag{2-78}$$

（3）高斯径向基函数（RBF）核函数：

$$K(x, x_i) = \exp\left(-\frac{\|x - x_i\|^2}{\sigma^2}\right) \tag{2-79}$$

（4）多层感知器核函数：

$$K(x, x_i) = \tanh[v(x \cdot x_i) + c] \tag{2-80}$$

假设 $x_1, x_2, \cdots, x_M$ 为训练样本，用 $\{x_i\}$ 表示输入空间。核主成分分析（KPCA）方法的基本思想是通过某种隐式方式将输入空间映射到某个高维空间（常称特征空间），并且在特征空间中实现 PCA。假设相应的映射为 $\boldsymbol{\Phi}$，其定义如下：

$$\boldsymbol{\Phi}: x_d \rightarrow F \tag{2-81}$$

$$x \rightarrow \xi = \boldsymbol{\Phi}(x) \tag{2-82}$$

核函数通过映射 $\boldsymbol{\Phi}$ 将隐式的实现点 x 到 F 的映射，并且由此映射而得的特征空间中数据满足中心化的条件，即

$$\sum_{\mu=1}^{M} \boldsymbol{\Phi}(x_\mu) = 0 \tag{2-83}$$

则特征空间中的协方差矩阵为

$$C = \frac{1}{M}\sum_{\mu=1}^{M} \boldsymbol{\Phi}(x_\mu)\boldsymbol{\Phi}(x_\mu)^T \tag{2-84}$$

现求 $\boldsymbol{C}$ 的特征值 $\lambda > 0$ 和特征向量：

$$V \in F \text{ 或} \{0\}, \ \boldsymbol{C}\boldsymbol{v} = \lambda \boldsymbol{v} \tag{2-85}$$

即有

$$(\boldsymbol{\Phi}(x_\nu) \cdot C\nu) = \lambda(\boldsymbol{\Phi}(x_\nu) \cdot \nu) \tag{2-86}$$

考虑到所有的特征向量可表示为 $\boldsymbol{\Phi}(x_1), \boldsymbol{\Phi}(x_2), \cdots, \boldsymbol{\Phi}(x_M)$ 的线性张成，即

$$\nu = \sum_{i=1}^{M} \alpha_i \boldsymbol{\Phi}(x_i) \tag{2-87}$$

则有

$$\frac{1}{M}\sum_{\mu=1}^{M}\alpha_{\mu}\left(\sum_{w=1}^{M}\left(\boldsymbol{\Phi}(x_{\nu})\cdot\boldsymbol{\Phi}(x_{w})\boldsymbol{\Phi}(x_{w})\boldsymbol{\Phi}(x_{\mu})\right)\right)=\lambda\sum_{\mu=1}^{M}\left(\boldsymbol{\Phi}(x_{\nu})\cdot\boldsymbol{\Phi}(x_{\mu})\right) \tag{2-88}$$

式中,$v=1,\ 2,\ \cdots,\ M$。定义 $M\times M$ 维矩阵:

$$K_{\mu\nu}:=\left(\boldsymbol{\Phi}(x_{\mu})\cdot\boldsymbol{\Phi}(x_{\nu})\right) \tag{2-89}$$

则简化出

$$M\lambda\boldsymbol{K}a=\boldsymbol{K}^{2}\alpha \tag{2-90}$$

显然满足

$$M\lambda\boldsymbol{a}=\boldsymbol{K}\alpha \tag{2-91}$$

求解得特征值和特征向量,对于测试样本在特征向量空间 v^{k} 的投影:

$$\left(\boldsymbol{\nu}^{k}\cdot\boldsymbol{\Phi}(x)\right)=\sum_{i=1}^{M}(\alpha_{i})^{k}\left(\boldsymbol{\Phi}(x_{i}),\ \boldsymbol{\Phi}(x)\right) \tag{2-92}$$

将内积用核函数替换,则有

$$\left(\boldsymbol{\nu}^{k}\cdot\boldsymbol{\Phi}(x)\right)=\sum_{i=1}^{M}(\alpha_{i})^{k}K(x_{i},\ x) \tag{2-93}$$

当 $\sum_{\mu=1}^{M}\boldsymbol{\Phi}(x_{\mu})=0$ 不成立时,需要进行调整:

$$\boldsymbol{\Phi}(x_{\mu})\rightarrow\boldsymbol{\Phi}(x_{\mu})-\frac{1}{M}\sum_{\nu=1}^{M}\boldsymbol{\Phi}(x_{\nu}),\ \mu=1,\ \cdots,\ M \tag{2-94}$$

则核矩阵可修正为

$$\boldsymbol{K}_{\mu\nu}\rightarrow\boldsymbol{K}_{\mu\nu}-\frac{1}{M}\left(\sum_{w=1}^{M}\boldsymbol{K}_{\mu w}+\sum_{w=1}^{M}\boldsymbol{K}_{w\nu}\right)+\frac{1}{M^{2}}\sum_{w,\ \tau=1}^{M}\boldsymbol{K}_{w\tau} \tag{2-95}$$

基于上述 KPCA 的基本原理,可总结 KPCA 的处理过程如下。

(1) 将所获得的 n 个指标(每个指标有 m 个样品)的一批数据写成一个 $(m\times n)$ 维数据矩阵:

$$A=\begin{pmatrix}a_{11} & \cdots & a_{1n}\\ \vdots & & \vdots\\ a_{m1} & \cdots & a_{mn}\end{pmatrix} \tag{2-96}$$

（2）计算核矩阵，先选定高斯径向核函数中的参数，再计算核矩阵 $\boldsymbol{K}$。

（3）修正核矩阵得到 $\boldsymbol{K}_L$。

（4）运用 Jacobi 迭代方法计算 $\boldsymbol{K}_L$ 的特征值 $\lambda_1, \cdots, \lambda_n$，即对应的特征向量 $\boldsymbol{v}_1, \cdots, \boldsymbol{v}_n$。

（5）特征值按降序排序（通过选择排序），得 $\lambda'_1>\cdots>\lambda'_n$，并行相应调整，得 $\boldsymbol{v}'_1, \cdots, \boldsymbol{v}'_n$。

（6）通过施密特正交化方法单位正交化特征向量，得到 $\boldsymbol{\alpha}_1, \cdots, \boldsymbol{\alpha}_n$。

（7）计算特征值的累积贡献率 $B_1, \cdots, B_n$，根据给定的提取率 p，如果 $B_t \geqslant p$，则提取 t 个主分量 $\boldsymbol{\alpha}_1, \cdots, \boldsymbol{\alpha}_t$。

（8）计算已修正的核矩阵 $\boldsymbol{X}$ 在提取出的特征向量上的投影 $Y = \boldsymbol{K}_L \cdot \alpha$，其中 $\boldsymbol{\alpha} = (\boldsymbol{\alpha}_1, \cdots, \boldsymbol{\alpha}_t)$。

（9）所得的投影 Y 即为数据经 KPCA 降维后所得数据。

前文所提 PCA 属于代数特征分析方法，是模式识别领域中一种经典的特征抽取和降维方法。PCA 的缺点是需要很大的存储空间和计算复杂度。如果原始空间的维数是 n，PCA 需要分解一个 $n \times n$ 的非稀疏矩阵。因为 PCA 是一种线性映射方法，降维后的表示是由线性映射生成的，它忽略了数据之间高于 2 阶的相互关系，所以抽取的特征并不是最优的，从而在一定程度上影响了 PCA 方法的效果。而 KPCA 是线性 PCA 的非线性扩展算法，它采用非线性的方法抽取主成分，即 KPCA 是在通过映射函数 $\boldsymbol{\Phi}$ 把原始向量映射到高维空间 F 中，在 F 中进行 PCA 分析。

KPCA 与 PCA 的本质区别如下：PCA 是基于指标的，而 KPCA 是基于样本的。KPCA 不仅适合解决非线性特征提取问题，还能比 PCA 提供更多的特征数量和更高的特征质量，因为前者可提供的特征数量与输入样本的数量是相等的，而后者的特征数量仅为输入样本的维数。KPCA 的优势是可以最大限度地抽取指标的信息；但是 KPCA 抽取指标的实际意义不是很明确，计算也比 PCA 复杂。下面分析 PCA 与 KPCA 的主要特征。

（1）PCA 的主分量具有如下特征：

① 行矢量 $\boldsymbol{S}(i)$，$i = 1, \cdots, p$ 线性无关；

② 用最前面的几个主分量表示原输入，其均方逼近误差最小。

（2）KPCA 的特征与特征空间中的 PCA 的特征是一样的，其特征如下：

① 前 p（$p \in \{1 \cdots M\}$）个主成分或者是特征向量上的投影，交方向相比有较大的方差；

② 通过前 p 个主分量(在任意 p 个可能的方向中)描绘 F 中的观测报告所产生的均方近似误差是最小的;

③ 主成分之间是线性无关的;

④ 前 p 个主分量相对于输入而言,拥有最大的共有信息量。

这表明在 KPCA 中典型的 PCA 的性质在特征空间中依然得到保留,如最大变化的正交方向、最小的 L2-重建误差、相对于输入而言最大的共有信息等。

下文利用 Python 中的 sklearn(scikit-learn)库,调用 KernelPCA 来展示 KPCA 降维的过程。首先对一组三维数组进行降维。选取的数据集和前面 PCA 分析中构建的一样,经过 KPCA 降维并可视化,结果如图 2-29 所示。

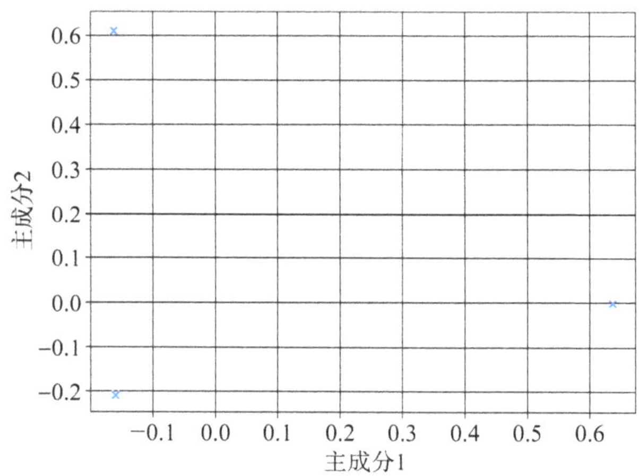

图 2-29 原始数据 KPCA 降维二维分布图

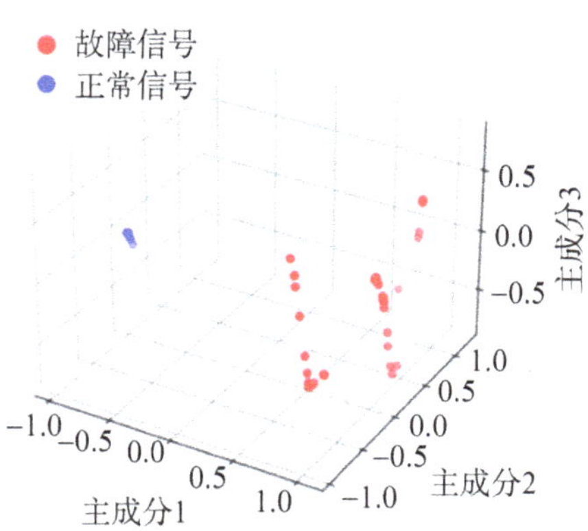

图 2-30 信号数据 KPCA 降维三维分布图

由图 2-25 到图 2-29,便实现了利用 KPCA 将三维数据降至二维的过程。

同样的,将统计特征结合 KPCA 运用于岸桥传动系统的无监督故障诊断。按照信号采集,特征提取,模式识别这一主要流程,进行案例展示。这里选取的故障信号和正常信号与上文 PCA 分析中的一样,提取的样本集和特征参数也相同,不同之处在于选取的核函数。利用 KPCA 将四维数据降维到三维并可视化,如图 2-30 所示。

由图 2－30 可知，正常信号的特征与故障信号的特征在三维空间是分散开来的，能够很好地区分。使用 KPCA 将特征向量降维到二维并可视化，如图 2－31 所示。

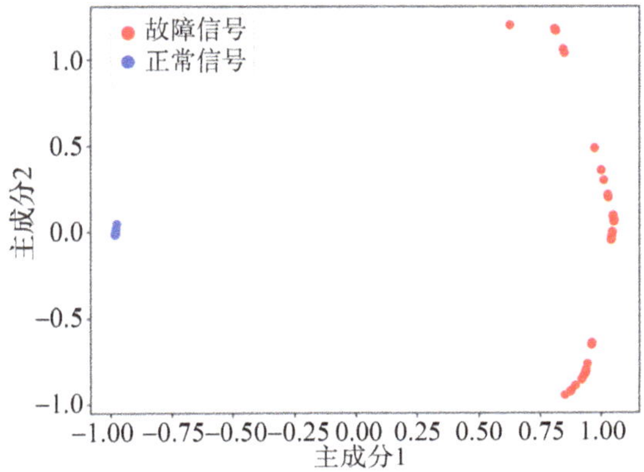

图 2－31 信号数据 KPCA 降维二维分布图

同样可以看出，正常信号最终降维后的散点聚集在一起，和故障信号的有明显的分隔，基本呈现出一个聚类关系。

2.3.3 粗糙集理论

1）粗糙集理论的基本原理

现象被分为确定现象与不确定现象，不确定现象又可分为随机现象、模糊现象和粗糙现象。相对于前两种现象的处理，粗糙现象是基于不完全的信息或知识去处理不分明的现象，因此，需要基于观测或者测量到的部分信息对数据进行分类，这就需要采取与概率统计和模糊数学不同的处理手段，这就是粗糙集理论。粗糙集是基于一系列既不知道多了还是少了，也不知道有用还是无用的不确定、不完整乃至部分信息相互矛盾的数据或者描述来对数据进行分析、推测未知信息。

粗糙集的一个重要特点是利用不精确、不确定、部分真实的信息来得到易于处理、鲁棒性强、成本低廉的决策方案，因此，更适合解决某些现实系统，如中医诊断、统计报表的综合处理等。粗糙集的另一个重要特点就是只依赖数据本身，不需要样本之外的先验知识或者附加信息，因此，挑选出来的决策属性可以避免主观性。粗糙集使用上、下近似来刻画不确定性，使得边界有了清晰的数学意义，并且降低了算法设计的随意性。

粗糙集涉及论域 U（这与模糊系统相似），还涉及属性集合 $R = C \cup D$（这被认为是知识或者知识库）。当然，也要有属性值域 V，以及从 $U \times R$ 到 V 的信息函数 f。因此，一个信息系统 S 可以表示为一个四元组 $S = \{U, R, V, f\}$。在不混淆的情况下，简记为 $S = (U, R)$，也称为知识库。

等价关系（通常用来代替分类）是不可或缺的概念，根据等价关系可以划论域中样本为等价类。每个等价类被称为同一个对象。但是，等价关系又是建立在不可分辨概念之上的，为了便于描述这里的等价关系，首先介绍不可分辨性。

设 $B \subseteq R$ 为一个非空子集，如果 $x_i, x_j \in U$，均有 $f(x_i, r) = f(x_j, r)$，$\forall r \in B$ 成立，那么称 x_i 和 x_j 关于属性子集 B 不可分辨。B 不可分辨关系，简记为 $\mathrm{Ind}(B)$，是一种等价关系（易验证它满足等价关系的数学公理），于是 $\mathrm{Ind}(B)$ 可以将论域 U 中的元素分成若干等价类，每个等价类称为知识库的知识颗粒。全体等价类组成的集合记为 $\frac{U}{\mathrm{Ind}(B)}$，称为基本集合。若集合 X 可以表示成某些基本集合的并集时，则称 X 是 B 精确集，否则称为 B 粗糙集。

粗糙集中的"粗糙"主要体现在边界域的存在，而边界又是由下、上近似来刻画的。对于任意 $X \subset U$，X 关于现有知识 R 的下、上近似分别定义为

$$R_{-}(X) = \{x \in U, [x]_R \subseteq X\} \tag{2-97}$$

$$R^{-}(x) = \{x \in U, [x]_R \cap X \neq \phi\} \tag{2-98}$$

X 的确定域 $\mathrm{Pos}(X) = R_X$，是指论域 U 中那些在现有知识 R 之下能够确定地归入集合 X 的元素的集合。反之，$\mathrm{Neg}(X) = U - R_{-}(X)$ 被称为否定域。边界域是某种意义上论域的不确定域，即在现有知识 R 之下 U 中那些既不能肯定在 X 中，又不能肯定归入 $\overline{X} = U \backslash X$ 中的元素的集合，记为 $\mathrm{Bnd}_R(X)$。

样本子集 X 的不确定性程度可以用粗糙度 $a_R(X)$ 来刻画，粗糙度的定义为

$$a_R(X) = \frac{\mathrm{Card}(R_{-}(X))}{\mathrm{Card}(R^{-}(X))} \tag{2-99}$$

式中，Card 表示集合的基数（集合中元素的个数）。显然，$0 \leqslant a_R(X) \leqslant 1$，如果 $a_R(X) = 1$，则称集合 X 关于 R 是确定的；如果 $a_R(X) < 1$，则称集合 X 关于 R 是粗糙的，$a_R(X)$ 可认为是在等价关系 R 下逼近集合 X 的精度。

2）粗糙集理论的应用

知识约简是粗糙集的核心内容之一，它在保持分类能力不变的前提下，删除冗余的知识。在粗糙集应用中，约简与核是两个最重要的基本概念。

（1）一般约简。

设 P 和 Q 是属性集，Q 中的每个属性都是不可省略的。如果 $Q\subseteq P$ 且 $\mathrm{Ind}(Q)=\mathrm{Ind}(P)$，则称 Q 是 P 的一个约简（Reduce），记为 $\mathrm{Red}(P)$。另外，以 $\mathrm{Core}(P)$ 记 P 中所有不可省略的属性集合称为 P 的核（Core），那么所有约简 $\mathrm{Red}(P)$ 的交正好等于 P 的核，即 $\mathrm{Core}(P)=\cap\ \mathrm{Red}(P)$。该式的意义在于，不仅体现了核与所有约简的关系直接由约简得到，而且也表明了核是知识库中最重要的部分，是进行知识约简的过程中不能删除的知识。

（2）相对约简。

一般地，考虑一个分类相对于另一个分类的关系，这就导出了相对约简与相对核的概念。在粗糙集中，相对约简的概念是条件属性相对决策属性的约简。

我们需要给出如下概念：设 P 和 Q 为论域 U 上的两个等价关系，定义 Q 关于 P 的相对肯定域，记为 $\mathrm{Pos}_p(Q)$，为论域 U 中的所有那些对象构成的集合，它们可以在分类$\dfrac{U}{P}$的知识指导下，被正确地划入到$\dfrac{U}{Q}$的等价类之中。即

$$\mathrm{Pos}_P(Q)=\cup P_-(X)\left(X\in\frac{U}{Q}\right)\tag{2-100}$$

式中，$P\_(X)$ 是集合 X 的下近似。设 P 和 Q 为论域 U 上的两个等价关系，$r\in P$。

如果

$$\mathrm{Pos}_P(Q)=\mathrm{Pos}_{(P-\{r\})}(Q)\tag{2-101}$$

那么，称 r 关于 Q 可省略，否则称为 Q 不可省略。特别，当 $P-\{r\}$ 为 P 中的独立子集（它的每个元素都再不可省略），且 $\mathrm{Pos}_P(Q)=\mathrm{Pos}_{(P-\{r\})}(Q)$ 时，称 $P-\{r\}$ 为 P 的关于 Q 的相对约简，记为 $\mathrm{Ind}_Q(P)$。P 的所有关于 Q 的相对约简之交称为 P 关于 Q 的核，记为 $\mathrm{Core}_Q(P)$。此时有 $\mathrm{Core}_Q(P)=\cap\mathrm{Ind}_Q(P)$。

比较相对约简与一般约简的定义，能够发现，前者是在不改变决策属性 Q 的前提下对特征属性集 P 的约简，而后者是在不改变对论域中对象的分辨能力的前提下对于特征属性集的约简。

2.4 其余方法

2.4.1 时域统计指标计算及实例分析

信号的时域特征是通过统计分析信号的各种时域参数、指标的估计或计算得到。常见的时域统计指标分为有量纲参数和无量纲参数两种,相应的计算方法见表 2-3。其中,(1)—(9)为有量纲参数,(10)—(15)为无量纲参数。

表 2-3 信号时域特征参数

编号	参数	参数式
(1)	均值	$\bar{x}=\frac{1}{N}\sum_{n=1}^{N}x(n)$
(2)	绝对平均值	$\lvert\bar{x}\rvert=\frac{1}{N}\sum_{n=1}^{N}\lvert x_n\rvert$
(3)	方差	$\delta=\frac{1}{N}\sum_{n=1}^{N}x_n^2$
(4)	标准差	$\sigma_x=\sqrt{\frac{1}{N-1}\sum_{n=1}^{N}[x(n)-\bar{x}]^2}$
(5)	方根幅值	$x_r=\left(\frac{1}{N}\sum_{n=1}^{N}\sqrt{\lvert x(n)\rvert}\right)^2$
(6)	均方根值	$x_{\mathrm{rms}}=\sqrt{\frac{1}{N}\sum_{n=1}^{N}x^2(n)}$
(7)	峰值	$x_{\mathrm{p}}=\max\lvert x(n)\rvert$
(8)	最大值	$x_{\max}=\max(x_n)$
(9)	最小值	$x_{\min}=\min(x_n)$
(10)	波形指标	$W=\frac{x_{\mathrm{rms}}}{\bar{x}}$
(11)	峰值指标	$C=\frac{x_{\mathrm{p}}}{x_{\mathrm{rms}}}$
(12)	脉冲指标	$I=\frac{x_{\mathrm{p}}}{\bar{x}}$
(13)	裕度指标	$L=\frac{x_{\mathrm{p}}}{x_{\mathrm{r}}}$
(14)	偏斜度	$S=\frac{\sum_{n=1}^{N}[x(n)-\bar{x}]^3}{(N-1)\sigma_x^3}$
(15)	峭度	$K=\frac{\sum_{n=1}^{N}[x(n)-\bar{x}]^4}{(N-1)\sigma_x^4}$

注:表中 $x(n)$ 为信号的时域序列,$n=1, 2, \cdots, N$;N 为样本点数。

选取表 2-3 中的若干时域统计指标，用于观察电机轴承故障后的变化情况。分别计算岸桥电机正常信号与故障信号的特征指标，结果见表 2-4。

表 2-4 岸桥电机时域特征参数

参数	正常信号	故障信号
标准差	0.277	2.188
均方差	0.077	4.785
最大值	0.893	6.227
最小值	-0.804	-6.502
绝对平均值	0.225	1.787
峰值	0.893	6.502
均方根值	0.278	2.188

对比正常信号和故障信号的特征参数值的差异，有助于我们区分和识别信号的状态。标准差和均方差方面，故障信号的值远大于正常信号，这表明故障信号的波动性更大，存在更多的异常波动或噪声。最大值和最小值方面，故障信号的最大值和最小值范围均大于正常信号，说明故障信号在幅度上变化更大，可能包含更多的极端值或异常值。绝对平均值和峰值方面，故障信号的值也高于正常信号不少，进一步证实了故障信号的波动性较大。故障信号的均方根值远高于正常信号，表明故障时信号的能量或强度显著增加。

2.4.2 频域分析方法及实例分析

2.2 节介绍了常用的频域分析方法，本节进一步围绕频域分析方法进行阐述，重点涉及频域指标计算及包络谱实例分析。

2.4.2.1 均方谱

均方谱通常用于分析随机信号或周期性信号，在信号处理和工程领域中有广泛的应用。均方谱的计算方法是对信号的频谱进行平方，并取平均值。均方谱的计算公式如下：

$$S(f) = \frac{|X(f)|^2}{N \cdot f_s} \tag{2-102}$$

式中，$X(f)$ 为信号的频谱（傅里叶变换的结果）；N 为信号的长度；f_s 为采样频率。

这个平均值表示了信号在不同频率上的能量分布。通过均方谱，我们可以了解信号中各个频率成分的相对强弱，从而进一步分析信号的特性和来源。

均方谱在特征频率分析中具有重要的意义。特征频率是指系统趋于振动时的特定离散频率。在特征频率分析中，我们关心的是系统在不同频率下的响应情况。均方谱可以帮助我们了解系统在各个特征频率下的能量分布，从而判断系统在这些频率下的稳定性和性能。

通过分析均方谱，我们可以得到关于信号特征频率的信息，例如信号的主频、谐波成分等。这些信息对于系统的设计和优化具有重要的指导意义。

需要注意的是，均方谱只提供了信号在频域上的能量分布情况，并不能提供时域上的信息。因此，在进行特征频率分析时，通常需要结合时域分析和频域分析的方法，以得到更全面的信息。

构建信号 $s(t)=\sin(2\pi t\times 50)+0.5\sin(2\pi t\times 100)+0.3\sin(2\pi t\times 150)+n(t)$，包含三个不同频率的正弦波及噪声。绘制时域图和均方谱，如图 2－32 所示。可以从均方谱图上看出有三个明显的特征频率，与原始信号对应。

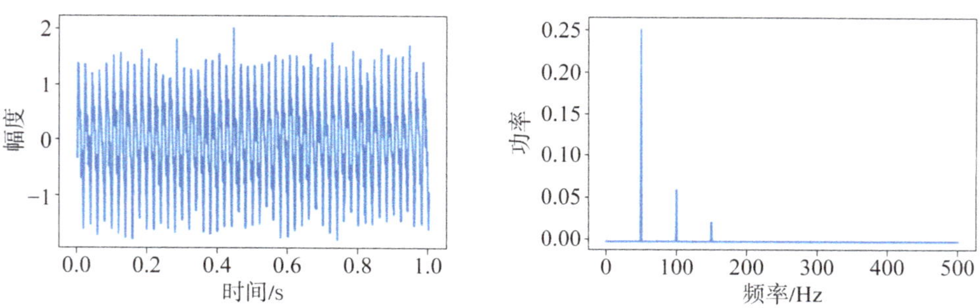

（a）时域信号　　（b）均方谱

图 2－32　仿真信号均方谱

2.4.2.2　谐波因子

谐波因子是一个用于描述信号中谐波成分相对强度的参数。谐波因子可以帮助我们了解信号中各个谐波成分与基波成分的相对大小关系，从而进一步分析信号的谐波特性。谐波因子的计算通常涉及对信号的频谱进行分析。在频谱中，基波成分的频率通常是信号的主要频率，而谐波成分则是基波频率的整数倍。谐波因子可以通过计算谐波成分与基波成分的幅度比值或功率比值来得到。

假设信号的基波频率为 f_1，谐波频率为 f_n（其中 n 为谐波的阶数），谐波因子的计算公式如下：

$$H_n = \frac{A_n}{A_1} \tag{2-103}$$

式中，H_n 是第 n 阶谐波因子；A_n 为第 n 阶谐波的幅度；A_1 为基波的幅度。

谐波因子的大小反映了信号中谐波成分的相对强度。较大的谐波因子表示信号中存在较强的谐波成分，而较小的谐波因子则表示谐波成分较弱。通过对谐波因子进行分析，我们可以判断信号中的谐波成分是否符合预期的规格要求，或者是否存在某些异常的谐波成分。

在特征频率分析中，谐波因子通常与其他指标一起使用，如总谐波失真(THD)等，以全面评估信号的质量和性能。谐波因子的分析可以帮助我们了解信号在不同频率下的谐波特性，从而指导系统的设计和优化。

构建一个信号 $s(t)=\sin(2\pi t\times 50)+0.5\sin(2\pi t\times 100)+0.3\sin(2\pi t\times 150)$，包含二阶和三阶谐波，计算谐波因子为

二阶谐波因子 $H_2=0.50$，三阶谐波因子 $H_3=0.30$

并绘制时域图和频谱图，如图 2-33 所示。

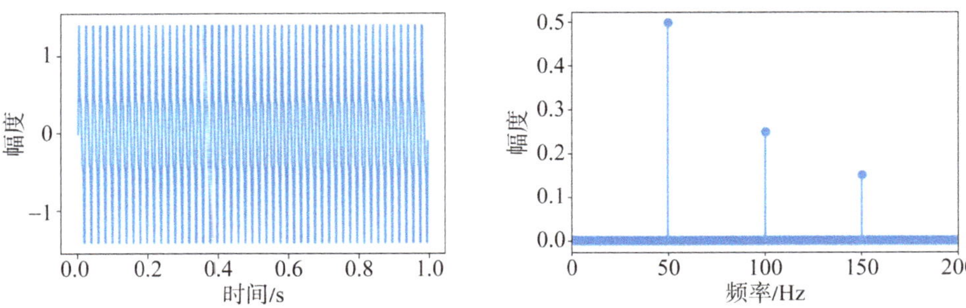

(a) 时域信号 (b) 均方谱

图 2-33 谐波仿真信号及其均方谱

计算出的谐波因子与设置的一致，且在图 2-33(b)中可以清晰地看到 50 Hz、100 Hz 和 150 Hz 三条频率，也与构造信号的特征频率一样。

2.4.2.3 功率谱方差

功率谱方差是一种用于描述信号功率谱分布特性的参数。功率谱方差反映了信号功率谱在不同频率上的变化情况，即信号的功率在不同频率上的分布情况。

在特征频率分析中，功率谱方差可以帮助我们了解信号中各个频率成分的功率分布特性。如果信号的功率谱方差较小，说明信号的功率分布较为集中，主要集中在某个或几个特定的频率上。而如果功率谱方差较大，则说明信号的

功率分布较为分散,即信号的能量在多个频率上都有较大的分布。

功率谱方差的计算通常涉及对信号的功率谱进行统计和分析。首先,需要计算信号的功率谱,即信号在不同频率上的功率分布情况。然后,根据功率谱计算各个频率上的功率值,并计算这些功率值的方差,得到功率谱方差。

假设信号的功率谱为 $P(f)$,则功率谱方差的计算公式如下:

$$\sigma^2 = \frac{1}{N}\sum_{i=1}^{N}(P(f_i) - \mu)^2 \tag{2-104}$$

式中,σ^2 为功率谱方差;N 为频率点的数量;$P(f_i)$ 为第 i 个频率点的功率谱值;μ 为功率谱的均值,计算公式为

$$\mu = \frac{1}{N}\sum_{i=1}^{N}P(f_i) \tag{2-105}$$

此外,功率谱方差还可以用于信号的质量评估和性能比较。通过比较不同信号的功率谱方差,可以判断信号的稳定性和一致性。较小的功率谱方差通常意味着信号具有较好的稳定性和一致性,而较大的功率谱方差则可能表示信号存在某种程度的失真或异常。

2.4.2.4 功率谱重心指标

功率谱重心指标是一种用于描述信号功率谱分布特性的重要参数。功率谱重心指标反映了信号功率谱在不同频率上的分布中心,即信号功率谱的"重心"位置。功率谱重心指标的计算通常涉及对信号的功率谱进行加权平均处理,其中每个频率成分的权重与其对应的功率值成正比。通过计算加权平均频率,可以得到功率谱的重心位置。具体来说,重心位置是所有频率成分与其对应功率值的乘积之和除以总功率值。

功率谱重心指标(f_c)的计算公式可以表示为

$$f_c = \frac{\sum_{i=1}^{N} f_i \cdot P(f_i)}{\sum_{i=1}^{N} P(f_i)} \tag{2-106}$$

式中,f_i 为第 i 个频率成分;$P(f_i)$ 为对应频率成分 f_i 的功率值;N 为频率成分的总数。

在特征频率分析中,功率谱重心指标具有以下作用。

(1) 反映信号主频:功率谱重心指标可以反映信号的主频,即信号中能量最集中的频率成分。主频是信号的重要特征之一,对于信号的识别和分类具有

重要意义。

（2）描述信号分布特性：功率谱重心指标可以描述信号在不同频率上的分布情况，即信号的能量在不同频率上的分配情况。通过分析功率谱重心指标，可以了解信号在不同频率上的能量分布特性，有助于对信号进行更深入的理解和分析。

（3）评估信号质量：通过对不同信号的功率谱重心指标进行比较，可以评估信号的质量和性能。例如，在音频信号处理中，可以通过比较不同音频信号的功率谱重心指标来评估其音质和清晰度。

2.4.2.5 谱原点矩

谱原点矩是一种用于描述信号功率谱分布特性的重要参数。谱原点矩反映了信号功率谱在频率轴上的分布形态，即信号功率谱相对于频率轴原点的偏离程度。

谱原点矩的计算通常涉及对信号的功率谱进行加权平均处理，其中每个频率成分的权重与其对应的频率的幂次方成正比。一阶谱原点矩是所有频率成分与其对应功率值的乘积之和除以总功率值，描述了信号功率谱的“中心位置”；二阶谱原点矩则考虑了频率的平方作为权重，描述了信号功率谱的“宽度”或“散度”。

谱原点矩的计算公式可以表示为：

一阶谱原点矩（与功率谱重心指标相同）

$$M_1 = \frac{\sum_{i=1}^{N} f_i \cdot P(f_i)}{\sum_{i=1}^{N} P(f_i)} \tag{2-107}$$

二阶谱原点矩

$$M_2 = \frac{\sum_{i=1}^{N} f_i^2 \cdot P(f_i)}{\sum_{i=1}^{N} P(f_i)} \tag{2-108}$$

式中，f_i 为第 i 个频率成分；$P(f_i)$ 为对应频率成分 f_i 的功率值；N 为频率成分的总数。

在特征频率分析中，谱原点矩具有以下作用。

（1）描述信号分布特性：通过计算信号的谱原点矩，可以更深入地了解信号在不同频率上的分布情况。一阶谱原点矩提供了信号主频的信息，而二阶谱原点矩则可以反映信号在不同频率上的分散程度。

（2）识别信号的模态特性：谱原点矩与信号的模态特性密切相关。通过分析信号的谱原点矩，可以识别信号中的主要模态及其分布特性，有助于对信号进行更深入的理解和分析。

（3）评估信号质量：通过对不同信号的谱原点矩进行比较，可以评估信号的质量和性能。

2.4.2.6 包络谱实例分析

前文已系统介绍包络谱的基本理论及其处理步骤，可进一步总结包络谱分析的优势，如下。

(1) 故障特征提取：包络谱分析能够有效提取调制信号中的故障特征，特别适用于滚动轴承、齿轮等机械部件的故障检测。

(2) 处理非平稳信号：包络谱分析能够处理非平稳信号，适用于各种复杂工况下的信号分析。

(3) 高灵敏度：包络谱分析对微弱故障信号具有较高的灵敏度，能够在早期阶段检测到故障。

(4) 简单易用：包络谱分析方法相对简单，易于实现和应用，适合工业现场的实时监测和故障诊断。

类似于前文分析，仍以岸桥电机振动信号为例。采样频率为 51 200 Hz，采样时长为 2 s。该信号的时域波形、频谱及包络谱如图 2-34 所示。

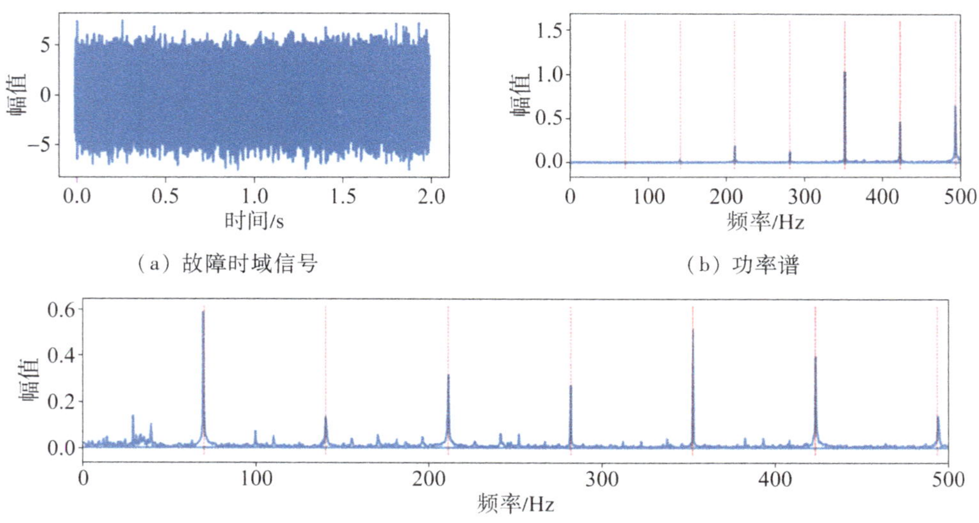

(a) 故障时域信号　(b) 功率谱

(c) 包络谱

图 2-34 岸桥电机振动信号

由图 2-34 可知，故障信号对应的特征频率是 70.5 Hz，与各自的谐波频率一同凸显在谱线上，在包络谱中更为明显。因此，包络谱是滚动轴承故障诊断的有效手段。

3 滚动轴承振动故障诊断

3.1 滚动轴承的基本概况

港口机械中的滚动轴承是不可或缺的关键部件，广泛应用于各种传动系统中，如电机、齿轮箱、卷筒、回转平台、车轮组和液压马达等。其中，电机的轴承类型通常为深沟球轴承，其结构简单，适合高速运转。而齿轮箱则通常采用调心滚子轴承，以承受较大的径向载荷并调节因安装偏差带来的轴心偏移。卷筒轴承通常选用圆柱滚子轴承和调心滚子轴承，前者因其高径向承载能力适用于重载场合，后者则因其调心能力适应设备运行时的轴心偏移。在回转平台中，常用的轴承有交叉滚子轴承和三排滚柱轴承，二者均能同时承受径向、轴向及倾覆力矩载荷，适合大型起重设备的回转支承。车轮组常使用具有较强的径向和轴向承载能力的圆锥滚子轴承和调心滚子轴承，这些轴承能在设备移动时应对复杂的工况。此外，卷扬系统中通常采用推力滚子轴承和角接触球轴承来承受轴向载荷；液压马达则多选用滚针轴承和推力球轴承，因其结构紧凑、承载能力强，适合液压系统的高压工作环境。

3.1.1 滚动轴承的基本结构

滚动轴承是由外圈、内圈、滚动体和保持架四部分组成的，如图 3－1 所示。

滚动轴承在工作时，外圈与轴承座或机壳装配在一起，具有支撑作用；内圈与传动轴装配在一起，并与轴共同旋转。滚动体是轴承的核心元件，通过保持架均匀分布在内圈和外圈之间，它将滑动摩擦变为滚动摩擦。滚动轴承按滚动体的不同，可分为圆柱滚动轴承、圆锥滚动轴承、球轴承。保持架的作用是引导滚动体的运动，同时将滚动体均匀分布在轴承内外圈之间，并改善轴承内部载

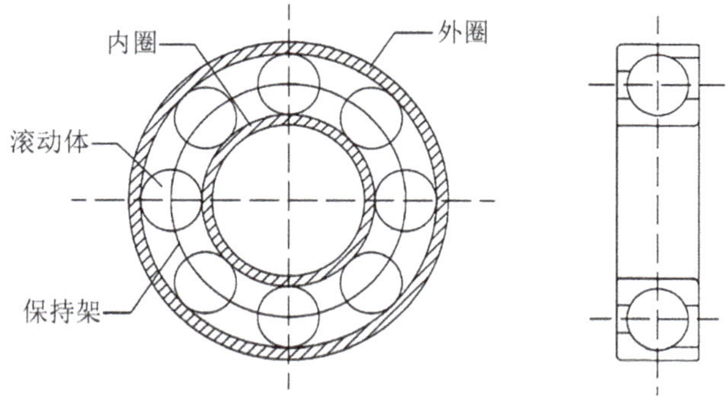

图 3-1 滚动轴承基本结构

荷分配和润滑性能。与无保持架的轴承相比，带保持架轴承的摩擦阻力较小，更适合应用在城轨列车这样的系统上。

3.1.2 滚动轴承异常的基本形式

滚动轴承在运转过程中可能会由于各种原因产生损坏，如装配不当、润滑不良、水分和异物侵入、腐蚀和过载等都可能会导致轴承过早损坏。

即使在安装、润滑和使用维护都正常的情况下，经过一段时间的运转，滚动轴承也可能出现疲劳剥落和磨损，从而不能正常工作。

引起滚动轴承故障的主要损伤见表 3-1。

表 3-1 滚动轴承的主要损伤

损伤形式	损伤原因	损伤特征
疲劳	(1) 疲劳应力； (2) 轴向载荷过大； (3) 对中不良； (4) 保持架的精度不高、圆度误差大； (5) 装配不当，轴弯曲； (6) 安装时冲击载荷过大，圆柱滚子轴承的装配过盈量太大； (7) 润滑不良； (8) 间隙过小，载荷过大，预压过大	(1) 向心轴承滚道只在一边有表面上的剥落； (2) 双列轴承在表面上只在一边有剥落； (3) 滚动体及滚道接触边缘剥落，深沟球轴承滚道的斜向表面出现剥落； (4) 在滚动体的圆周方向的对称位置上产生剥落； (5) 滚子轴承的滚道和滚动体靠近端部处表面出现剥落； (6) 轴承的受力表面有较大面积的压光和微观剥落； (7) 滚道面和滚动体早期出现表面剥落

续 表

损伤形式	损伤原因	损伤特征
胶合	(1) 在保持架内被卡住,润滑不良,润滑脂过硬,启动时加速度太大; (2) 滚道面不平行,转速过高; (3) 安装的初间隙过小,热膨胀引起滚动体与内外圈挤压; (4) 装配不当,轴向载荷过大	(1) 滚道面和滚动体表面出现胶合; (2) 深沟球轴承的滚道面出现螺旋形污斑状胶合; (3) 滚子端面和挡边出现胶合
磨损	(1) 运输中轴承受到小振幅的运动作用; (2) 配合面间存在小间隙带来的滑动磨损; (3) 异物落入,装配不当,润滑欠佳; (4) 轴承与座孔或轴颈间存在间隙,运行中起相对运动	(1) 在套圈上形成与钢球节距相同的凹坑,即类似于静压痕; (2) 有红褐色的磨损粉末出现在配合面上的部分磨损; (3) 滚道面、凸终面、滚动体、保护架等磨损; (4) 圆滚子轴承挡边磨损过大; (5) 轴承座孔或轴径磨损,当磨损较大时,轴承产生游隙噪声,振动增大
烧伤	装配不当,润滑欠佳	滚道面、挡边面、滚动体面发生变色、熔化
腐蚀	(1) 具有腐蚀性的介质、湿气凝结侵入; (2) 电流通过时产生的电火花熔化; (3) 轻微振动,装配的不适当	(1) 轴承内部的配合面等部位生锈腐蚀; (2) 有板状的凹凸出现在滚动面上; (3) 配合面点蚀; (4) 有黑色或者红色的锈斑出现在表面
破损	(1) 冲击载荷太大,安装不恰当,造成胶合发展; (2) 冲击载荷,磨削,热处理不恰当,安装不恰当,造成胶合发展; (3) 对中不良,安装不恰当,润滑不好,转速太快,异物进入	(1) 内环或者外环会有裂纹产生; (2) 滚动体产生裂纹; (3) 保持架断裂
压痕	(1) 静载荷及冲击载荷都太大,有异物进入; (2) 安装不恰当,滚道过载、或承受不均匀载荷; (3) 装配敲击	(1) 滚动体、滚道面上有压痕 (2) 圆柱滚动体轴承的滚动体和圈接触处有楔形压痕

3.2 滚动轴承的振动类型及故障特征

在工作过程中,滚动轴承的振动通常分为两类:与轴承弹性有关的振动、与轴承滚动表面状况(波纹、伤痕等)有关的振动。前者与异常状态无关,后者反映轴承的损伤情况。

滚动轴承在运转时，滚动体在内、外圈之间滚动。如果滚动表面损伤，滚动体在损伤表面转动时，便产生一种交变的激振力。由于滚动表面的损伤形状是不规则的，所以激振力产生的振动是由多种频率成分组成的随机振动。

轴承滚动表面损伤的形态以及轴的转速，决定了激振力的频率。轴承和外壳决定了振动系统的传递性。通常轴的转速越高，损伤越严重，其振动的频率就越高。

3.2.1 滚动轴承的固有振动特征

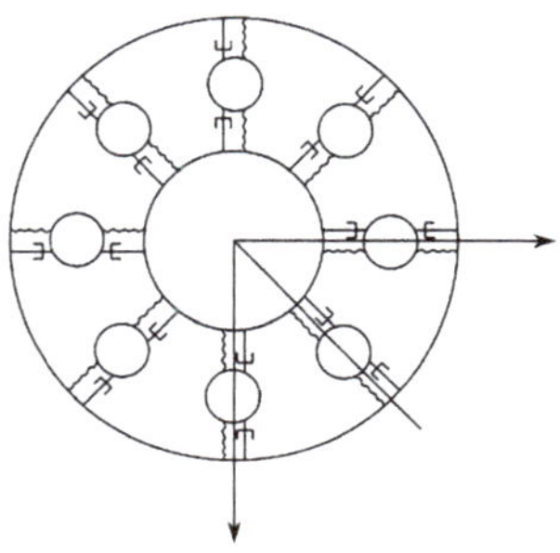

图 3-2 滚动轴承的振动模型

港口机械中，轴承系统一般大多是采用内圈转动，外圈固定。滚动轴承的振动模型如图 3-2 所示。滚动轴承振动的基本形式是滚动体滚动引起的弹性接触振动，它是由结构决定的轴承的固有特性。滚动体是滚动轴承中最活跃的零件，是影响轴承振动的重要因素。为了控制轴承的振动水平，就必须控制所用滚动体引起的振动。因此，轴承的振动方程是建立在滚动体振动的基础之上的。

滚动轴承在工作时，滚动体与内环或外环之间可能产生冲击而引起轴承各元件的固有振动。各轴承元件的固有频率与轴承的外形、材料和质量有关；与轴的转速无关。在一般情况下，滚动轴承的固有频率通常可达数千赫兹到数十千赫兹。

轴承套圈径向弯曲振动的固有频率为

$$f_{en} = \frac{n(n^2 - 1)}{2\pi\left(\frac{D}{2}\right)^2\sqrt{n^2 + 1}}\sqrt{\frac{EIg}{\rho A}} \tag{3-1}$$

式中，D 为圆环中性轴的直径；n 为振型阶数；E 为弹性模数；I 为圆环纵向截面的惯性矩；g 为重力加速度；$A = bh$，b 为圆环宽度，h 为圆环的厚度。

钢球的固有频率为

$$f_{on} = \frac{0.24}{r}\sqrt{\frac{E}{2\rho}} \tag{3-2}$$

式中，r 为钢球半径；E 为钢球的弹性模数；ρ 为材料密度。

轴承套圈的固有频率从数千赫兹至数十千赫兹不等，而滚动体的固有频率可达数百千赫兹,是频率非常高的振动。

3.2.2 滚动轴承的故障特征频率

滚动轴承的几何模型如图 3-3 所示。滚动轴承的主要几何参数如下。

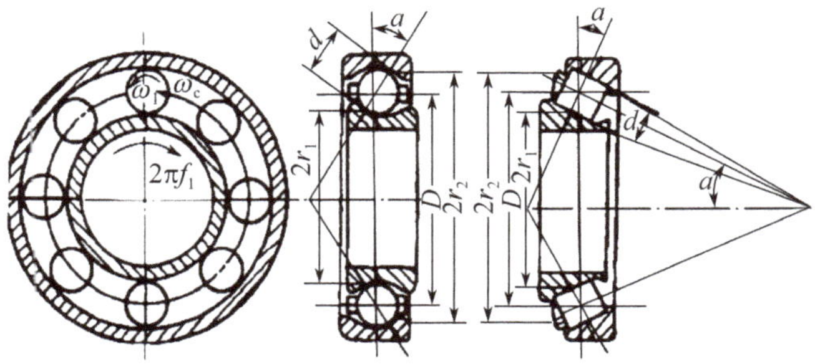

图 3-3 滚动轴承的几何模型

图 3-3 中,d 为滚动体的平均直径;a 为接触角,即滚动体受力方向与内外滚道垂直线的夹角。由于滚动轴承结构参数多且关系极其复杂,所以为了简洁方便,对轴承做如下假设。

(1) 轴承的外圈固定不动,内圈随轴转动,滚动体均匀分布并且沿着滚道做纯滚动运动。

(2) 所有变形均为弹性变形,且变形符合赫兹弹性接触理论。

(3) 考虑滚动体质量,忽略保持架的影响。

(4) 不考虑加工误差和温升热效应。

通过研究不承受轴向力时轴承缺陷的特征频率,推导出承受轴向力时轴承缺陷特征频率。

3.2.2.1 不承受轴向力时轴承缺陷特征频率

(1) 当外环固定、内环随轴线转动时,单个滚动体(或保持架)相对于外环的旋转频率:由图 3-4 可知,内环滚道的切线速度为

$$V_i = \pi D_i f_r = \pi f_r (D_m - d) \tag{3-3}$$

式中,f_r 为轴的旋转频率;D_i 为内环滚道的直径;D_m 为轴承滚道节径,即内外滚道的平均值。

因为滚动体滚而不滑,故滚动体与内环滚道接触点 A 的速度为

$$V_A = V_i \tag{3-4}$$

又因外环固定，所以滚动体与接触点 C 的速度为

$$V_C = 0 \tag{3-5}$$

滚动体中心 B 的速度（保持架的速度）为

$$V_B = \frac{1}{2}V_A = \frac{\pi}{2}(D_m - d)f_r \tag{3-6}$$

所以单个滚动体（或保持架）相对于外环的旋转频率为

$$f_{Bo} = \frac{V_B}{l_m} = \frac{\frac{\pi}{2}(D_m - d)f_r}{\pi D_m} = \frac{1}{2}\left(1 - \frac{d}{D_m}\right)f_r \tag{3-7}$$

式中，$V_B = 2\pi f_r D_m$，l_m 为滚道节圆周长。

（2）当内环固定、外环随轴线转动时，单个滚动体（或保持架）相对于内环的旋转频率：若外环的旋转频率仍为 f_r，则由图 3-4 可知，保持架相对内环的切向速度为

$$V_B = \frac{1}{2}V_A = \frac{\pi}{2}(D_m + d)f_r \tag{3-8}$$

所以，单个滚动体（或保持架）相对于内环的旋转频率为

$$f_{Bi} = \frac{V_B}{l_m} = \frac{\frac{\pi}{2}(D_m + d)f_r}{\pi D_m} = \frac{1}{2}\left(1 + \frac{d}{D_m}\right)f_r \tag{3-9}$$

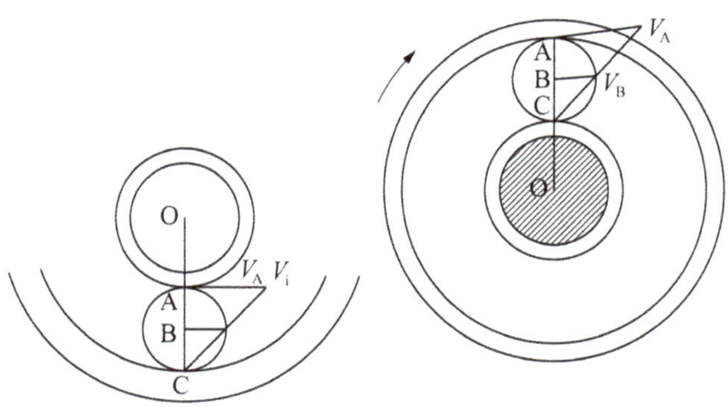

图 3-4　滚动轴承受力简图

（3）当轴承内外环有缺陷时的特征频率：若内环固定，当内环滚道上有缺陷时，z 个滚动体滚过该缺陷时的频率为

$$f_{\mathrm{i}} = f_{\mathrm{Bi}}z = \frac{1}{2}\left(1 + \frac{d}{D_{\mathrm{m}}}\right)f_{\mathrm{r}}z \tag{3-10}$$

（4）当单个滚动体有缺陷时的特征频率：如果单个有缺陷的滚动体每自转一周只冲击外环滚道（或外环）一次，则其相对于外环的转动频率为

$$f_{\mathrm{RS}} = f_{\mathrm{BO}}\frac{\pi(D_{\mathrm{m}} + d)}{\pi D_{\mathrm{m}}} = \frac{1}{2}\left(1 - \frac{d^2}{D_{\mathrm{m}}^2}\right)f_{\mathrm{r}}\frac{D_{\mathrm{m}}}{d} \tag{3-11}$$

（5）当保持架与内外环发生碰撞磨损的频率：保持架碰外环的频率（等于单滚动体的外环通过频率）为

$$f_{\mathrm{BO}} = \frac{1}{2}\left(1 - \frac{d}{D_{\mathrm{m}}}\right)f_{\mathrm{r}} \tag{3-12}$$

保持架碰内环的频率（等于单滚动体的内环通过频率）为

$$f_{\mathrm{Bi}} = \frac{1}{2}\left(1 + \frac{d}{D_{\mathrm{m}}}\right)f_{\mathrm{r}} \tag{3-13}$$

如图 3－5 所示，在轴旋转时，每个滚动体通过载荷中心线会发生一次力的变化，对轴颈或轴承座产生激励作用，这个激励频率称为通过频率：

$$f_{\mathrm{e}} = zf_{\mathrm{c}} \tag{3-14}$$

式中，f_{e} 为保持架转动频率，f_{c} 为轴承内的滚动体个数。

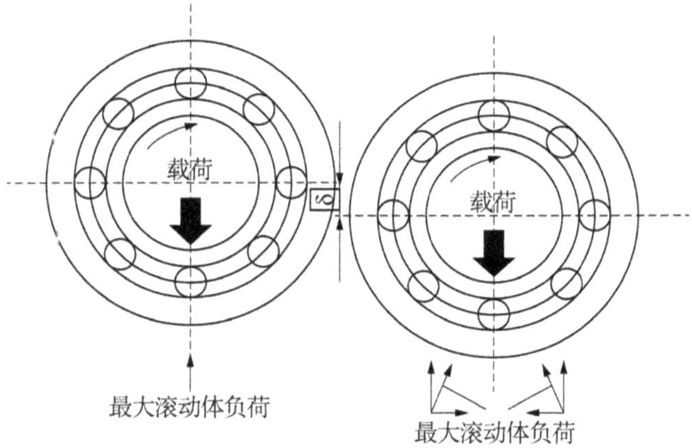

图 3－5 轴承旋转时滚动体上的负荷变化

3.2.2.2 承受轴向力时的轴承缺陷特征频率

如图 3-6 所示，由于滚动体具有相当大的间隙，在承受轴向力时，轴承内外环轴向相互错开，滚珠与滚道的接触点由 A 点、B 点移动到 C 点、E 点。

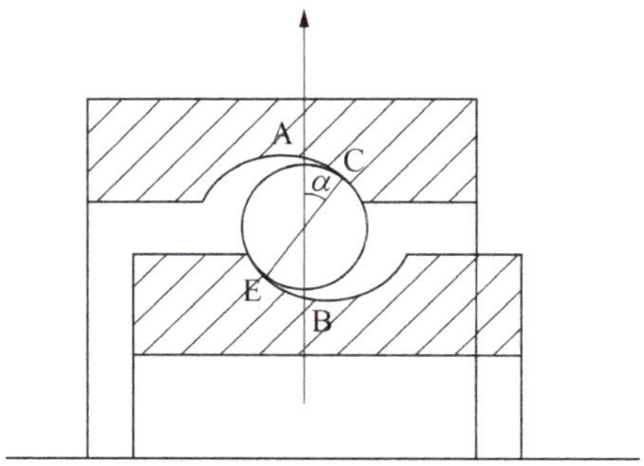

图 3-6 滚动轴承受轴向力时内、外环与滚珠相对位置

此时，轴承的节径不变，但内滚道的工作直径变大，外滚道的工作直径变小滚珠的工作直径由 d 变为 $d\cos\alpha$，只需将不受轴向力时轴承缺陷特征频率计算公式进行替换（轴承特征频率只与轴承节径和滚珠直径有关）即可。

（1）内圈有缺陷时的故障特征频率：

$$f_i = \frac{1}{2}\left(1 + \frac{d}{D_m}\cos\alpha\right) f_r z \tag{3-15}$$

（2）外圈有缺陷时的故障特征频率：

$$f_o = \frac{1}{2}\left(1 - \frac{d}{D_m}\cos\alpha\right) f_r z \tag{3-16}$$

（3）滚珠有缺陷时的故障特征频率：

$$f_{RS} = \frac{1}{2}\left(1 - \frac{d^2}{D_m^2}\cos\alpha\right) f_r z \tag{3-17}$$

（4）保持架碰外圈时的故障特征频率：

$$f_{Bo} = \frac{1}{2}\left(1 - \frac{d}{D_m}\cos\alpha\right) f_r \tag{3-18}$$

（5）保持架碰内圈时的故障特征频率：

$$f_{Bi} = \frac{1}{2}\left(1 + \frac{d}{D_m}\cos\alpha\right)f_r \tag{3-19}$$

3.2.2.3 滚动轴承的时域波形特征

在正常情况下，滚动轴承的振动时域波形较为平缓，没有受到冲击。

当轴承元件发生异常时，就会产生冲击脉冲振动：冲击脉冲周期为基阶故障特征频率的倒数；冲击脉冲宽度在微秒级，它将激起系统或结构的高频响应（固有振动）；响应水平取决于系统或结构的固有频率及阻尼的大小。

1）外滚道损伤振动特征

若外圈固定，当轴承外滚道产生损伤时，如剥落、裂纹、点蚀等，在滚动体通过时也会产生冲击振动。由于点蚀的位置与载荷方向的相对位置关系是固定的（外圈固定），所以，这时不存在振幅调制的情况，振动频率为 nzf_o（n = 1，2，…），外滚道损伤振动特征如图 3－7 所示。

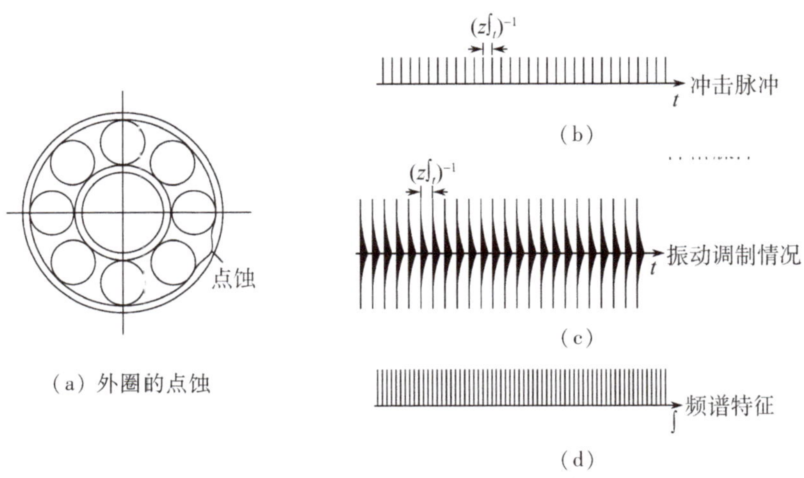

图 3－7 外滚道损伤振动特征

2）内滚道损伤振动特征

若外圈固定，通常滚动轴承都有径向间隙，且为单边载荷，点蚀部分与滚动体发生冲击接触的位置不同（内圈和滚动体均滚动），载荷受力不同，则振幅会发生周期性的变化，即发生振幅调制，如图 3－8 所示。以旋转频率或对冲击信号进行振幅调制，这时的振动频率为 $nzf_i \pm f_r$（n = 1，2，…）。

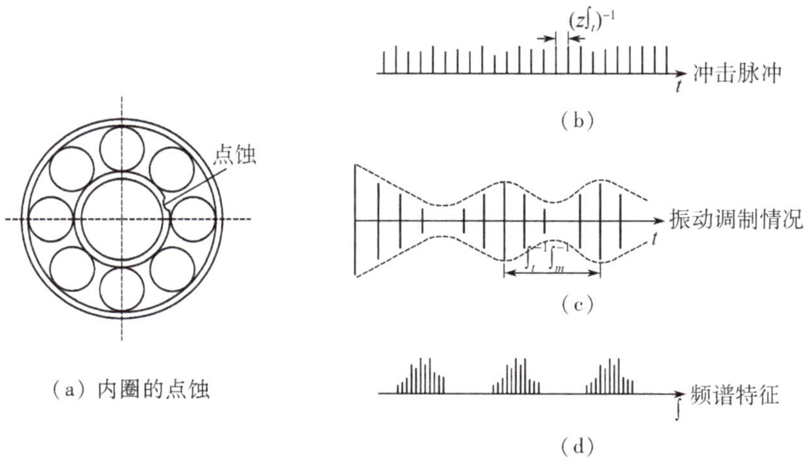

图 3-8　内滚道损伤振动特征

3）滚动体损伤振动情况

当滚动体产生损伤时，如剥落、点蚀等，缺陷部位通过内圈或外圈滚道表面时会产生冲击振动。在滚动轴承无径向间隙时（无最大力变化），会产生频率为 $nzf_{\mathrm{RS}}(n=1, 2, \cdots)$ 的冲击振动。

通常滚动轴承都有径向间隙（无最大力变化），因此，同内圈存在点蚀时情况一样，根据点蚀部位与内圈或外圈发生冲击接触的位置不同，也会发生振调制的情况，不过此时是以滚动体的公转频率进行振幅调制的。这时的振动频率为 $nzf_{\mathrm{RS}} \pm f_{\mathrm{m}}$，如图 3-9 所示。

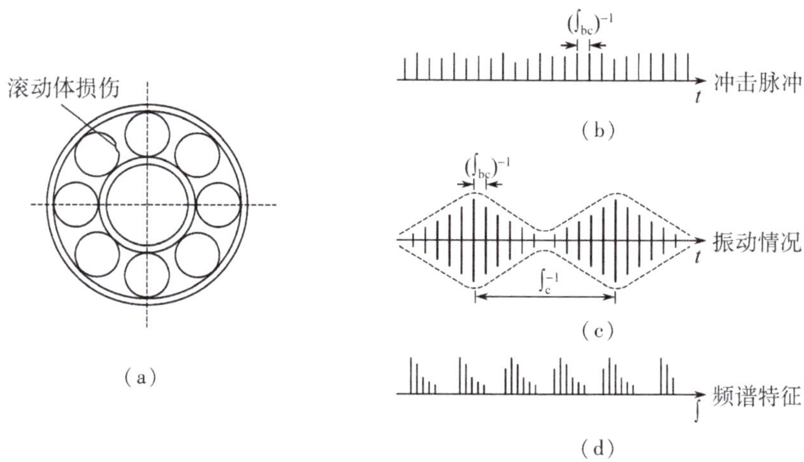

图 3-9　滚动体损伤振动情况

4）轴承偏心引起的振动

当滚动轴承的内圈出现严重磨损等情况时，轴承会出现偏心现象，当轴旋转时，轴心（内圈中心）便会绕外圈中心摆动，如图 3－10 所示，此时的振动频率为 $nf_r(n = 1, 2, \cdots)$。

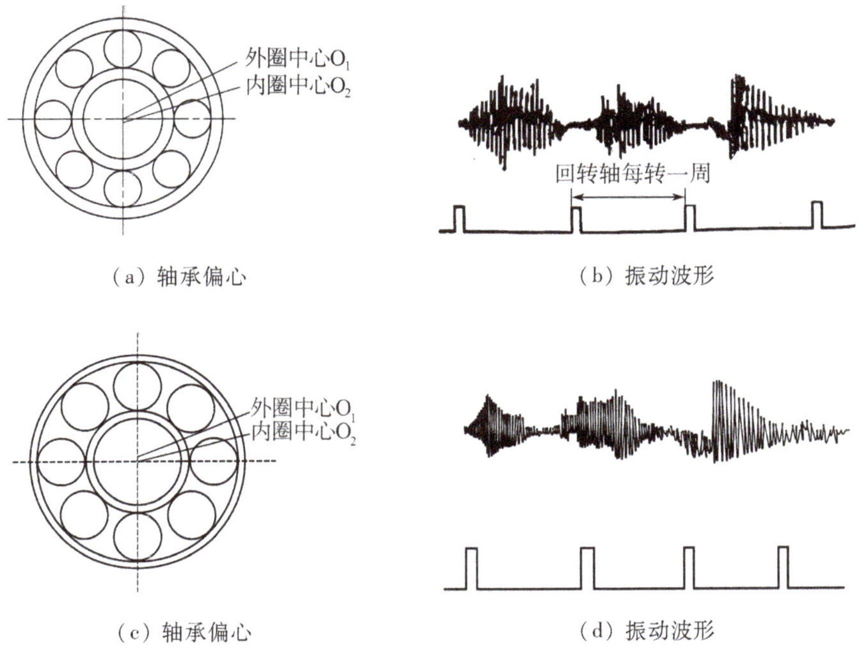

图 3－10 滚动轴承偏心振动特征

5）不同轴引起的振动

两个轴承不对中，或轴承装配不良等都会引起低频振动。

6）滚动体的非线性伴生振动

滚动轴承靠滚道与滚动体的弹性接触来承受载荷，因此具有“弹簧”的性质（刚性很大）。当润滑状态不良时，就会出现非线性弹簧性质的振动。轴向非线性振动频率为轴的旋转频率f_r，会产生其分数谐波 $\frac{1}{2}f_r$，$\frac{1}{3}f_r\cdots$，以及其高次谐波 $2f_r$，$3f_r\cdots$。

3.3 滚动轴承故障诊断方法

如果轴承元件的表面有缺陷，在运转过程中缺陷与其他元件表面接触时会产生周期性的脉冲信号，其中，振动监测技术就是在轴承座上安装振动加速度传感器来采集轴承原始信号，通过对振动信号的分析，提取出这种周期性信号，诊断轴承是否发生故障。

3.3.1 常用振动诊断方法

振动信号对绝大部分轴承故障都很敏感，故障会引发轴承振动增加或者改变振动特征。将传感器安装在轴承座上，是因为轴承座离轴承越近，采集的信号越能真实准确地反映滚动轴承的振动状态。

在采集了轴承的原始振动信号之后，接着就要计算信号的特征参数。因为滚动轴承发生故障时，其振动信号中的许多统计特征参数都会随故障的性质及大小发生变化，因此，可以作为故障诊断的依据。表征轴承在线运行状态的特征参数有很多，应用比较广泛的时域指标主要包括峰值(Peak)、有效值(RMS)、波形因数(Shape Factor)、峰值因子(Crest Factor)、脉冲(Impulse Factor)、偏度(Skewness)、峭度(Kurtosis)、裕度因子(Clearance Factor)等。频域指标主要包括重心频率(FC)、均方频率(MSF)、均方根频率(RMSF)、率方差(VF)和频率标准差(RVF)等。每个类型的参数都有自身对应的敏感故障类型，例如，峰值指标对于元件表面损伤类故障比较敏感；均方根值指标对磨损类故障有效，可以反映轴承总体的劣化状况；峰值因子既考虑了峰值又考虑了均方根值，所以，对这两种类型的故障都比较敏感；偏度、峭度等对冲击类故障比较敏感。表征轴承状态的参数很多，可以分为时域参数和频域参数两种，下面介绍轴承故障诊断中用到的两种类型的特征参数及分析诊断方法。

1）时域故障特征

基于振动信号分析的轴承故障诊断开始阶段，时域参数指标诊断方法占有重要地位。时域参数指标诊断方法的优点是计算简单方便，速度快，用少数指标就能表征轴承的状态，结果直观。轴承诊断中常用的时域特征参数分为有量故障特征和无量纲故障特征，具体的参数介绍如下。

在轴承故障诊断中，有量纲特征指标一般与轴承故障的严重程度密切相关，可以直接用于分析故障情况，轴承的故障越严重，有量纲参数的值就会越大，但是有量纲特征参数诊断轴承故障时受载荷、转速等运转环境的影响比较大。

常用的有量纲特征指标主要包括峰值、有效值、方根幅值、绝对平均值等。

各项有量纲指标的计算方式已在 2.2.2~2.2.4 中提及，此处不再赘述。

当时域指标诊断轴承出现故障时，其抗干扰性较差，容易产生误判等问题，如均方根值可以反映轴承总体的劣化状况，但是当传感器采集的信号中含有噪声时，则会影响诊断结果；峰值、偏度和峭度等对冲击很敏感，但是当有其他冲击干扰时，也会影响它们的诊断结果；同时时域参数只对发展初期的故障敏感，当故障逐渐稳定时，时域指标会逐渐趋于平稳，甚至与正常轴承的值相同，从而失去故障诊断能力。通常，为了提高轴承故障诊断结果的可信度，必须对轴承的原始采集信号进行滤波等预处理，并同时计算几个参数，利用多参数综合诊断降低干扰信号的随机性，提高诊断的准确度。

2）频率故障特征

频域参数反映的是信号频率特征的一些指标，下面介绍几个频域指标。

（1）频率重心：

$$\mathrm{FC}=\frac{\sum_{i=1}^{n}(f_i\cdot S(f_i))}{\sum_{i=0}^{n}S(f_i)} \tag{3-20}$$

（2）均方频率：

$$\mathrm{MSF}=\frac{\sum_{i=1}^{n}(f_i^2\cdot S(f_i))}{\sum_{i=0}^{n}S(f_i)} \tag{3-21}$$

（3）均方根频率：

$$\mathrm{RMSF}=\sqrt{\mathrm{MSF}} \tag{3-22}$$

（4）频率方差：

$$\mathrm{VF}=\frac{\sum_{i=1}^{n}(f-\mathrm{FC})^2\cdot S(f_i)}{\sum_{i=0}^{n}S(f_i)} \tag{3-23}$$

（5）频率标准差：

$$\mathrm{RVF}=\sqrt{\mathrm{VF}} \tag{3-24}$$

在轴承故障诊断中，频域指标用得比较少，但是频谱分析应用很广。因为轴承发生故障时，其振动信号的频谱图或功率谱中会出现很明显的特征，不用计算频率特征指标就可以通过经验观察出轴承是否发生故障。故障特征频率也是轴承故障的明显特征。当轴承的旋转速度是定值时,轴承的故障特征频率是一个定值。故障特征频率对早期故障很敏感且准确,所以,通常用故障特征频率诊断轴承故障而不采用频率参数,且频率参数与轴承故障之间的内在关联研究甚少,而时域特征参数对故障的早期阶段研究较多。

3）振幅概率密度分析法

概率密度分布对正常和有疲劳剥落的轴承可进行定性区分(正常、异常):定量化可用概率密度分布的幅度表示,即概率密度分布的峭度 R_4(是概率密度分布陡峭程度的度量),把异常的程度数量化,然后根据 R_4 的大小判断轴承异常情况。

$$R_4 = \frac{\int_{-\infty}^{+\infty} x^4 p(x)\,\mathrm{d}x}{\sigma_x^4} \tag{3-25}$$

式中,x 为瞬时幅值;$p(x)$ 为概率密度函数;σ_x 为标准偏差。

一般来讲,对于正常轴承,R_4 为 3;当剥落发生时,R_4 将变大。R_4 与峰值指标类似,因其与轴承转速、尺寸、负荷等条件无关,因此,使用起来对轴承好坏的判定非常简单。其缺点是,对轴承表面皴裂、磨损等异常情况不敏感,主要适用于轴承表面有伤痕的情况。

4）波形因数诊断法

当波形因数过大时,表明滚动轴承可能有点蚀;当波形因数过小时,则有可能发生了磨损。

$$\text{波形因数} = \text{峰值与均值之比(脉冲指标)} = \frac{X_p}{\overline{X}}$$

5）概率密度诊断法

可以根据不同状态下轴承的振动信号的概率密度统计特性不同来判断是否出现故障。对于无故障轴承,概率密度呈现典型正态分布曲线;对于有故障轴承,概率密度曲线可能出现偏斜或分散。

6）冲击脉冲法

轴承发生故障时产生的冲击强度与加速度传感器采集的振动信号的振幅成正比,因此,可以利用振动信号的振幅诊断轴承故障。将所测的信号能量值与基准值相减,轴承劣化程度一般与此差值成正比,从而可以根据差值的大小诊断轴承的故障。

3.3.2 现场振动监测及分析诊断的一般步骤

在各种轴承故障监测方法中,振动监测技术是目前最常用的一种方法。如果轴承元件的表面有缺陷,在运转过程中缺陷与其他元件表面接触时会产生周期性的脉冲信号,振动监测技术就是在轴承座上安装振动加速度传感器来采集轴承的原始信号,通过对振动信号的分析,提取出这种周期性信号,诊断轴承是否发生故障,实现对滚动轴承运行状态的监测与诊断。振动信号对绝大部分轴承故障都很敏感,故障会引发轴承振动增加或者改变振动特征。将传感器安装在轴承座上,是因为轴承座离轴承越近,采集的信号越能真实准确地反映滚动轴承的振动状态。

轴承振动产生机理如图 3-11 所示,轴承的工作环境会影响振动监测故障诊断的精确度,轴承运转时其他设备的振动也会传到轴承座,引起传感器的振动。为了提高故障识别的精确度,有必要滤除轴承原始采集信号中由其他设备引发的振动,即背景噪声。具体方法是在距离轴承座较远的位置再安装一个振动传感器,用于采集背景信号,从原始信号中滤掉背景信号,就能得到接近轴承运转状态的信号。

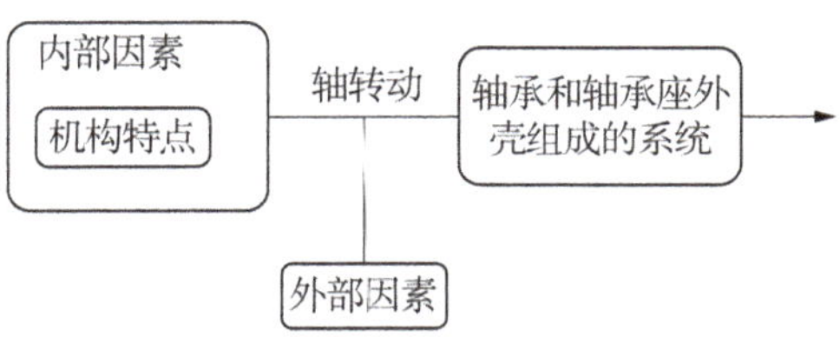

图 3-11 轴承振动产生机理

振动监测技术可以发现早期轴承故障,信号采集与处理技术非常成熟,因此故障诊断结果可信度高、适用面广,但是不能发现轴承内部的微小裂纹。

对比其他种类滚动轴承故障诊断技术,可以看出,温度监测技术在我国使用最早,监测轴承温度在一定程度上能防止燃轴事故发生。但红外线轴温探测系统需要复杂的网络系统,增加了系统的不可靠度,而且温度对大部分轴承故障并不敏感。当轴温超限报警时,轴承通常已经发生了比较严重的损伤。虽然声学检测技术的检测时间短,灵敏度很高,但是信号分析难度大。油膜电阻监测技术应用面窄,很难应用于轴承实时监测与智能故障诊断中。振动监测技术简单实用，测试设备成本较低，对绝大部分轴承故障都很敏感，是目前轴承故障诊断方法研究的重点，是以后轴承故障研究发展的主要趋势之一。

现场振动监测及分析诊断的一般步骤分为问诊、监测、诊断、措施。

（1）问诊：充分收集有关机器的工作原理、结构参数、操作性能、故障历史及检查维修情况。

（2）监测：测取起重机械在运行过程中的振动信号。

（3）诊断：根据测得的信号进行分析，结合振动特征、故障机理及历史运行情况，对机器状态进行识别、分析故障原因、部位及发展趋势。

（4）措施：提出诊断结论及操作、维修建议。

首先，对故障信号进行幅域分析，依据国家相关标准判断是否存在故障，此为简易诊断；其次，对垂直方向和水平方向的振动信号进行频域分析，包括高频段分析观察自由能量的变化、低频段分析寻找故障频率及其谐波，以及通过共振解调分析在低频段定位故障频率及其谐波；最后，通过时域分析判断是否存在冲击、摩擦、偏载等情况。

3.4 滚动轴承故障诊断案例

3.4.1 案例 1 分析

本案例所用故障数据来自于南沙三期岸桥的起升机构电机驱动端处滚动轴承信号，涵盖滚动轴承故障期间的早期故障阶段、中期磨损阶段以及寿命后期阶段。图 3－12 展示了起升单元齿轮箱的振动传感器布置示意图。

图 3－12 起升单元齿轮箱传感器布置示意图

图 3-12 中,起升单元齿轮箱共布置 7 个传感器,上述传感器均为加速度传感器,采集加速度信号。传感器通道及对应的监测位置见表 3-2。

表 3-2 起升单元齿轮箱传感器对应位置

机构名称	监测位置	监测范围	监测点数	监控点序号
起升单元	电机	振动	2	1, 2
	齿轮箱	振动	4	3, 4, 5, 6
	卷筒	振动	1	7

起升单元电机驱动端的轴承型号为 6230C3,根据前文给出的轴承外圈的故障特征系数计算公式即可计算出轴承外圈的特征故障系数为 4.668。用这个系数与所在轴的转动频率相乘即可得到故障特征频率。由于现场岸桥常处于时变工况,本案例分析的三条信号采集自不同输入转速。早期故障阶段,中期磨损阶段及寿命后期,所在轴的转速分别为 921 r/min、1 200 r/min 与 906 r/min。由此可以计算出故障该轴承外圈故障频率为:71.65 Hz、93.36 Hz、70.49 Hz。

1) 轴承初期磨损阶段

通过 Python 对数据进行处理,得到轴承故障数据的时域图和频域图,结果如图 3-13 所示。

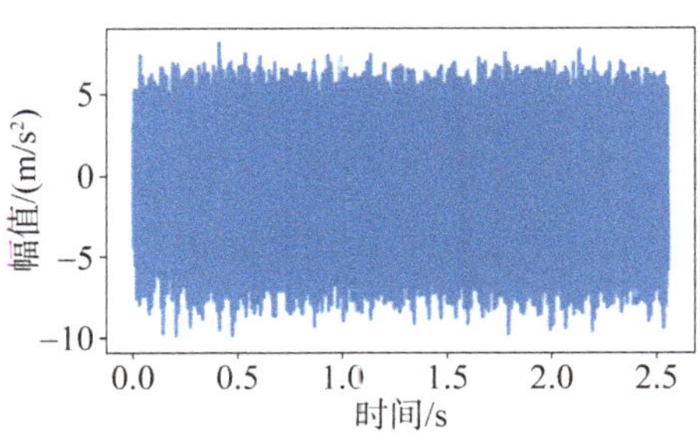

(a) 时域图

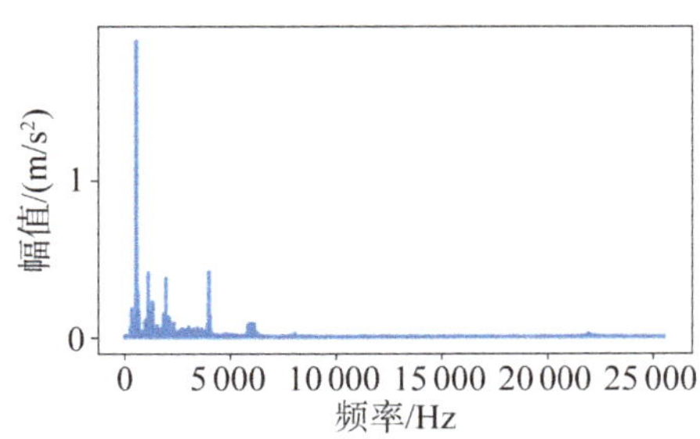

(b) 频域图

图 3-13 轴承初中期磨损时域及频域图

滚动轴承外圈故障频率为 71.65 Hz,因此截取频谱中 0~500 Hz 处的图像进行进一步观察分析,如图 3-14 所示。

从图 3-14 中可以看出在 0~500 Hz 频率范围内,无法观测到滚动轴承外圈故障频率,仅在 300~400 Hz 频率范围内能观测到几处幅值较为明显频率,其中

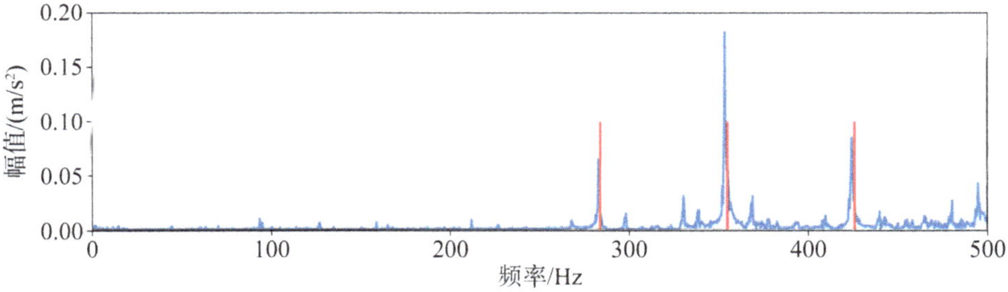

图 3-14 0~500 Hz 范围频谱

红线处频率由左往右依次为理论外圈故障频率的四倍频、五倍频以及六倍频，据此可以初步判断滚动轴承外圈存在故障。但由于未直接观察到滚动轴承外圈故障频率 71.65 Hz，因此需要对数据进行进一步的处理，采用包络谱方法对此数据进行进一步的分析，得到图 3-15 所示的包络谱。

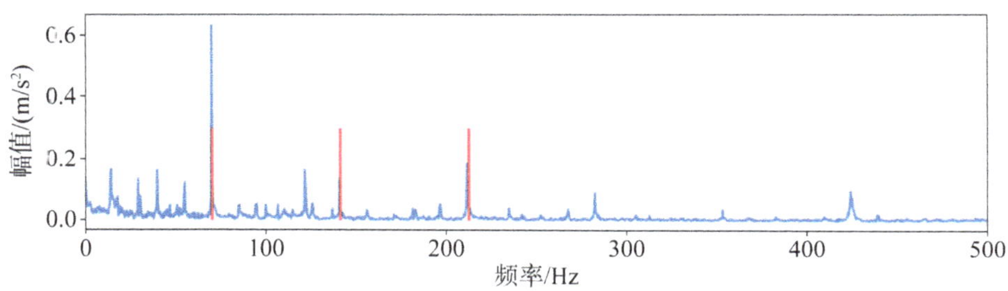

图 3-15 轴承初中期磨损阶段包络谱

如图 3-15 所示，红线处为理论外圈故障频率的一倍频、二倍频以及三倍频，从图中可以看出红线与振动信号包络谱中相应的故障频率吻合程度较好，因此初步认为电机 1 驱动端处的滚动轴承存在初期磨损。后续对设备进行听诊，在运行过程中，听到电机 1 驱动端存在明显的杂音，轴承运行声音嘈杂，类似“轰隆轰隆”声。对电机 2 驱动端，齿轮箱输入端，电机 1 自由端皆进行了听诊，均未发现明显杂音，故进一步确认，电机 1 驱动端存在故障。

2）轴承中后期磨损阶段

该滚动轴承进一步通过进行处理，得到轴承故障数据的时域图和频域图，结果如图 3-16 所示。

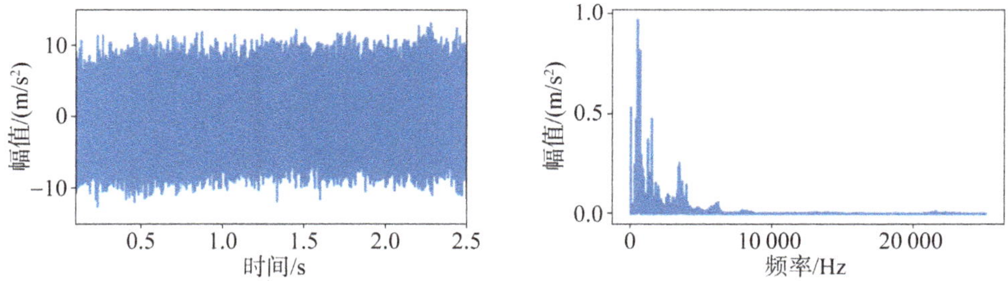

（a）时域图 （b）频域图

图 3－16 轴承中后期磨损时域及频域图

为了进一步更好的分析，对时域图进行局部放大，取频域图 0～500 Hz 范围的图形进行观察，得到图 3－17。从图 3－17(a)可知冲击幅值约为 12 g，时域处从左至右红线处所在时间分别为 1.297 s 和 1.307 7 s，由此可得到其冲击周期为 0.010 7 s，冲击频率为 93.457 9 Hz，该频率为 1 200 r/min 下的电机 1 滚动轴承外圈故障频率。

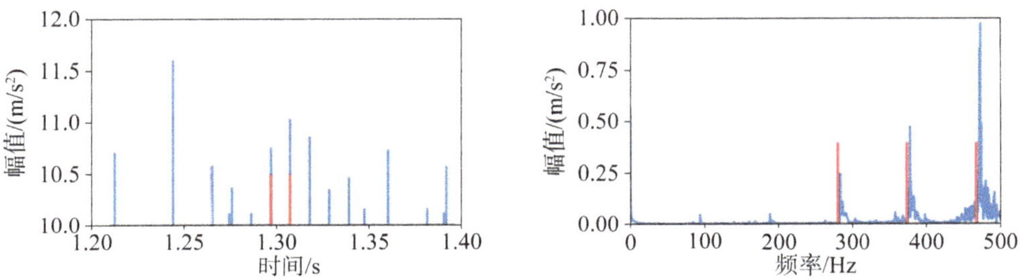

（a）时域图 （b）频域图

图 3－17 局部时域图及频域图

图 3－17(b)中从左至右红线处所在频率分别为理论故障频率的三倍频、四倍频以及五倍频等处的频率。一步进行包络谱分析，结果如图 3－18 所示。

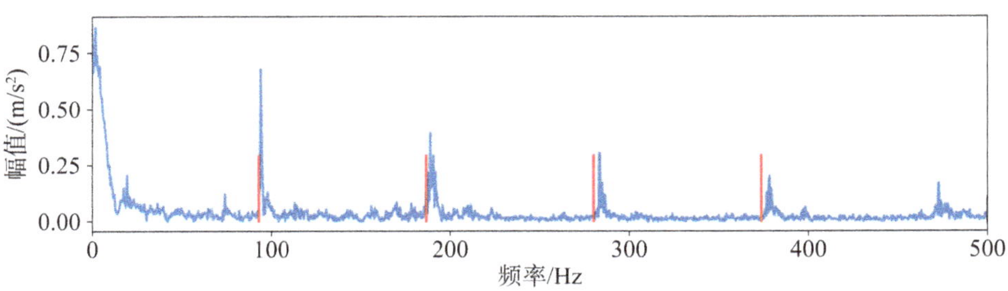

图 3－18 轴承中后期磨损包络谱

从包络谱中可以看出在 0～500 Hz 范围内可以清楚地观察到此时电机轴承故障特征频率 93.457 9 Hz 及其二倍频三倍频等。相比于图 3－17，图 3－18 展示的故障频率谐波数明显增多，这展示了轴承故障程度变化特征。

综合以上数据总结分析，主要存在 93.457 9 Hz 的频率及其谐波，该频率为现电机转速下的轴承故障频率（转速存在少许误差），且该频率不但在包络谱上表现明显，在频谱图上也表现得十分明显，因此，分析判断，电机轴承已经到了中后期故障。此时，滚动轴承有一定的间隙产生，从而导致异响加剧。

3）轴承寿命后期阶段

通过 Python 对数据进行处理，绘制出轴承故障数据的时域图和频域图，其结果显示如图 3－19 所示。

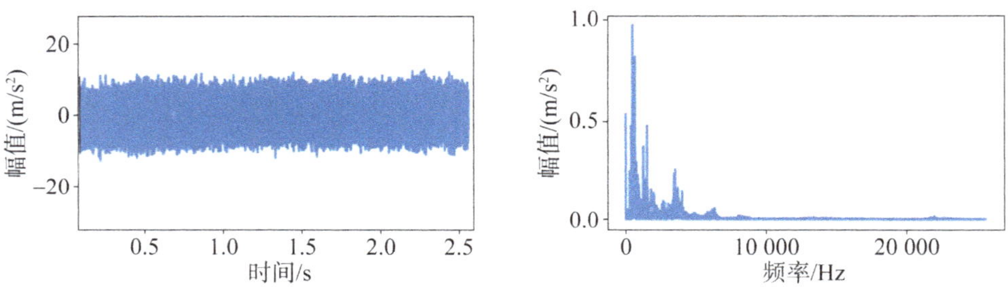

（a）时域图　　（b）频域图

图 3－19　轴承寿命后期阶段时域及频域图

由于此时滚动轴承外圈故障频率为 70.49 Hz，因此截取频谱中 0～1 000 Hz 处的图像进行观察分析，如图 3－20 所示。

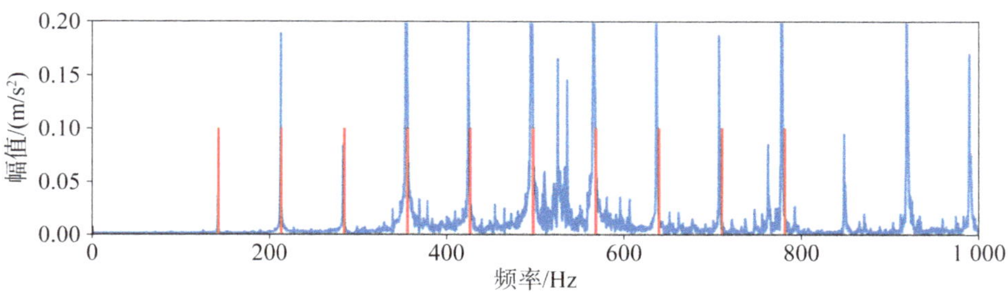

图 3－20　0～1 000 Hz 频谱

图 3－20 中红线所在位置由左至右依次为轴承外圈理论故障频率的二倍频三倍频等，图中可以看出特征故障频率 70.49 Hz 所在位置的幅值过小，无法观

察到，但其二倍频、三倍频等频率幅值清晰可见。继续对数据进行包络谱分析，结果显示 0~500 Hz 频率范围，分析结果图 3－21 所示。

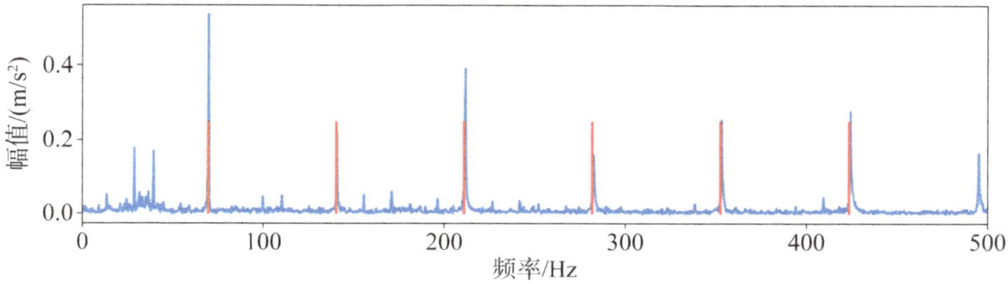

图 3－21 轴承寿命后期阶段包络谱

图 3－21 中红线所在位置由左至右依次为轴承外圈理论故障频率的一倍频、二倍频、三倍频等，实际轴承故障频率与轴承外圈理论故障频率高度一致。相比于图 3－20，图 3－21 的故障频率及其倍频谱线更为清晰，且谐波的幅值均较高，因此可以认为滚动轴承外圈发生故障，随后工人进行了拆箱，图 3－22 展示了轴承拆箱后验看的实物图。

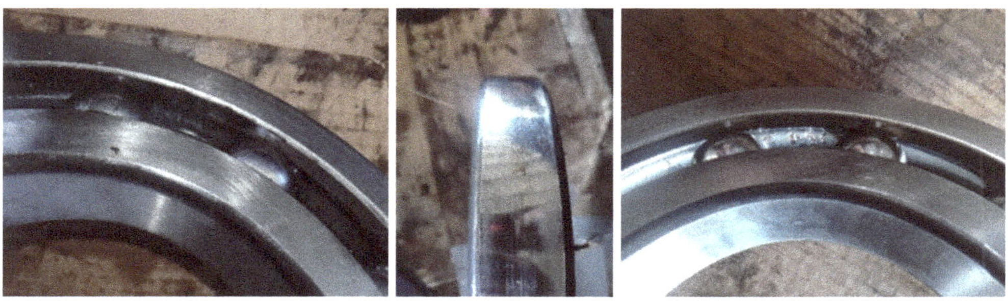

(a) 轴承外圈坑蚀 1　　(b) 轴承外圈烧结及磨痕　　(c) 轴承外圈坑蚀 2

图 3－22 轴承外圈故障实物图

如图 3－22 所示，滚动轴承外圈点蚀清晰可见，这与诊断分析结果一致。

4）维修后数据分析

在拆箱结束后，工人滚动轴承进行了更换。随后对维修后的数据进行分析，维修后的时域图如图 3－23 所示。

从图 3－23 可以看出，维修后的轴承运行过程中稳定，且没有冲击。其振动幅值大致从 12 g 降为 1 g。此外对维修前后的数据计算其 RMS（均方根值），发现轴承寿命后期阶段振动数据（维修前）RMS 为 2.146 6，维修后仅为 0.278 6，RMS 值大幅下降表明轴承维修后，振动大幅度降低，轴承的运行状态得到改善，

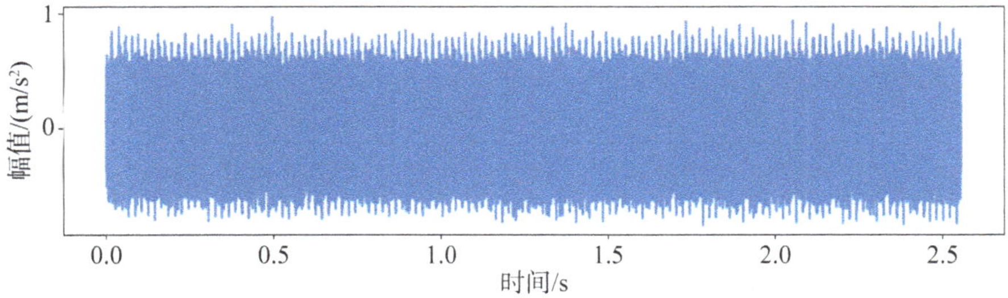

图 3-23　维修后时域图

由此可以认为维修后轴承故障消失。

3.4.2　案例 2 分析

本案例所用的数据采集自南沙三期港口岸桥电机驱动端处的滚动轴承。图 3-24 展示了振动传感器的安装位置。

图 3-24　岸桥电机驱动端轴承振动传感器布置示意图

由图 3-24 可知，不同于案例 1，本案例共有 6 个测点。表 3-3 进一步给出了测点对应的位置。

表 3-3　传感器对应位置

机构名称	监测位置	监测范围	监测点数	监控点序号
起升单元	电机	振动	2	1，4
	齿轮箱	振动	4	2，3，5，6

经过巡检现场反馈，该岸桥起升机组存在轻微异响。随着后续几年作业，异响声音逐渐增大，发出较为刺耳的声音，但无法判断为何处发出声音。

类似于前文，以 51 200 Hz 采集电机驱动端振动信号，采样时长为 2. 5 s。通过对电机数据进行小波变换分析，得到图 3－25。从图中可知电机转速在逐渐减小，由此可知此时电机运转状态为变转速转动。

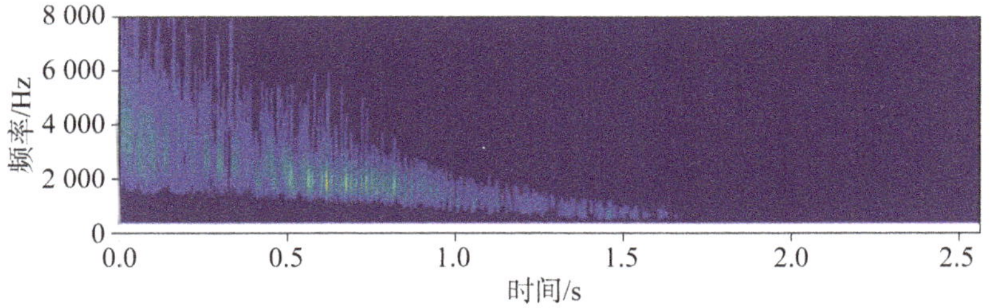

图 3－25 岸桥电机变转速信号时频谱

由图 3－25 可知，该信号处于变转速，不便分析。进一步地，采集转速较为平稳的信号进行分析，该信号的进行小波变换分析得到图 3－26。从图 3－26 可知此时电机转速已经趋于平稳，此时电机处于匀速转动状态。在后续分析中都只采用匀速阶段的故障数据进行分析。

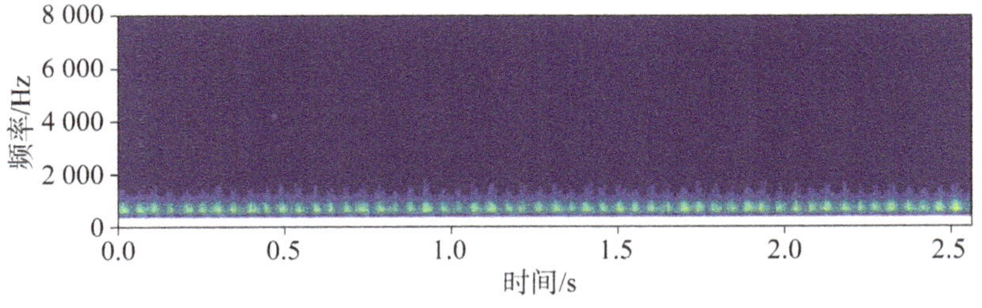

图 3－26 岸桥电机定速信号时频谱

图 3－26 展示了小波变换时频谱可以用来确定信号是否处于变转速状态。表 3－4 展示了该电机转速及轴承特征频率，电机轴承型号为 6226C3。

表 3－4 电机中速运行状态及特征参数

参数	数值	参数	数值
电机转速	328 r/min	负载	0
驱动端轴承内圈特征频率	28. 92 Hz	驱动端轴承外圈特征频率	20. 82 Hz
驱动端滚动体特征频率	30. 01 Hz	驱动端保持架特征频率	2. 24 Hz
自由端轴承内圈特征频率	32. 36 Hz	自由端轴承外圈特征频率	22. 3 Hz
自由端滚动体特征频率	28. 65 Hz	自由端保持架特征频率	2. 24 Hz

图 3－27 展示了该信号的时域图、频域图以及包络谱。

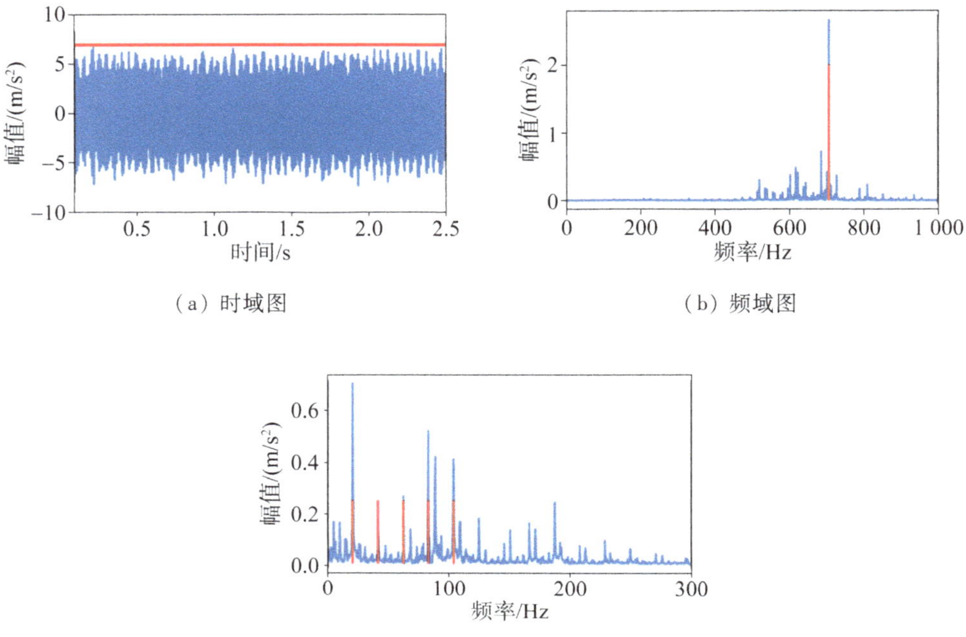

（a）时域图 （b）频域图 （c）包络谱

图 3－27　中速时域图、频谱以及包络谱

图 3－27(a)中红线处所造位置幅值为 7 g，这对于低速设备来讲，数值已经较大。图 3－27(b)、(c)中能找到明显的转频(5.16 Hz)以及驱动端外圈故障频率(20.82 Hz)。在图 3－27(b)中可以观察到存在较高幅值的 707.74 Hz 频率(红线所在位置为 707.74 Hz)，且存在两组边频，一组边频为 5 Hz，该频率为电机转速转频(考虑分辨率)；一组边频为 21.25 Hz，该频率为电机轴承外圈故障频率。图 3－27(c)中，红线处从左至右频率依次为电机驱动端轴承外圈理论特征频率的一倍频、二倍频等，可以明显观察到电机驱动端轴承外圈实际故障频率 20.82 Hz，且其已经形成了大量的谐波频率。综合以上总结分析，该电机驱动端轴承已出现外圈故障。

该滚动轴承持续运行一段时间，工人进行了拆箱，结果如图 3－28 所示。图 3－28 展示了轴承外圈出现烧结痕迹。

图 3-28　轴承外圈烧结痕迹

3.4.3　案例 3 分析

案例所用的数据采集自南沙三期某港口岸桥电机驱动端处的滚动轴承。图 3-29 展示了振动传感器的安装位置。

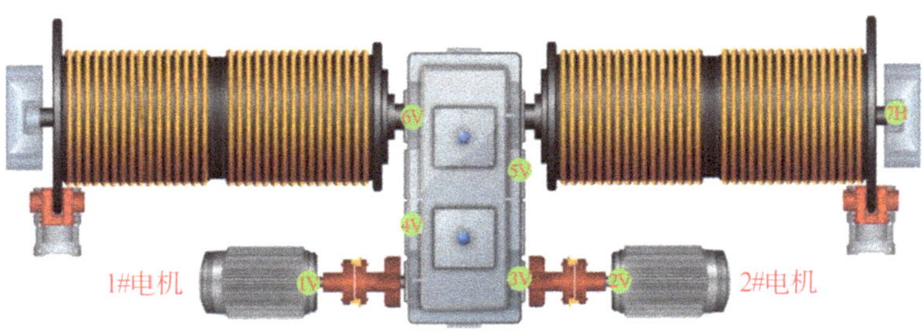

图 3-29　岸桥电机驱动端轴承振动传感器布置示意图

起升单元电机驱动端的轴承型号为 6230C3，与案例 1 中的轴承型号一致，可知轴承外圈的特征故障系数为 4.668。用这个系数与所在轴的转动频率相乘即可得到故障特征频率。所在轴转速为 1 100 r/min，由此可以计算出故障该轴承外圈理论故障频率为 85.58 Hz。

通过 Python 对数据进行处理，得到轴承故障数据的时域图、频域图和包络谱图，结果如图 3-30 所示。

从图 3-30(a)可以看出，该段数据较为平稳，其冲击幅值较小，在正常范围内，无法从时域波形直接判断是否存在故障。图 3-30(b)中红线处所在位置从

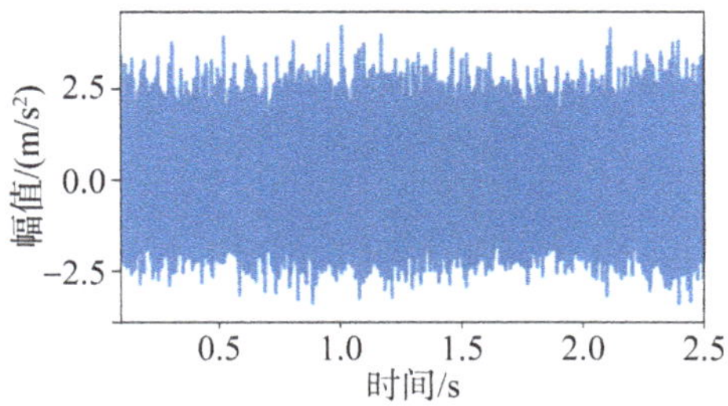

（a）时域图

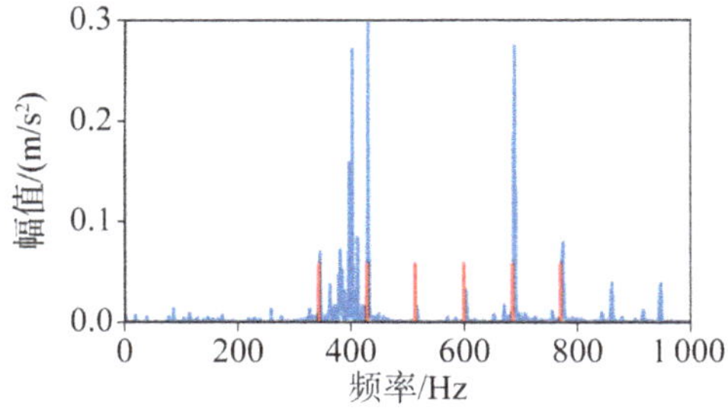

（b）频域图

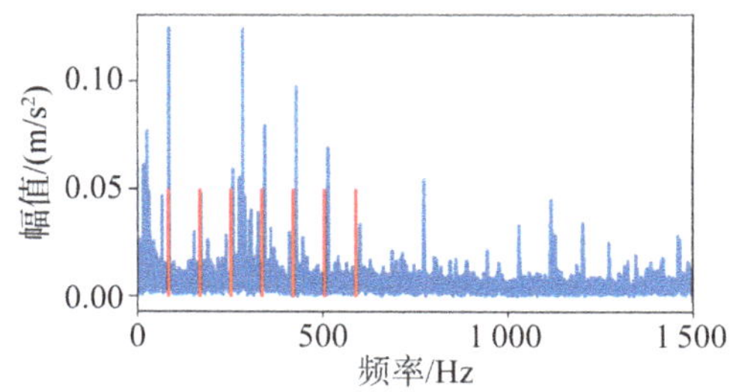

（c）包络谱

图 3 - 30　QC13 包络谱及频谱

左到右依次为轴承外圈理论故障频率的四倍频、五倍频以及六倍频等，可以看到其存在大量 84.45 Hz 左右的谐波。图 3 - 30（c）中红线所在位置从左到右依次为轴承外圈理论故障频率以及其二倍频等，从包络谱可以看到实际故障频率较为清晰且存在较多谐波，但是中间夹杂着其他频率，暂时无法分析是何种频率。

该滚动轴承持续运行一段时间，工人进行了拆箱，结果如图 3 - 31 所示。图 3 - 31 展示了轴承外圈出现较小凹坑，基本可以说明分析结果是符合实际的。

图 3 - 31　轴承外圈存在较小凹坑

4 齿轮故障诊断

港口机械传动部件的运行状态直接影响整机的功能。齿轮传动是港口机械设备中最常见的传动方式，港口机械对齿轮传动的要求日益提高。齿轮在高速、重载、特殊介质等恶劣环境条件下工作，又要求其具有高平稳性、高可靠性和结构紧凑等良好的工作性能，由此引发齿轮故障的因素越来越多，而齿轮异常又是引发机器故障的重要因素。据有关数据统计，齿轮在齿轮箱各零部件的故障中比例高达 60% 以上。在实际港口运行过程中，齿轮运行状态的振动监测和故障诊断对于降低设备维修费用、防止突发性事故具有重要的实际意义。因此，对齿轮运行状态进行监测和故障诊断具有十分重要的意义。

4.1 齿轮异常的基本形式及产生原因

4.1.1 港口机械齿轮

港口机械中的齿轮类型一般分为平行轴传动和行星传动两种。

1）平行轴传动

平行轴传动是指两个或多个齿轮在相互平行的轴上啮合，通过齿轮之间的相互作用传递动力和运动。在港口机械中，这种传动方式非常常见，且一般情况下使用斜齿轮传动，特别是在需要稳定、大功率传动的场合，如图 4-1 所示。例如在集装箱起重机、堆高机等装卸货物设备上，固定式齿轮和移动式齿轮通常采用平行轴传动方式。这些齿轮主要用于将集装箱或散货从货车或轮船上卸下来，并传递到运输设备上。

图 4-1　齿轮箱斜齿轮传动

平行轴传动多使用斜齿轮传动的原因在于斜齿轮有以下几点优势。

(1) 承载能力强：斜齿轮的齿形设计使得其能够承载更大的直齿力，因此适用于大功率传动。

(2) 传动平稳：斜齿轮的啮合过程比直齿轮更加平稳，能够减少冲击噪声和振动，这对于需要高速运动的港口机械来说是非常重要的。

(3) 使用寿命长：由于斜齿轮的啮合方式更加合理，因此其使用寿命通常比直齿轮更长。

2) 行星传动

行星传动是一种常见的传动方式，其原理主要是利用行星齿轮的组合来实现不同速比的传动。行星传动结构紧凑、承载能力强、传动平稳，因此在港口机械中也得到了广泛的应用。

行星传动由太阳轮、行星轮、行星架和内齿圈组成。当太阳轮或内齿圈其中之一固定不动时，行星轮就会绕着太阳轮或内齿圈旋转，实现传动效果。由于行星传动中的行星轮数量可以根据实际需要进行设计，因此可以实现不同的速比，从而满足不同的工作需求。

在一些需要实现不同速比传动的港口机械设备上，如港口转运车、港口吊机等，行星传动得到了广泛的应用，图 4-2 为港口机械上变速箱内部的行星传动齿轮。

图 4-2 变速箱内部的行星齿轮

4.1.2 齿轮故障的常见形式

齿轮异常是诱发机械故障的重要因素。齿轮由于结构型式、材料与热处理、操作运行环境与条件等因素不同,发生故障的形式也不同,常见的齿轮故障有以下几类。

1）齿面磨损

润滑油不足或油质不清洁会造成齿面磨粒磨损,使齿廓显著改变,侧隙加大,进而使得齿轮过度减薄,导致断齿。图 4-3 展示了典型齿轮磨损的实物图。在一般情况下,只有在润滑油中夹杂尺寸为 30 μm 的磨粒时,才会在运行中引起齿面磨粒磨损。并非所有的磨损都定义为损伤,对于大型开式齿轮,齿轮运行初期发生的正常磨损有利于改善设备运行状态和润滑条件。

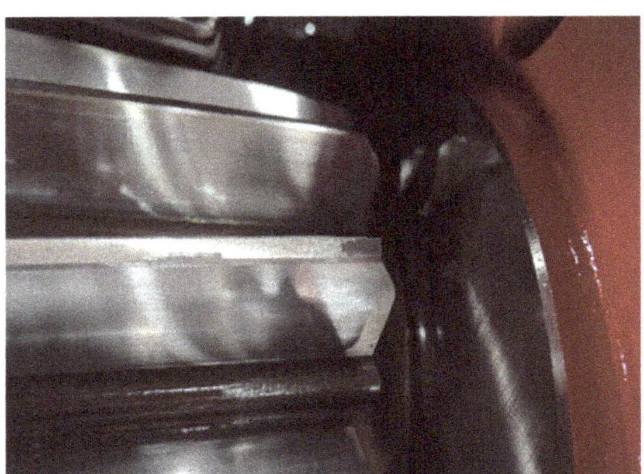

图 4-3 齿轮磨损

齿面磨损可以分为正常磨损、磨料磨损、过度磨损、干涉磨损、中等擦伤、严重擦伤。

（1）正常磨损。正常磨损是指齿轮工作初期，磨损速度缓慢的、不可避免的齿面磨损。这种磨损发生在齿轮运转的早期阶段，粗糙的开式齿轮表面的机加工痕迹逐渐消失，齿面呈光亮状态，也称为跑合磨损。磨光和中等磨损都属于正常磨损类型，其特点是磨损速度慢，磨损后的表面光亮，没有宏观擦痕。在齿轮的使用寿命内，正常磨损对啮合性能没有不良影响。

（2）磨料磨损。磨料磨损是指混在润滑剂中的坚硬颗粒（如砂粒、锈蚀物、金属杂质等），在齿面啮合时的相对运动中，使齿面材料发生遗失或错位。齿面上嵌入坚硬的颗粒，也会造成磨料磨损。

（3）过度磨损。过度磨损是指由于长期使用性能欠佳的润滑剂，抗磨损性能差，摩擦系数过高，过大的滑动摩擦力使轮齿表面快速磨损，从而使齿轮副达不到设计寿命。

（4）干涉磨损。干涉磨损是指轮齿齿顶或与其啮合轮齿齿根的磨损。干涉磨损是由齿顶或另一齿轮齿根的材料过多引起的，其结果是刮去和磨去两齿轮的齿根和齿顶的材料，导致在齿根部挖出沟槽，齿顶部滚圆。

（5）中等擦伤。中等擦伤是指在齿面滑动方向上形成间隔不均匀、长短不一且常常是散布在齿面上的细微沟槽。

（6）严重擦伤。严重擦伤属于磨料磨损的一种形式，其特点为在轮齿滑动方向有直线型沟槽，这些沟槽光滑，类似于“起脊”产生的沟槽，但它是由啮合齿面本身凹凸不平或其间嵌入的坚硬微粒划伤所致。

（7）腐蚀。

① 化学腐蚀。化学腐蚀是由化学浸蚀引起的齿面剥蚀，一般迹象是在整个齿面布满微小凹痕和晶界被氧化，在齿面有效部分有时可看到红棕色锈迹。

② 微动腐蚀。微动腐蚀是由一个接触面相对于另一个接触面的反复微小运动而引起的齿面损伤。这种微小运动的结果导致产生细微的红棕色氧化微粒。这些微粒滞留在接触区域内，它们的磨损作用加速了齿面的损坏过程。非运转状态的齿轮装置如果受到结构振动的影响，如齿轮装置在运输过程中受到振动，齿轮可能出现微动腐蚀。

③ 鳞蚀。鳞蚀是由于热处理过程中的氧化作用，在齿面上产生一些不规则凸起面。齿轮在载荷下运转，最初是由齿面上这些凸起部分传递动力，很快凸起面就呈现出金属光泽。

（8）侵蚀。

① 气蚀。齿轮所有齿面呈现出均匀分布的局部凹痕，即轮齿的整个齿面好像喷砂处理过一样。当有高频振动，或润滑剂混有水、空气或其他气体时，就会出现气蚀这种损伤。

② 冲蚀。冲蚀是由于喷射液体，或含空气或细小微粒的液体的作用，而在齿面产生的一种侵蚀。

③ 电蚀。电蚀是由于齿轮啮合齿面间放射出的电弧或电火花的作用而在齿轮面上形成的许多边缘光滑的小弧坑。齿面有时出现较大面积灼伤，其边缘呈现出回火色。

④ 过热。通常，由于不适当的润滑或过小的齿轮副侧隙，会使齿轮温度过高。在后一种情况下，轮齿工作面和非工作面都有承受过重载的痕迹，齿面出现回火色，也可常看到胶合区和塑性变形。

2）胶合

对于重载和高速齿轮的传动，齿面工作区温度很高，一旦润滑条件不良，齿面间的油膜便会破裂消失，一个齿面的金属会熔焊在与之啮合的另一个齿面上，在齿面上形成划痕状胶合。新齿轮未经磨合便投入使用时，常在某一局部产生这种现象，使齿轮擦伤。图 4-4 展示了齿轮胶合故障的实物图和示意图。

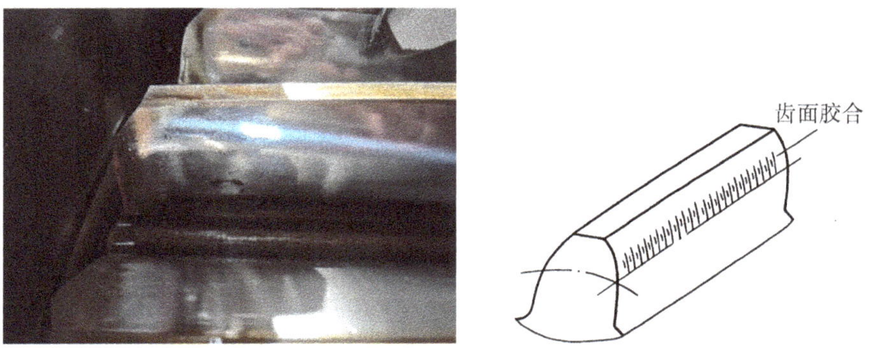

图 4-4　齿轮胶合

3）永久变形

（1）塑性变形。塑性变形是指卸去施加的载荷后不能恢复的变形。在重载作用下，齿面因材料屈服而发生塑性流动，造成齿面塑性变形。

① 滚压塑变。这种变形的特征是主动齿轮面上节圆柱面附近的材料向齿根和齿顶流动，在齿根和齿顶常看到飞边，而从动齿轮齿面上相应材料向节圆

柱面附近流动，因此，在主动齿轮面上产生沟槽，相应在从动齿轮齿面上起脊。

② 齿轮锤击塑变。这种变形的特征是在齿面上易看到浅沟槽，沟槽与啸合轮齿间的接触线一致。齿面塑性变形是由于在过大的应力作用下，轮齿材料处于屈服状态而产生的齿面或齿体塑性流动所形成的，主要出现在低速重载、频繁启动和过载的场合。

(2) 起皱。起皱的特征为齿面上出现垂直于滑动方向的微小皱纹。这些小皱纹本身也是波状的，而不是直的，其形状如同风吹沙土、水冲泥浆样，只是规模非常小，通常出现在硬度较低的面上。

(3) 起脊。在齿轮齿面上由于塑性变形，有时是由于磨损而形成明显的隆起和沟槽。这种损伤形式常见于在轮齿接触方向上有一个显著的滑动分量的低速齿轮齿面上（如蜗杆传动和准双曲面齿轮传动），起脊产生于低硬度面，若接触应力较高，也会产生于高硬度面，如车辆驱动桥上用的表面硬化准双曲面齿轮。

(4) 飞边。飞边是由于伴有高摩擦的重载荷或胶合的作用，在轮齿边缘形成粗糙且常为尖锐的凸出外延部分，有时也会在制造过程中产生。

4) 疲劳失效

疲劳失效是指由于力的反复作用，在表面和次表面产生应力而导致的材料损伤，其特征为因齿面金属材料的移失而在齿面上形成一些凹坑。

(1) 点蚀。轮齿受力后，齿面接触处将产生循环变化的接触应力，在接触应力反复作用下，轮齿表层或次表层会出现不规则的细线状疲劳裂纹。疲劳裂纹扩展的结果，使齿面金属脱落而形成麻点状凹坑，称为齿面疲劳点蚀。图 4-5 展示了齿面点蚀损伤。

图 4-5 齿轮点蚀

① 初期点蚀。齿面上的小蚀坑很浅，一般起因于凹凸不平接触。通常随着点蚀的作用，凸出部分被消除后，齿面载荷便重新分布，点蚀不再进一步发生（点蚀受到抑制）。轮齿初期点蚀见于齿轮运转的初期阶段，甚至在低于额定载荷下跑合后，早期也会出现。

② 扩展性点蚀。扩展性点蚀存在于齿轮的整个寿命期间。这种点蚀以一种有加快趋势的速度连续扩展，有时会有些间断的抑制，但随后点蚀又进一步发展。

③ 微点蚀。微点蚀是在油膜相对于重载很薄的润滑条件下运转的齿轮副工作齿面的损伤。损伤面放大后可见成片的微小点蚀和微小裂纹。

（2）片蚀。片蚀的特征是齿面材料有较大面积的碎片脱落，使齿面出现形似倒三角的深度大致相同的浅坑。

（3）剥落。剥落是脱落的碎片厚于齿面硬化层，且形状不规则的类似于片蚀的损伤。剥落是一种扩展性微点蚀，当蚀坑聚结并形成覆盖齿面较大面积的不规则凹坑时，就会发生剥落。

（4）表层压碎。由于裂纹通常在表层与心部的过渡区延伸，致使大块表层材料碎片逐渐脱落，这是一种严重的剥落形式，即表层压碎。

5）裂缝和裂纹

由于一个或多个原因，诸如磨削不当、热处理不当、应力过大或材料缺陷等，齿轮上会出现裂缝和裂纹。图 4－6 展示了齿轮裂纹。

图 4－6 齿轮裂纹

（1）淬火裂纹。淬火裂纹是指齿轮在热处理过程中由过大内应力引起的裂纹。这种裂纹常在淬火过程中出现，但也可由其他原因引起。由火焰或感应淬火而局部硬化的轮齿表面比全齿轮廓硬化的轮齿表面或调质齿轮的轮齿表面更容易出现这种形式的损伤。有时淬火过程中产生的裂纹只有经过一段时间后或在磨齿加工时才逐渐显出。

（2）磨削裂纹。磨削裂纹是指在磨齿过程中或磨齿之后，显露出的具有较为规则图形样式的齿轮表面裂纹。这种裂纹短且不是很深，大致相互平行，通常垂直于磨轮轨迹，或呈龟裂图形。磨削裂纹也会伴有磨削烧伤，用硝酸乙醇液浸蚀后易发现。

(3) 疲劳裂纹。疲劳裂纹是指在明显低于材料抗拉强度的重复交变应力或循环应力作用下出现的裂纹。有时由于过载,最初产生的裂纹将会像疲劳裂纹一样缓慢扩展。

6) 轮齿折断

轮齿折断可分为过载折断、轮齿剪断、塑性变形后折断和疲劳折断。直齿轮轮齿的折断一般是全齿折断,而斜齿轮和锥齿轮轮齿的折断通常是局部折断。图 4-7 展示了轮齿折断。

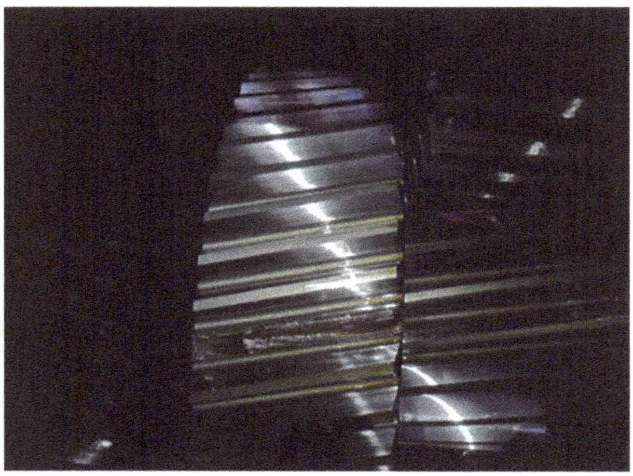

图 4-7 轮齿折断

(1) 过载折断。过载折断通常只在一次或很少几次严重过载时发生。有时由于过载产生的初始裂纹会像疲劳裂纹那样缓慢发展后而折断,这种初始裂纹区域在裂纹发展中通常还有微动腐蚀的迹象。过载断口面有 3 种类型:脆性断裂、韧性断裂、半脆性断裂。

① 脆性断裂。脆性断裂是指沿解理面的穿晶断裂或沿晶界的晶间开裂,其特征是没有可见的塑性变形。当发生沿解理面断裂时,断口上常可见光泽的小面。

② 韧性断裂。韧性断裂的断口面无光泽,呈纤维状,用肉眼可看到塑性变形。有时由于过载或过载和疲劳综合作用引起的裂纹,其剩余的未开裂的材料在裂纹方向可能因剪切作用而最终折断。这种断齿的剪切区通常呈球状或圆形隆起状,该剪切区沿断面最接近于非工作齿面的那一边延伸。

③ 半脆性断裂。这种断口上几乎没有塑性变形或完全没有塑性变形,可见

“人”字形图案，这种图案表明存在系列交变的脆性和或多或少的韧性断裂。通常，当齿轮齿根厚度与齿宽相比显得小时，断口面上就会出现“人”字形图案。

（2）轮齿剪断。轮齿被剪断的断口面类似于机械加工过的表面。这种形式的损伤绝大多数限于啮合齿轮副中材料强度相对较低的齿轮轮齿上，且轮齿剪断几乎都是由于一次严重过载所致。

（3）塑性变形后折断。这类断裂先从轮齿整体塑性变形开始，最后折断。通常，所有齿轮都受到损伤，原因是材料不能承受所施加的载荷。

（4）疲劳折断。

① 弯曲疲劳折断。弯曲疲劳折断是指经高循环次数载荷的作用，裂纹扩展导致的轮齿折断。断口面分为两个不同的区域——疲劳断口面和最终断口面。在疲劳区内看不到塑性变形痕迹，断口面平滑、无光泽，有时由于被抑制，呈线性分割，可显现出裂纹扩展的各连续阶段的间隔区。最终断口面形貌可与过载折断引起的一种或其他断口面相对应。

② 齿端折断。齿端折断通常是由于载荷集中在轮齿端部导致的圆柱齿轮或圆锥齿轮轮齿端部的折断。轮齿受过高交变弯曲应力重复作用，而轮齿抗弯曲强度差；轮齿根部严重应力集中、齿轮材料选用不当等也会造成轮齿疲劳折断。

基于上述分析，总结的齿轮常见失效形式见表 4－1。

表 4－1　齿轮常见失效形式

损伤形式	损伤特征	损伤结果
齿面磨损	磨损	正常磨损（磨光、中等磨损）、磨料磨损、过度磨损、干涉磨损、中等擦伤、严重擦伤
	腐蚀	化学腐蚀、微动腐蚀、鳞蚀
	侵蚀	气蚀、冲蚀、电蚀
	过热	-
胶合	-	-
永久变形	塑性变形	滚压变形、轮齿锤击塑变
	压痕、起皱、起脊、飞边	-
疲劳失效	点蚀	初期点蚀、扩展性点蚀、微点蚀
	片蚀、剥落、表层压碎	-
裂缝和裂纹	淬火裂纹、磨削裂纹、疲劳裂纹	-

续 表

损伤形式	损伤特征	损伤结果
轮齿折断	过载折断	脆性折断、韧性折断、半脆性折断
	轮齿剪断、随机折断	-
	疲劳折断	弯曲疲劳、齿端折断

4.1.3 齿轮故障的原因

产生上述齿轮故障的原因较多，但从大量故障的分析统计结果来看，主要产生原因有：制造误差、装配不良、润滑不良、超载及操作失误。

1）存在制造误差

齿轮制造误差主要有偏心、齿距偏差、齿形误差、周节误差、基节误差等。偏心是指齿轮（一般为旋转体）的几何中心和旋转中心不重合。齿距偏差是指齿轮的实际齿距与公称齿距有较大误差。齿形误差是指渐开线齿廓有误差。

2）装配不良

齿轮装配不当会造成工作状态劣化。当一对互相啮合的齿轮轴不平行时，会在齿宽方向只有一端接触，或者出现齿轮的直线性偏差等，使齿轮所承受的载荷在齿宽方向不均匀，不能平稳地传递动扭矩，这种情况称为“一端接触”，会使齿的局部承受过大的载荷，有可能造成断齿。

3）润滑不良

对于高速重载齿轮，润滑不良会导致齿面局部过热，造成色变、胶合等故障。导致润滑不良的原因是多方面的，除油路堵塞、喷油孔堵塞外，润滑油中进水、润滑油变质、油温过高等都会导致润滑不良。

4）超载

对于工作负荷不平稳的齿轮驱动装置（如矿石破碎机、采掘机等），经常会出现过载现象，容易造成轮齿过载断裂，或者长期过载导致大量轮齿根部疲劳裂纹、断裂。

5）操作失误

操作失误通常包括缺油、超载、长期超速等，这些都会造成齿轮损伤、损坏。

4.2 齿轮振动频率及频谱特点

4.2.1 齿轮的振动类型

齿轮在运行过程中产生的振动是比较复杂的，由于齿轮所受的激励不同，因此齿轮产生的振动类型也不同，大致可以分成以下几类，下面分别讨论各类型齿轮振动产生的原因及其频率范围。

齿轮啮合过程中，由于周节误差、齿形误差或者均匀磨损等都会使齿与齿之间发生撞击，撞击的频率就是啮合频率f_m，还有f_m的高次谐波 $n\times f_m$。啮合频率为转速频率与齿轮齿数的乘积：

$$f_m = f_1 z_1 = f_2 z_2 \tag{4-1}$$

式中，f_1、f_2 分别为主动齿轮轴和从动齿轮轴的转速频率(Hz)；z_1、z_2 分别为主动齿轮和从动齿轮的齿数。

齿轮在此周期撞击力的激励下产生了以啮合频率为振动频率的强迫振动，其振动频率范围一般为几百赫兹到几千赫兹。由于齿轮啮合过程中齿轮发生弹性变形，使刚刚进入啮合的齿轮发生撞击，因而产生沿着啮合线方向的脉动力，于是也会产生以啮合频率为频率的振动。对于渐开线齿轮，在节点附近为单齿啮合，而在节点两侧为双齿啮合，故其刚度是非简谐的周期函数，所产生的强迫振动与前述第一种情况不同，不仅有以啮合频率为频率的基频振动，还有啮合频率的高次谐波振动。

齿与齿之间的摩擦在一定条件下会诱发自激振动，主要与齿面加工质量及润滑条件有关。自激振动的频率接近齿轮的固有频率。齿与齿之间撞击是种瞬态激励，它使齿轮产生衰减自由振动。振动频率就是齿轮的固有频率，通常固有频率为 1 Hz~10 kHz。

齿轮、轴、轴承等元件由于不同心、不对称、材料不均匀等均会产生偏心、不平衡，其离心惯性力使齿轮轴系统产生强迫振动，振动的频率与在 100 Hz 以内转动的轴的转动频率及其谐波频率相等。由于齿面的局部损伤而产生的激励，其相应的强迫振动频率等于损伤的齿数乘以轴的转动频率。

综上所述，齿轮的振动频率基本上可归为 3 类：低频的轴的转动频率及其谐波频率；齿轮的啮合频率及其谐波频率，以及在啮合频率及其谐波两侧的一簇边频带；高频的齿轮其自身的各阶固有振动频率。齿轮的实际振动往往是上述各类振动的某种组合。

齿轮的不同状态的振动时域波形及频谱特征见表 4－2。其中，f_r 为转动频率，f_m 为啮合频率。由表 4－2 可知，不同齿轮状态的时域波形和频谱图有明显区别。

表 4－2 常见齿轮故障的振动时域波形及频谱特征

齿轮状态	时域	频域
正常	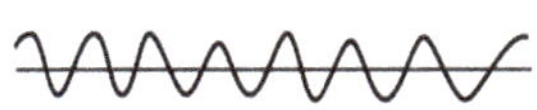	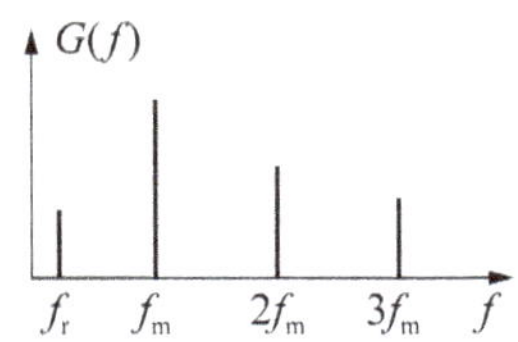
齿轮轴不同轴		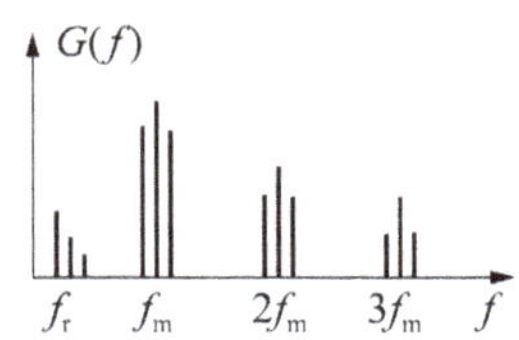
偏心		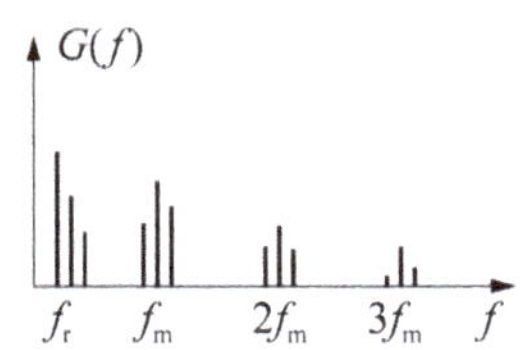
局部异常	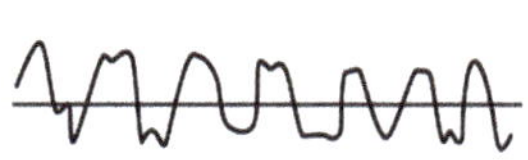	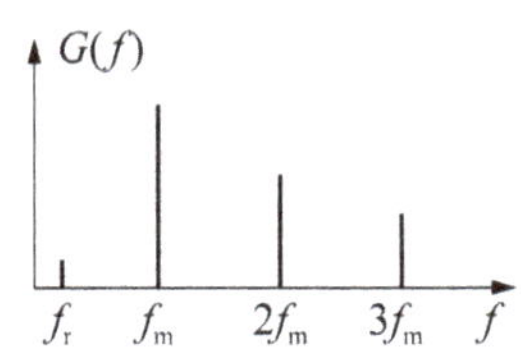
磨损	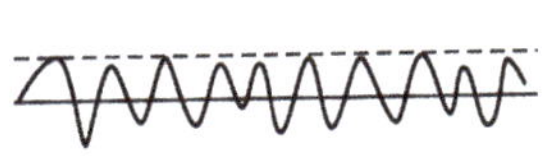	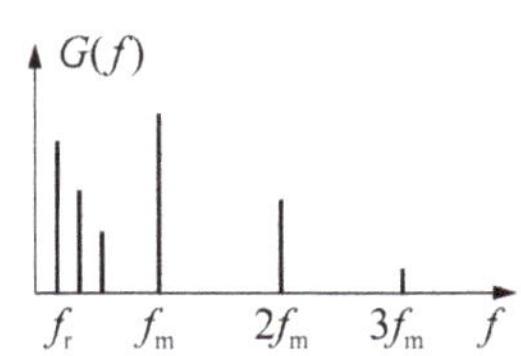

续 表

齿轮状态	时域	频域
齿距误差		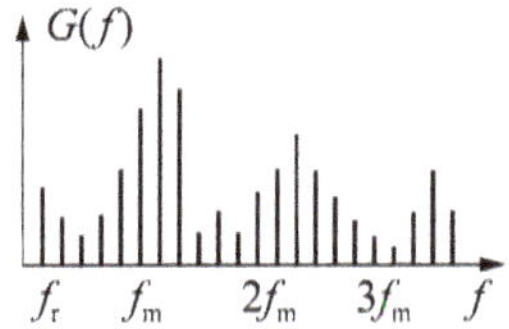

振动曲线都是经过低通滤波后得到的，它只显示出其中频率较低的转动频率和啮合频率及谐波频率，滤去了高频的自由衰减振动（固有频率）。

实际上，齿轮的自由振动经轴、轴承传到齿轮箱体时，高频冲击振动已衰减，犹如通过一个机械低通滤波器，因此，在轴承座等处测得的振动信号一般只包含转动频率与啮合及其谐波频率。

4.2.2 齿轮振动频率的计算

（1）齿轮及轴的转动频率。

$$f_r = \frac{N}{60} \tag{4-2}$$

式中，N 为齿轮及轴的转速（r/min）。

（2）齿轮的啮合频率。

① 对于定轴转动的齿轮，有

$$f_m = Z_i \frac{N_i}{60} \tag{4-3}$$

式中，Z_i 为第 i 个齿轮的齿数；N_i 为第 i 个齿轮的转速。

由式可知，一对啮合齿轮的啮合频率是相同的。

② 对于有固定齿圈的行星轮系，有

$$f_m = \frac{Z_r(N_r \pm N_o)}{60} \tag{4-4}$$

式中，Z_r 为齿轮的齿数；N_r 为该齿轮的转速（r/min）；N_o 为转臂的转速（r/min），当N_o 与N_r 转向相反时，N_o 前取正号，否则取负号。

当齿轮以啮合频率振动时，有如下4个特点：一是振动频率随齿轮的转速变化而变化；二是由于非线性的影响，往往有啮合频率的高阶谐波频率振动；三是随着转速升高，振动能量增大，噪声增强；四是当啮合频率接近或等于齿轮的固有频率时，齿轮发生共振而产生强烈的振动。

1）单个齿轮固有频率的计算及测定方法

单个齿轮的固有频率是指齿轮轴向振动的固有频率。当把齿轮近似地看作周边自由、中间固定的圆盘时，其轴向振动的固有频率可近似地用下式计算：

$$f_e = \frac{a_{NS}}{2\pi R^2}\sqrt{\frac{Et^3}{12(1-\mu^2)\rho_A}} \tag{4-5}$$

式中，R 为齿轮的分度圆半径；E 为齿轮材料的弹性模量；t 为齿轮厚度；μ 为齿轮材料的泊松比；ρ_A 为齿轮的单位面积质量；a_{NS} 为齿轮的振型常数（下标 N 为振型的径向节线数，S 为振型的节圆数）。

2）单对齿轮啮合时齿轮的固有频率

齿轮啮合时的固有频率实际是指齿轮轴系扭转振动的固有频率。振动系统由啮合齿轮和传动轴组成，齿轮轴系的扭振主要包括轴的扭振和轮齿的弹性振动。对于常见的齿轮传动，轴的刚度系数一般为（0.5 ~ 2）$\times 10^6$ kN/m^2，而齿轮轮齿的刚度系数通常为（0.5 ~ 2）$\times 10^7$ kN/m^2，两者相差一个数量级。因此，在分析轴的弹性变形引起的齿轮扭转振动时，可以认为轮齿是刚性的，而在分析由于轮齿的弹性变形产生动载荷所引起的齿轮扭振时，就不考虑传动轴及其他零件的惯性载荷，认为转矩是一个常量。

显然，与齿轮损伤信息有关的是轮齿弹性引起的振动，此时振动系统可认为由齿轮体（质量块）与轮齿（弹性体）构成，而齿的刚度周期性变化、齿面损伤及扭矩的变化等为齿轮扭振提供了激励。直齿圆柱齿轮扭振的固有频率可用下式进行近似计算：

$$f_e = \frac{1}{2\pi}\sqrt{\frac{K_e}{m_e}} \tag{4-6}$$

式中，K_e 为齿轮副的等效刚度系数。

$$\frac{1}{K} = \frac{1}{K_G} + \frac{1}{K_P} \tag{4-7}$$

式中，K_G 为大齿轮的刚度系数；K_P 为小齿轮的刚度系数。

4.2.3 齿轮故障诊断常用信号分析处理方法

以振动与噪声为故障信息载体来进行齿轮的精密诊断，目前常用的信号分析处理方法有以下几种：

（1）时域分析方法，包括时域波形、调幅解调、相位解调等；

（2）频域分析，包括功率谱、细化谱等；

（3）倒频谱分析；

（4）时频域分析方法，包括短时 FFT，维格纳分布，小波分析等；

（5）瞬态信号分析方法，包括瀑布图等；

（6）包络谱分析。

4.2.4 齿轮振动频谱的特点

1）齿轮振动的边频带谱

齿轮处于正常或异常状态下，齿的啮合对会发生冲击啮合振动（两种状态下振动水平是有差异的），其振动波形表现出振幅受到调制的特点，既调幅又调频。齿轮振动的频谱非常复杂，两齿轮由于轴不平行导致的啮合不良如图 4－8 所示，除有明显啮合频率①和啮合频率的高次谐波②、③、④外，还有许多按一定规律分布的小谱线，这就是齿轮振动中的边频带。它是由几种动载同时作用产生几种振动叠加产生的调制。

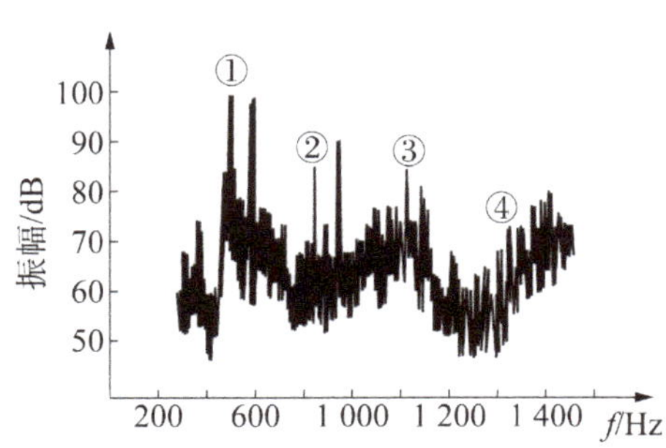

图 4－8　齿轮啮合不良故障频谱图

通常，载频为啮合频率及高次谐波，而轴的转频为调制频率。齿轮振动的边频带体现出载频或调制信号的频率,对于分析齿轮的故障十分有用。

2)振动信号的调制原理

齿轮振动信号既有调幅又有调频,这两种调制在频谱中均表现为啮合频率及其谐波的两侧有边频带,各边频带的间隔即是调制信号的频率。

幅值调制是载频的时域信号幅值受到调制信号的调制,由于齿面载荷波动对振幅的影响而造成。齿轮的偏心使齿轮啮合时一边紧、一边松,从而产生载荷波动,使振幅按此规律周期性变化。齿轮的加工误差(如节距不匀)及齿轮故障使齿轮在啮合中产生短暂的"加载"和"卸载"效应,也会产生幅值调制。

从数学上看,幅值调制相当于两个信号在时域上相乘;而在频域上,相当于两个信号的卷积。这两个信号一个称为载波,其频率相对来说较高;另一个称为调制波,其频率相对于载波频率来说较低。在齿轮信号中,啮合频率成分通常是载波成分,齿轮轴旋转频率成分通常是调制波成分。

齿轮振动中的调制信号一般不是正弦信号或余弦信号,而是以一定周期变化的脉冲信号。从振动分析中得知,脉冲信号可以看作一系列简谐振动信号的组合。齿轮局部缺陷激发的是窄脉冲,其频谱在较宽的频率范围内具有相等而较小的幅值,若齿轮的缺陷是连续的,则激发的脉冲较宽,频谱的频率范围窄且幅值衰减较快。因此,两个边频带也就有明显的差别——前者的边频带范围宽而幅值小且变化平缓,后者(连续缺陷)的边频带窄,集中于载频谱线附近、幅值较大而衰减较快。因此,这两种故障可根据其时域波形或频域边频带加以区别。

频率调制是指载频信号受到调制信号的调制后,变成变频信号,频率调制信号及其频谱如图 4-9 所示。

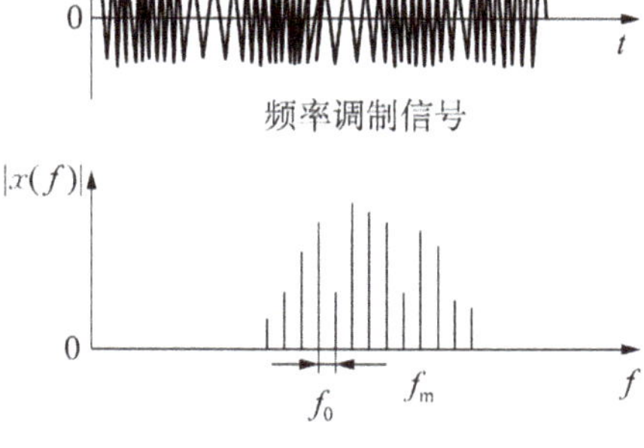

图 4-9 频率调制信号及其频谱图

齿轮载荷不均匀、齿距不均匀及故障造成的载荷波动，除了对振动幅值产生影响，也必然产生扭矩波动，使齿轮转速产生波动。这种波动表现在振动上即为频率调制（也可以认为是相位调制）。

频率调制波的频谱也是在载频谱线的两侧产生等间隔的边频带，边频带的间隔就是调制信号（往往是与齿轮故障有关的信号）的频率。

对于齿轮传动，任何导致产生幅值调制的因素同时会导致频率调制。两种调制总是同时存在的。对于质量较小的齿轮副，频率调制现象尤为突出。

齿轮振动信号的频率调制和幅值调制的共同点如下：载波频率相等，边带频率对应相等，边带对称于载波频率。在实际齿轮系统中，调幅和调频效应总是同时存在的，所以，频谱上的边频成分为两种调制的叠加。虽然这两种调制中的任何一种单独作用时所产生的边频都是对称于载波频率的，但当两者叠加时，由于边频成分具有不同的相位，所以是向量相加。叠加后有的边频幅值增加了（相位相同），有的反而下降了（相位相反），这就破坏了原有的对称性。

在齿轮振动时，由于各种因素的影响，往往既有以啮合频率为基频的振动，又有它的高阶谐波频率分量；而轴的转动频率也常常有高阶谐波频率分量。由此可见，齿轮振动的边频带分布非常复杂，如果齿轮箱中同时有几对齿轮啮合，其边频带往往重叠一起，更很难直接从频谱图中识别特征频率。

3）齿轮振动频谱的组成成分

（1）齿轮转动频率及其低阶谐波频率：主要由转轴对中不良、轴变形、零件松动等原因引起，使齿轮在运转过程中产生附加脉冲。由时域曲线很易区分出这种振动成分，有附加脉冲时的振动信号，不对称于零线，因而很容易与被周期信号（轴系失衡产生的振动信号）调幅的现象区分开来，因为后者的振动曲线是对称于零线的。

（2）齿轮的啮合频率及其谐波频率、边频带：由齿形误差、齿面损伤等引起，齿轮啮合过程中，由于周节误差、齿形误差或者均匀磨损等都会使齿与齿之间发生撞击，撞击的频率就是啮合频率，齿轮在此周期撞击力的激励下产生了以啮合频率为振动频率的强迫振动，频率范围一般为几百到几千赫兹。由于啮合过程中齿轮发生弹性变形，使刚刚进入啮合的齿轮发生撞击，因而产生沿着啮合线方向的脉动力，于是也会产生以啮合频率为频率的振动，不仅有以啮合频率为频率的基频振动，还有啮合频率的高次谐波振动。边频带是由于在啮合过程中，齿形误差或者齿面损伤所产生的振动频率对啮合频率调制的结果。

（3）齿轮副的各阶固有频率：由于齿轮啮合时齿间撞击（往往由故障所致）

而引起的齿轮自由衰减振动。振动表现为衰减曲线，位于高频区，幅值较小，易被噪声信号淹没。

4.3 齿轮故障分析方法

4.3.1 时域同步平均法

时域同步平均法是从混杂有噪声干扰的信号中提取周期性分量的有效方法，又称相干检波法。当随机信号中包含确定性周期信号时，如果使截取信号的采样时间与周期信号的周期 T 相等，将所截得的信号进行叠加平均，就能将该特定周期信号从随机信号、非周期信号及与指定周期 T 不一致的其他周期信号中分离出来，从而大大提高指定周期信号的信噪比。

这种方法对诊断齿轮局部异常并确定其位置非常有效。因为异常啮合时，冲击振动的振幅要比其他齿的大，所以曲线上幅值最大的峰值位置即是异常齿的位置。其分析原理如图 4－10 所示。

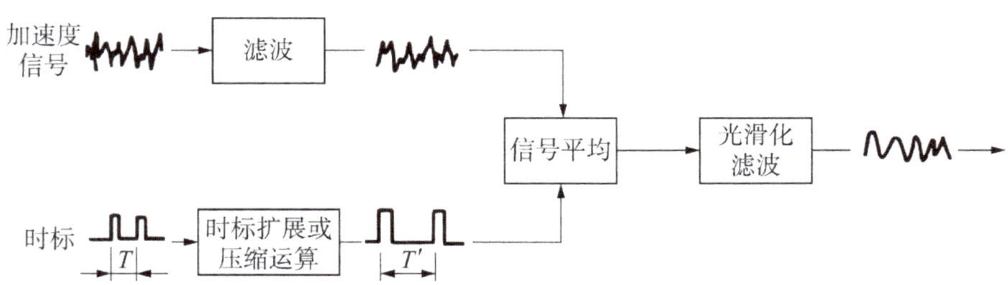

图 4－10　时域同步平均法分析原理图

同期时域平均需要保证按特定整周期截取信号。对齿轮信号的特定周期，总是取齿轮的旋转周期。通常的做法是，在测取齿轮箱振动加速度的同时，记录一个转速同步脉冲信号。在作信号的时域平均时，以此脉冲信号来触发 AD 转换器，从而保证按齿轮轴的旋转周期截取信号，且每段样本的起点对应于转轴的某一特定转角。

随着平均次数的增加，齿轮旋转频率及其各阶倍频成分保留，而其他噪声部分相互抵消趋于消失，由此可以得到仅与被检齿轮振动有关的信号。

经过时域平均后，比较明显的故障可以从时域波形上反映出来，如图 4－11

(齿轮在各种状态下的时域平均信号)所示。图4-11(a)是正常齿轮的时域平均信号,信号由均匀的啮合频率分量组成,没有明显的高次谐波;图4-11(b)是齿轮安装对中不良的情形,信号的啮合频率分量受到幅值调制,但调制频率较低,只包含转频及其低阶谐波频率;图4-11(c)是齿轮的齿面严重磨损的情况,啮合频率分量严重偏离正弦信号的形状,故其频谱上必然出现较大的高次谐波分量,由于是均匀磨损,振动的幅值在一转内没有大的起伏;图4-11(d)为齿轮有局部剥落或断齿时的典型信号,振动的幅值在某一位置有突跳现象。

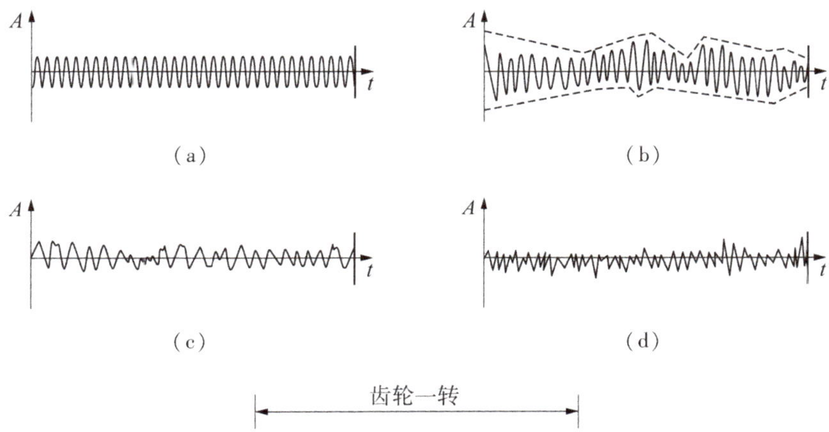

图4-11 齿轮在不同状态下的时域平均信号

1) 时域同步平均的基本原理

设直接测量所得的信号为

$$x(t) = s(t) + n(t) \tag{4-8}$$

式中,$s(t)$为希望保留的周期信号,其周期为T;$n(t)$表示希望消除或抑制的噪声信号。

可以证明,经几次平均之后,输出噪声能量降低为输入噪声能量的$1/N$。于是,时域同步平均后的输出信号为

$$y(t) = s(t) + \frac{n(t)}{\sqrt{N}} \tag{4-9}$$

时域同步平均法的要点在于利用与旋转部件的转速同步的参考脉冲来触发振动信号的采样,然后将各次采到的振动信号进行时域平均。则时间上与该参考脉冲同步的成分(基波与其高阶谐波)将进行叠加,而与参考脉冲不同步的

(不相关的)噪声成分将随平均次数的增多而逐渐趋近于零,其他与参考脉冲不同步的周期信号也同样逐渐趋近于零。在齿轮的故障诊断中,应用时域同步平均法,可从复杂的振动信号中分离出与参考脉冲频率相等的最低周期成分,以及它的各阶次谐波成分。

2）时域同步平均的作用

由于当滚动轴承的内环、外环或滚动体有损伤时,其振动信号与轴的转动频率不同步,因此时域同步平均法的运用也可以将齿轮箱中的齿轮故障引起的振动与轴承故障引起的振动区分开来。如果想要得到另对啮合齿轮的振动信号,只要使参考脉冲的频率等于其齿轮的转速即可。

同步时域平均需要保证按特定整周期截取信号。对齿轮信号的特定周期。总是取齿轮的旋转周期。通常的做法是,在测取齿轮箱振动加速度的同时,记录一个转速同步脉冲信号。在进行信号的时域平均时,以此脉冲信号来触发AD 转换器,从而保证按齿轮轴的旋转周期截取信号,且每段样本的起点对应于转轴的某一特定转角。随着平均次数的增加,齿轮旋转频率及其各阶倍频成分保留,而其他噪声部分相互抵消,趋于消失,由此可以得到仅与被检齿轮振动有关的信号。

3）影响时域同步平均的因素

当齿轮的转速存在不均匀波动时,由于破坏了时域采样时的相位锁定,因此,会影响时域同步平均的效果。转速不均匀可分为低频率的转速“飘移”和高频率的转速“颤抖”。前者通常是由于电动机的电压波动或静载荷的变化而引起的,而后者则主要起源于工作载荷的短时跳动和周期变化。转速的低频“飘移”使平均后的时域波形的后半部分幅值明显降低:转速的高频“颤抖”则使信号幅值普遍下降。

4.3.2 频率细化分析技术

频率细化分析(或称局部频谱放大),能使某些感兴趣的重点频谱区域得到较高的分辨率,提高了分析的准确性,是在 20 世纪 70 年代发展起来的一种新技术。

频率细化分析的基本思想是利用频移定理,对被分析信号进行复调制,再重新采样,进行傅里叶变换,即可得到更高的频率分辨率,其主要计算步骤如下:假定要在频带(f_1~f_2)范围内进行频率细化,此频带中心频率为f_0 = (f_1 +

$f_2)/2$，对被分析信号 $x(k)$ 进行复调制（既可以是模拟的，也可以是数字的），得到频移信号为

$$y(k)=x(k)e^{-\frac{i2\pi KL}{N}} \tag{4-10}$$

$$L=\frac{f_0}{\Delta f} \tag{4-11}$$

式中，Δf 是未细化分析前的频率间隔，也可仅为一参考值。

根据频移定理，$Y(n)=X(n+L)$ 相当于把 $X(n)$ 中的第 L 条谱线移到 $Y(n)$ 的零谱线位置了。此时降低采样频率为 $(2N\Delta f/D)$，对频移信号重采样或对已采样数据频移处理后进行选抽，就能提高频率分辨率为原来的 D 倍，然后分析 $Y(n)$ 零谱线附近的频谱，即 $X(n)$ 中第 L 条谱线附近的频谱。D 是一个比例因子，又称选抽比或细化倍数：

$$D=\frac{N\Delta f}{f_2-f_1} \tag{4-12}$$

为了保证选抽后不至于产生频混现象，在选抽前应进行抗混滤波，滤波器的截止频率为采样频率的 1/2。

复调制细化包括幅值细化与相位细化，由于复调制过程中需要通过数字滤波器，产生附加相移，所以一般要按滤波器的相位特性予以修正，才能得到真实的细化相位谱。

由于齿轮的振动频谱图包含着丰富的信息，不同的齿轮故障具有不同的振动特征，其相应的谱线会发生特定的变化。

由于齿轮故障在频谱图上反映出的边频带比较多，因此进行频谱分析时必须有足够的频率分辨率。当边频带的间隔（故障频率）小于分辨率时，就分析不出齿轮的故障，此时可采用频率细化分析技术提高分辨率。

4.3.3 包络谱分析

包络分析是齿轮损伤类故障的一种有效手段，尤其对初期故障和信噪比低的故障信号具有很强的识别能力。因为齿轮损伤性故障信号往往会附载到啮合频率上。在设备故障信号并不突出的情况下，使用包络分析技术可以有效地弥补 FFT 频谱分析方法的不足。包络分析技术可以有效地排除原始振动信号

中的低频干扰信号，突出齿轮故障特征信号，提高信噪比。

4.4 齿轮故障诊断案例

4.4.1 案例1分析

本案例分析某型号岸桥起重机缩尺试验台的小车行走机构齿轮箱的数据。齿轮箱为二级齿轮箱，其外观如图4-12所示。本次实验设置的齿轮故障类型为断齿故障，故障齿轮位于输入轴。

图4-12 小车行走机构齿轮箱实体图

该齿轮箱的构件简图如图4-13所示。

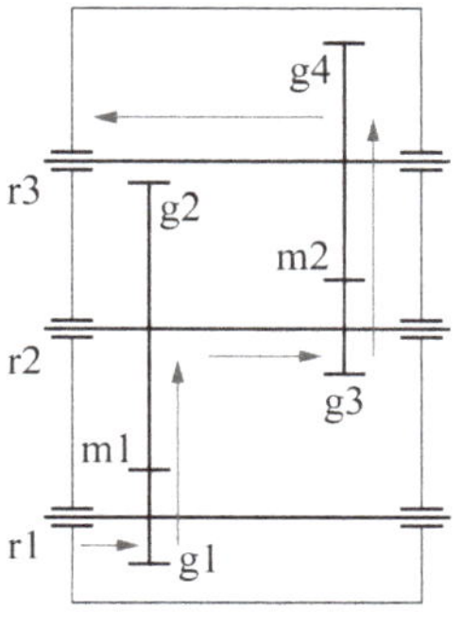

图4-13 小车行走机构齿轮箱简图

该齿轮箱的具体齿轮参数见表4-3。

表 4-3 小车行走机构齿轮箱齿轮参数

参数	输入轴	中间轴 1		输出齿轮
		大齿轮	小齿轮	
模数/mm	1.5	1.5	3	3
齿数	22	140	19	71
压力角/°	20	20	20	20
螺旋角/°	12	12	12	12
变位系数	0.1647		0.2824	
中心距/mm	125		140	
传动比	22/140		19/71	

加速度传感器共 15 个通道，采样频率为 10 kHz，传感器布置如图 4-14 所示。测试采用触发式采样，即电机动作和采集同步进行。采集信号时，齿轮箱输入转速为 1 750 r/min。

图 4-14 小车行走机构齿轮箱测点布置图

根据齿轮箱参数及齿轮箱输入转频，可以计算齿轮轴转动频率和啮合频率，见表 4-4。

表 4-4 小车行走机构齿轮箱相关特征频率

参数	数值	参数	数值
电机转速	1 750 r/min	负载	0
输入轴转频	29.17 Hz	电机转频	29.17 Hz
二级轴转频	4.58 Hz	一二轴啮合频率	641.67 Hz
三级轴转频	1.23 Hz	二三轴啮合频率	87.08 Hz

选取正常状态数据，分析时均截取其中 2 s 稳定时段内的数据。正常信号和轮齿断齿信号的原始时域波形、频谱和包络谱，分别如图 4－15 及图 4－16 所示。

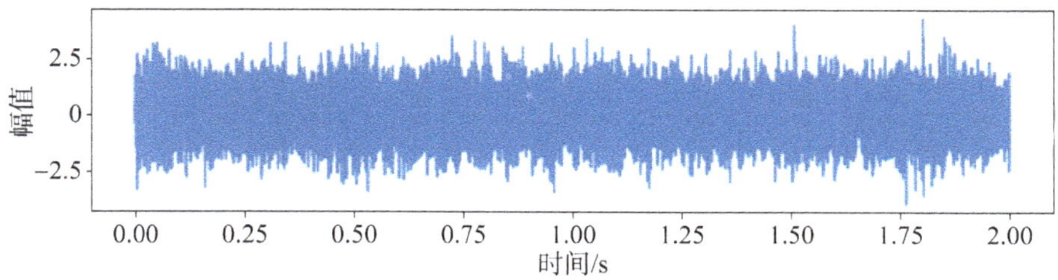

（a）时域波形

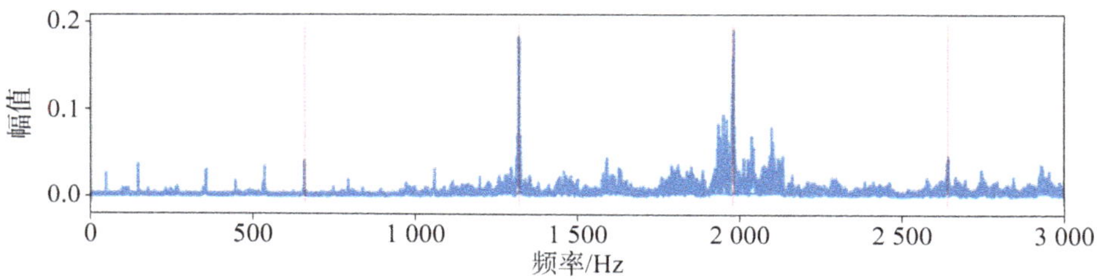

（b）频谱

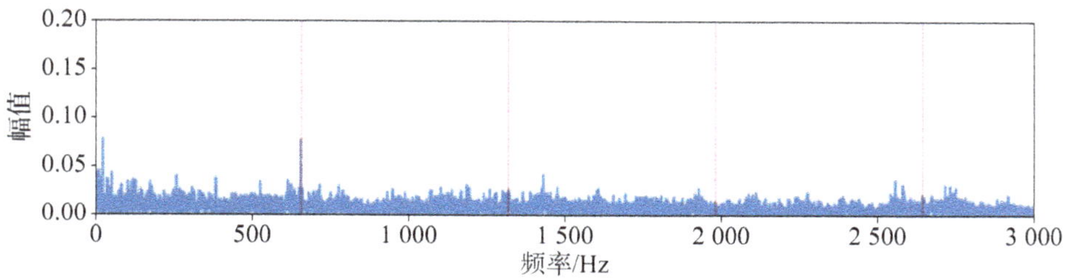

（c）包络谱

图 4－15　正常信号数据

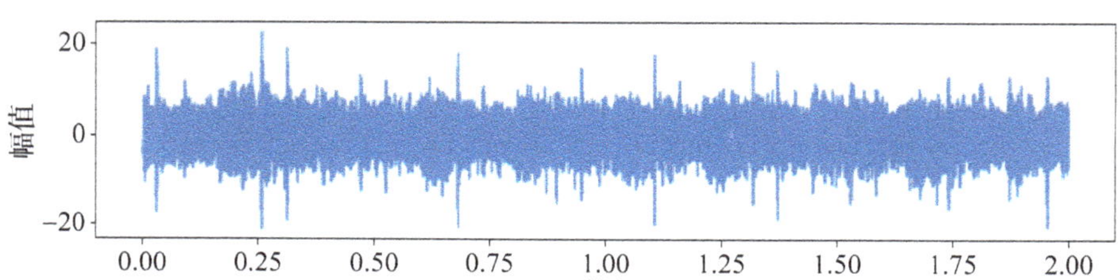

（a）时域波形

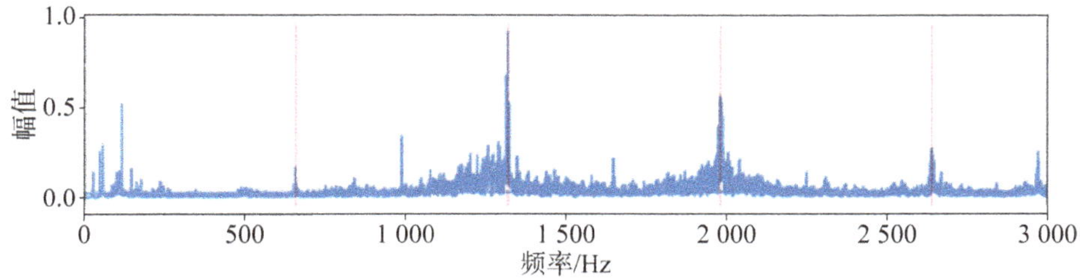

（b）频谱

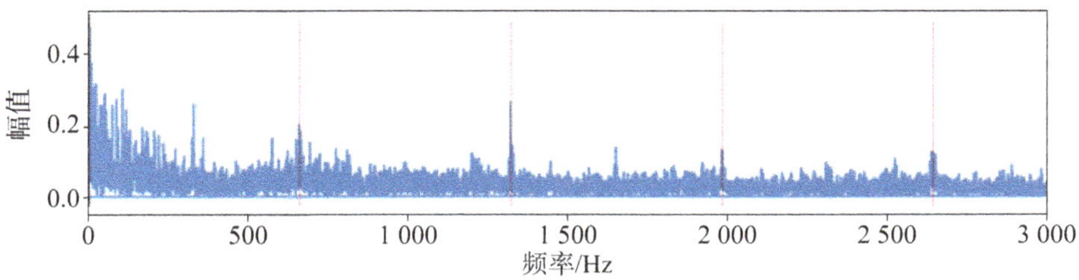

（c）包络谱

图 4-16 故障信号数据处理

观察对比时域图可以看出，故障信号的时域波形有明显的周期性的冲击，且整体幅值比正常信号增大较多。从图 4-15 及图 4-16 中的频谱和包络谱可以看出，故障信号在 660 Hz、1 320 Hz、1 980 Hz 和 2 640 Hz 左右的地方有较为明显的峰值（已在图中用红虚线标注），且断齿幅值大小与正常信号相比均有明显增长。这些频率对应一二轴的啮合频率 641.67 Hz 及其倍频。同时，也可发现在啮合频率的倍频附近出现了明显的调制现象。

为了更清晰地观察低频段以及上述的调制现象，使用前文介绍的频率细化分析技术，将 0~200 Hz 以及 1 200~1 400 Hz 范围的频谱图线的分辨率提高，如图 4-17 和图 4-18 所示。

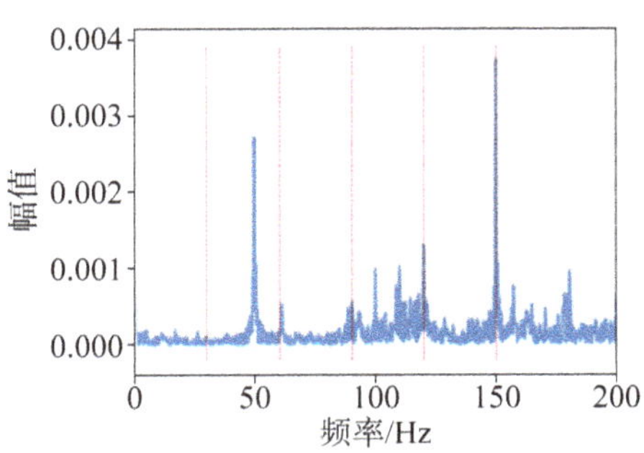

（a）0~200 Hz

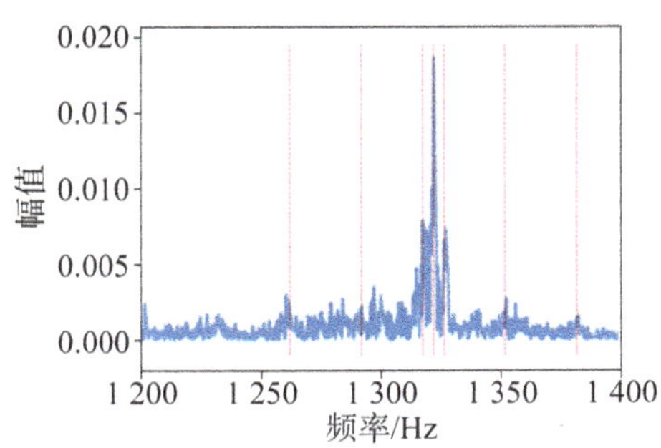

（b）1 200~1 400 Hz

图 4-17 正常信号细化频谱

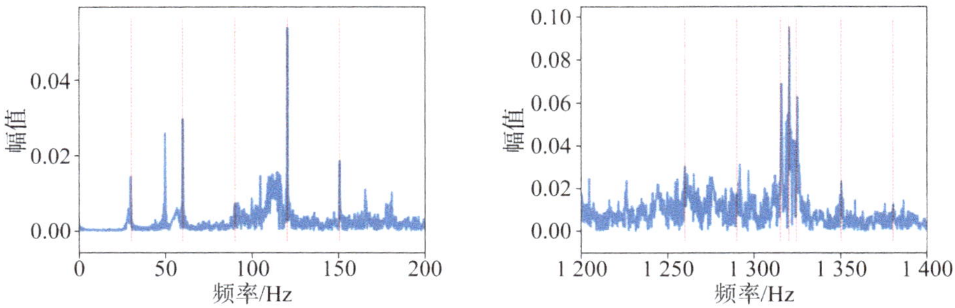

（a）0～200 Hz （b）1 200～1 400 Hz

图 4－18 故障信号细化频谱

观察细化后的范围频谱，在低频段即 0～200 Hz 范围内，故障信号在 30 Hz、60 Hz、90 Hz、120 Hz 和 150 Hz 左右的地方有较为明显的峰值（图中用红虚线标注），且相应幅值大小与正常信号相比均有明显增长。这些频率与输入轴转频 29.17 Hz 及其倍频接近。

故障信号在一二轴的啮合频率二倍频 1 320 Hz 附近产生了调制现象，比正常信号的现象更加明显，其调制边频带大致为 30 Hz（已在图中用红虚线标注），对应输入轴的转频即齿轮故障频率。

4.4.2 案例 2 分析

本案例分析南沙三期某岸桥齿轮箱的齿轮点蚀凹坑故障案例。该岸桥起升机构电机及齿轮箱的具体参数见表 4－5。

表 4－5 案例 2 岸桥起升机构电机及齿轮箱参数

起升单元电机			
功率/kW	545	驱动端轴承型号	6230C3
额定转速/（r/min）	1 800	自由端轴承型号	6222C3
起升单元齿轮箱			
最大输入转速/（r/min）	2 000	型号	FH1655.23.B1A－00
传动比	23.149	高速轴轴承	23232C/W33/C3

续 表

起升单元齿轮箱				
齿数比	第一级齿比	67/22	第二轴轴承	23244C/W33
	第二级齿比	56/19	第三轴轴承	23160C/W33
	第三级齿比	49/19	低速轴轴承	24072C/W33
起升单元卷筒				
卷筒轴承型号				22232 - E1 - XL

该岸桥起升机构的测点布置如图 4 - 19 所示，具体的对应位置见表 4 - 6。

图 4 - 19 起升机构测点布置示意图

表 4 - 6 起升机构测点布置表

机构名称	监测位置	监测范围	监测点数	监控点序号
起升单元	电机	振动	2	1, 2
	齿轮箱	振动	4	3, 4, 5, 6
	卷筒	振动	1	7

布置的监测系统捕捉到起升齿轮箱二级轴存在 HHI 值报警。选取二级轴，即测点 4 对应的振动信号进行分析。数据采样频率为 12 800 Hz，采样时长为 3 s。该信号对应的转速是 1 576 r/min，相关特征频率见表 4 - 7。

表 4 - 7 QC08 齿轮箱相关特征频率

参数	数值	参数	数值
电机转速	1 576 r/min	负载	40 t
电机驱动端轴承内圈特征频率	166.63 Hz	电机驱动端轴承外圈特征频率	122.92 Hz

续 表

参数	数值	参数	数值
电机驱动端滚动体特征频率	170.05 Hz	电机驱动端保持架特征频率	11.02 Hz
三级轴轴承内圈特征频率	37.06 Hz	三级轴轴承外圈特征频率	29.13 Hz
三级轴轴承滚动体特征频率	23.98 Hz	三级轴轴承保持架特征频率	1.32 Hz
输出轴轴承内圈特征频率	17.38 Hz	输出轴轴承外圈特征频率	14.34 Hz
输出轴轴承滚动体特征频率	11.71 Hz	输出轴轴承保持架特征频率	0.52 Hz
卷筒轴承内圈特征频率	12.20 Hz	卷筒轴承外圈特征频率	8.95 Hz
卷筒轴承滚动体特征频率	7.38 Hz	卷筒轴承保持架特征频率	0.49 Hz
输入轴转频	26.26 Hz	电机转频	26.26 Hz
二级轴转频	8.92 Hz	一二轴啮合频率	584.38 Hz
三级轴转频	3.03 Hz	二三轴啮合频率	169.47 Hz
输出轴转频	1.17 Hz	三四轴啮合频率	57.54 Hz

对信号处理后，可以得到时域图、频域图和包络谱图如下图 4-20 所示。

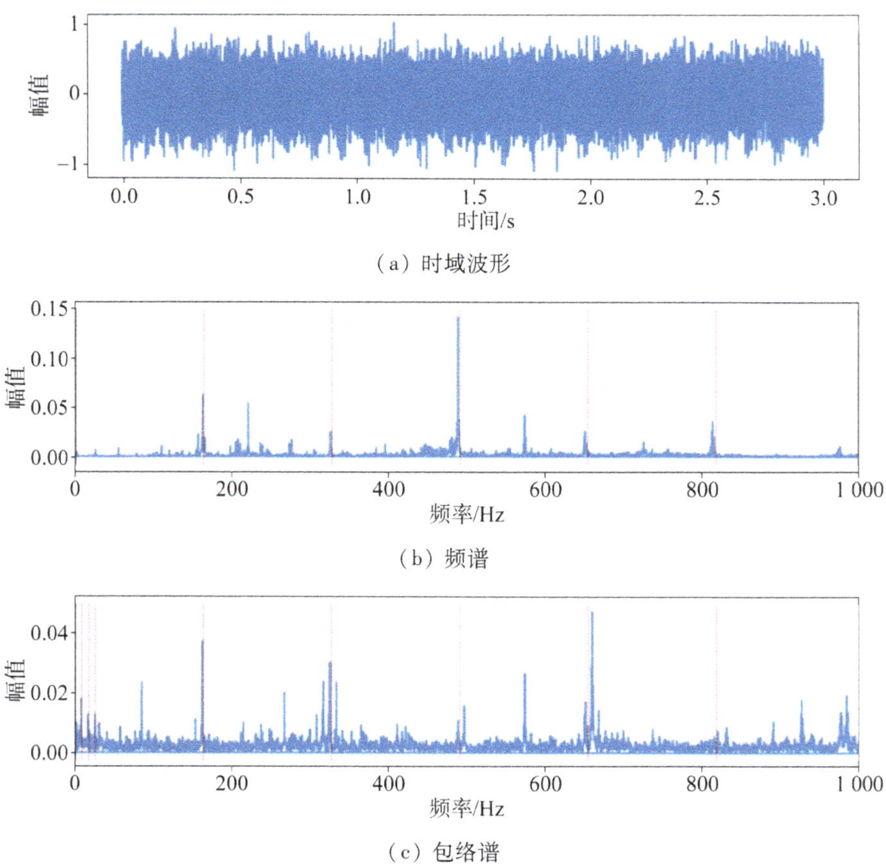

图 4-20 故障信号数据处理

图 4－20(b)所示的频谱中，164 Hz、328 Hz、492 Hz、656 Hz 和 820 Hz 处出现了比较明显的峰值(已在图中用红虚线标注)，且在 164 Hz 和 492 Hz 附近产生了一些边频带。这些频率与二三轴啮合频率 169.47 Hz 及其倍频非常接近。

图 4－20(c)所示的包络谱中，在 164 Hz、328 Hz、492 Hz 和 656 Hz 处出现了比较明显的峰值(已在图中用红虚线标注)，与频谱类似，对应着二三轴啮合频率的倍频。在低频段部分，9 Hz、18 Hz、27 Hz 处的峰值(已在图中用红虚线标注)对应着二级轴的转频 8.92 Hz 及其倍频。同时在 328 Hz 和 656 Hz 附近能看到较为清晰的边频带，边带的间隔频率大致和二级轴的转频相当。上述现象揭示了二级轴齿轮故障。

该齿轮箱运行一段时间后，工人于现场对该齿轮箱进行了拆检。拆箱后，发现二级轴齿轮出现凹坑，如图 4－21 所示。拆箱结果证实了上述分析过程的正确性。

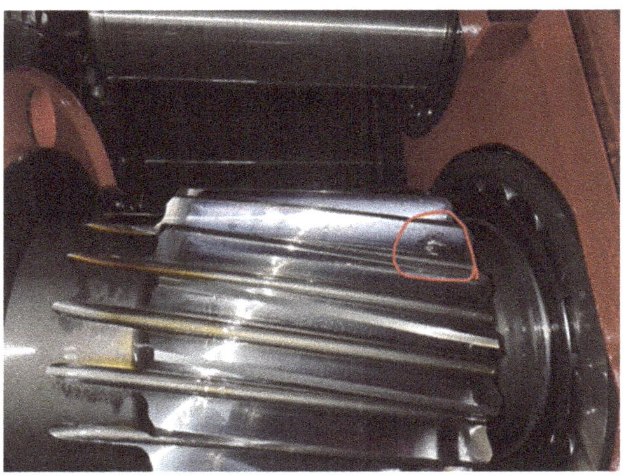

图 4－21 某岸桥起升齿轮箱拆检细节

4.4.3 案例 3 分析

本案例分析南沙三期港口某岸桥齿轮箱的齿轮剥落故障案例。该岸桥起升机构电机及齿轮箱的具体参数见表 4－8。

表 4-8 起升机构电机及齿轮箱技术参数

<table>
<tr><th colspan="5">起升单元电机</th></tr>
<tr><td colspan="2">功率/kW</td><td>450</td><td>驱动端轴承型号</td><td>6230C3</td></tr>
<tr><td colspan="2">额定转速/(r/min)</td><td>1 800</td><td>自由端轴承型号</td><td>6222C3</td></tr>
<tr><th colspan="5">起升单元齿轮箱</th></tr>
<tr><td colspan="2">最大输入转速/(r/min)</td><td>2 100</td><td>型号</td><td>FH1610.2308A-00</td></tr>
<tr><td colspan="2">传动比</td><td>23.398</td><td>高速轴轴承</td><td>23228C/w33/c3</td></tr>
<tr><td rowspan="3">齿数比</td><td>第一级齿比</td><td>71/26</td><td>第二轴轴承</td><td>22240C/W33</td></tr>
<tr><td>第二级齿比</td><td>58/22</td><td>第三轴轴承</td><td>23152C/W33</td></tr>
<tr><td>第三级齿比</td><td>52/16</td><td>低速轴轴承</td><td>24064C/W33</td></tr>
<tr><th colspan="5">起升单元卷筒</th></tr>
<tr><td colspan="4">卷筒轴承型号</td><td>22232-E1-XL</td></tr>
</table>

振动加速度传感器的布置方案及测点的对应方案与案例 2 一致,参见图 4-19,表 4-6。

在状态监测过程中,二级轴及三级轴测点出现一定程度的报警,围绕相关测点的数据信号进行处理分析。齿轮箱的输入转速是 1 229 r/min,相关特征频率见表 4-9。

表 4-9 QC08 齿轮箱相关特征频率

参数	数值	参数	数值
电机转速	1 229 r/min	负载	40 t
输入轴转频	20.49 Hz	电机转频	20.49 Hz
二级轴转频	7.50 Hz	一二轴啮合频率	532.60 Hz
三级轴转频	2.85 Hz	二三轴啮合频率	165.01 Hz
输出轴转频	0.88 Hz	三四轴啮合频率	45.51 Hz

1) 故障初期分析

采样频率为 12 800 Hz,采样时长为 3 s。二级轴及三级轴的信号时域图、频域图和包络谱如图 4-22 和图 4-23 所示。

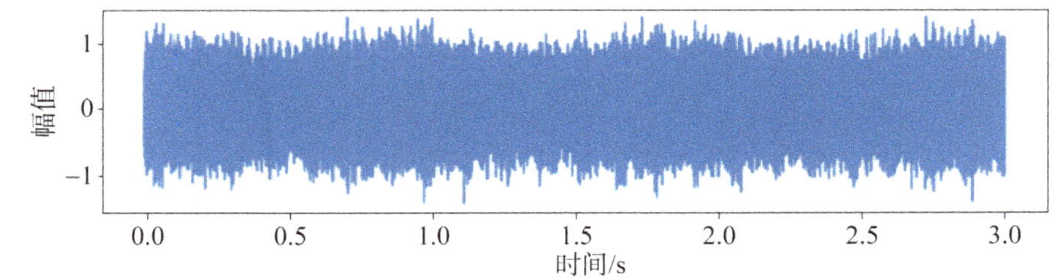

（a）时域波形

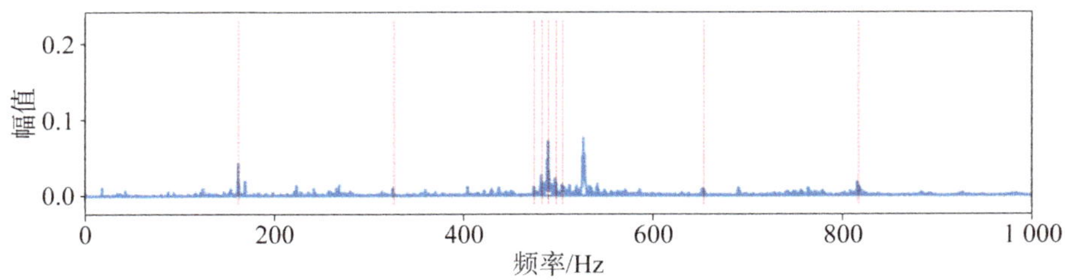

（b）频谱

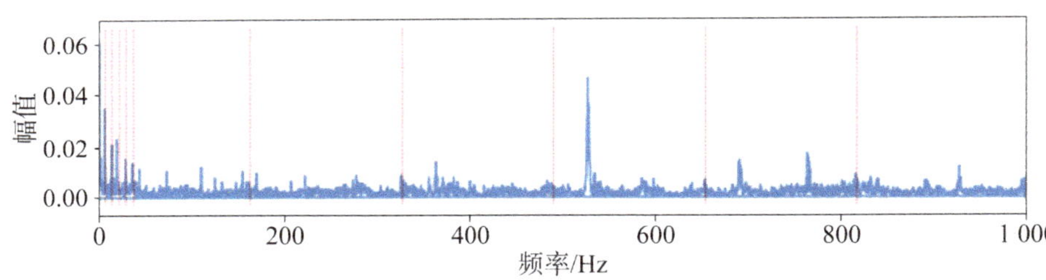

（c）包络谱

图 4－22 二级轴(测点 4)故障信号数据处理

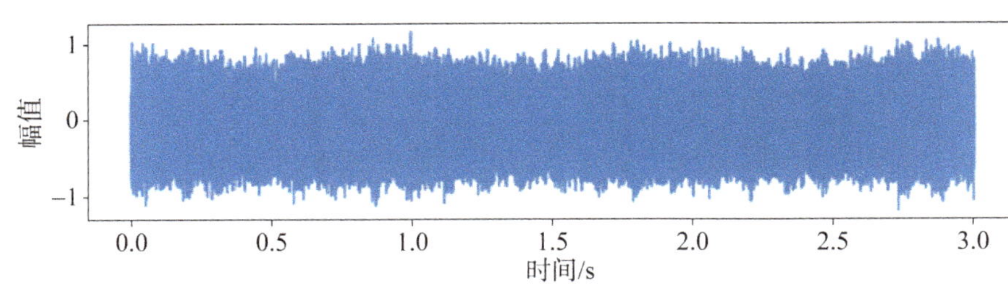

（a）时域波形

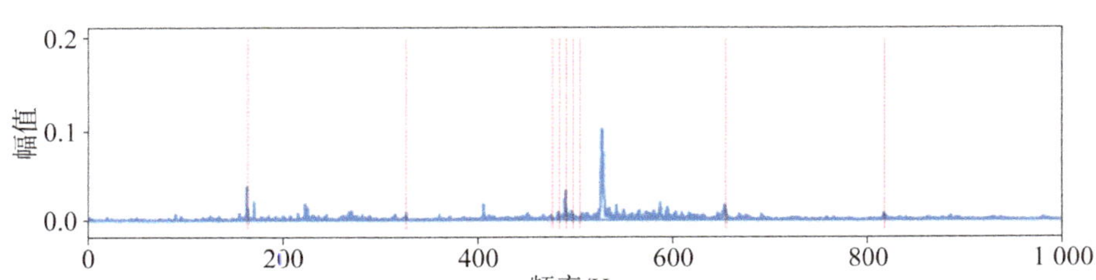

（b）频谱

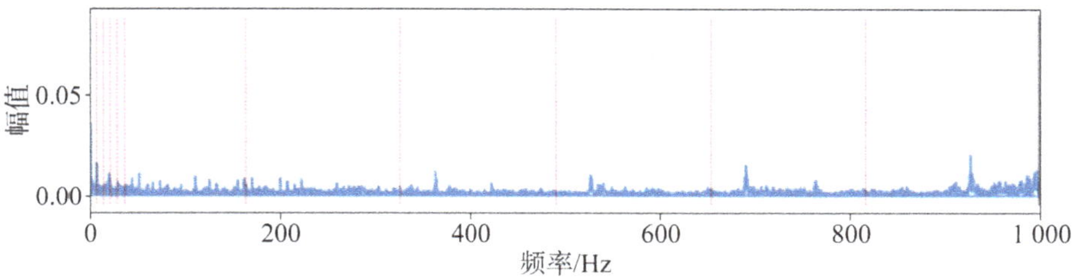

（c）包络谱

图 4-23　三级轴（测点 5）故障信号数据处理

图 4-22（b）中，163.5 Hz 和 490.5 Hz 处出现了比较明显的峰值（已在图中用红虚线标注）。这些频率与二三轴啮合频率 165.01 Hz 及其倍频非常接近。同时，163.5 Hz 和 490.5 Hz 附近产生了一些边频带，边带的间隔频率大致和二级轴的转频 7.5 Hz 相当（已在图中用红虚线标注）。类似的，图 4-23（b）出现了类似的现象，但啮合频率周围并未有明显的边频带。

图 4-22（c）中，包络谱的低频段部分，7.2 Hz、14.4 Hz、21.6 Hz、28.8 Hz 和 36 Hz 处的峰值（已在图中用红虚线标注）对应着二级轴的转频及其倍频。图 4-23（c）三级轴附近测点信号的包络谱特征不明显。

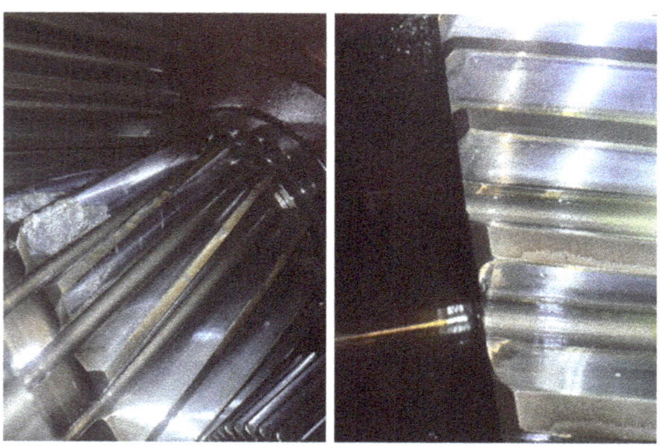

图 4-24　齿轮损伤情况

综合上述分析可知，大致可以判断齿轮箱中的二级轴齿轮是故障发生的主要位置。

该岸桥持续运行一段时间后，工人于现场做了初步的拆检，结果如图 4-24 所示。发现二级轴齿面均有剥落，凹坑，其中二级轴齿有 6 到 7 个齿面剥落凹坑面积较大较深，三级轴齿每个齿面都有不同程度的剥落，四级轴齿多个齿面有细小凹坑，肉眼不可见的手摸也有粗糙感。总的来说与上述分析结果保持一致。

2）故障后期分析

在初步拆检后，齿轮箱做了初步的维护。随后，对该齿轮箱的二、三轴齿轮进行了重点监测。一段时间后，振动二级轴振动速度值进一步上升，对相关测点的数据信号进行处理分析。信号的输入转速及齿轮箱的特征频率见表 4-10。

表 4-10　QC10 齿轮箱相关特征频率

参数	数值	参数	数值
电机转速	1 585 r/min	负载	40 t
输入轴转频	26.42 Hz	电机转频	26.42 Hz
二级轴转频	9.67 Hz	一二轴啮合频率	686.87 Hz
三级轴转频	3.67 Hz	二三轴啮合频率	212.80 Hz
输出轴转频	1.13 Hz	三四轴啮合频率	58.70 Hz

仍旧分析前期分析的两个测点的数据；二轴、三轴测点的时域图、频域图和包络谱图分别如图 4-25 和图 4-26 所示。

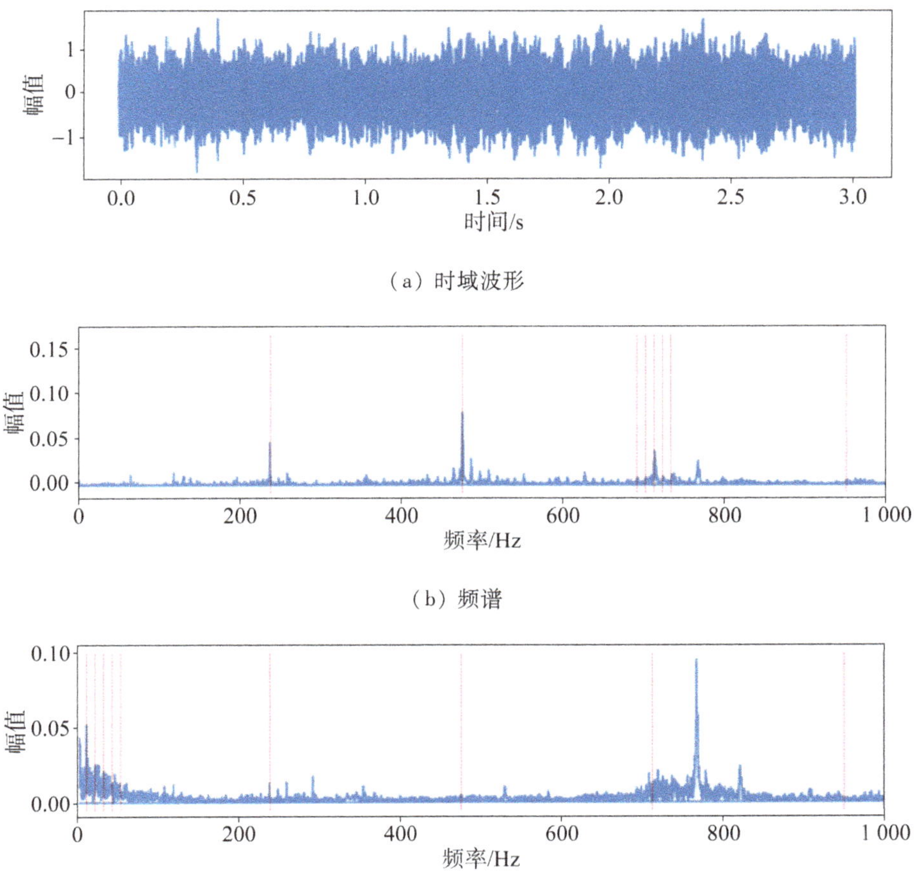

(a) 时域波形

(b) 频谱

(c) 包络谱

图 4-25　二级轴(测点 4)故障信号数据处理

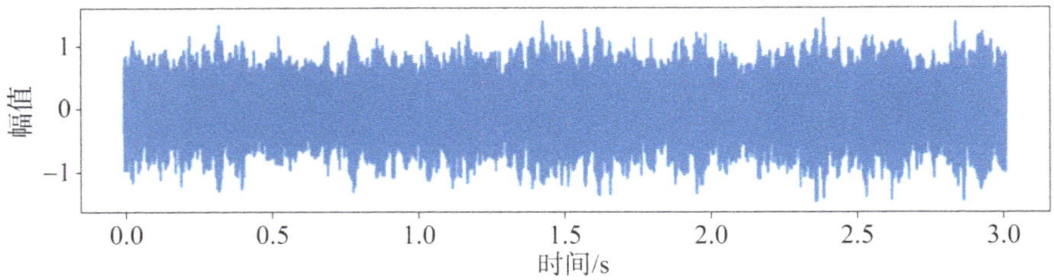

（a）时域波形

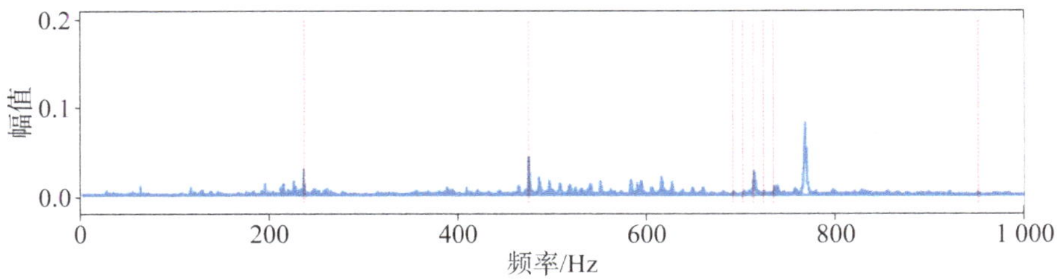

（b）频谱

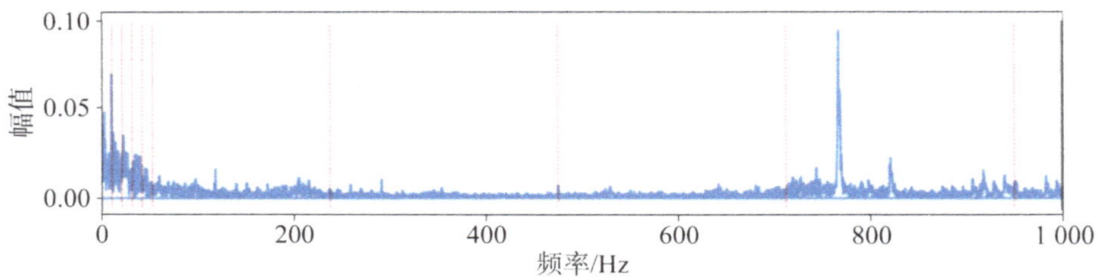

（c）包络谱

图 4-26 三级轴(测点 5)故障信号数据处理

图 4-27 岸桥齿轮箱拆箱细节

由上述两图可知，频谱以及包络谱图在二三轴啮合频率的二倍频和三倍频处产生峰值与边频带，且相较于前中期的谱线，整体幅值有一定程度的升高，表明传动系统故障可能进一步深化，由此推测齿轮故障情况可能处于后期阶段。对机组进行拆检维修工作，发现三四级轴油封位磨损严重，轴向间隙偏大，如图 4-27 所示，二三级轴齿轮剥落进一步加重，需要对机组进行维修。

3）维修后分析

维修后，仍取二级轴与三级轴的测点数据进行信号数据分析。采样频率仍为 12 800 Hz，分析时长与上述分析保持一致。对应的转速是 1 811 r/min，相关特征频率见表 4－11。

表 4－11　QC10 齿轮箱相关特征频率

参数	数值	参数	数值
电机转速	1 811 r/min	负载	40 t
输入轴转频	30. 19 Hz	电机转频	30. 19 Hz
二级轴转频	11. 05 Hz	一二轴啮合频率	784. 8 Hz
三级轴转频	4. 2 Hz	二三轴啮合频率	243. 14 Hz
输出轴转频	1. 29 Hz	三四轴啮合频率	67. 07 Hz

对这两组信号处理后，可以得到时域图、频域图和包络谱分别如图 4－28 与图 4－29 所示。

观察频谱图和包络谱，几个特征频率的倍频幅值有一定减小，相关频率附近的边频带大大减少，基本不再出现调制现象。这表明目前设备运行状态优良。

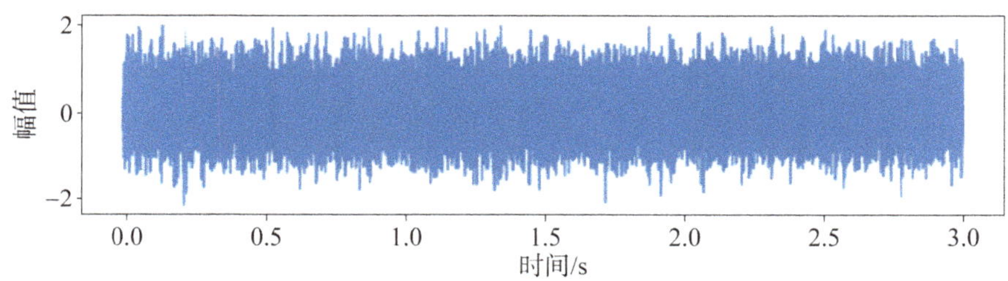

（a）时域波形

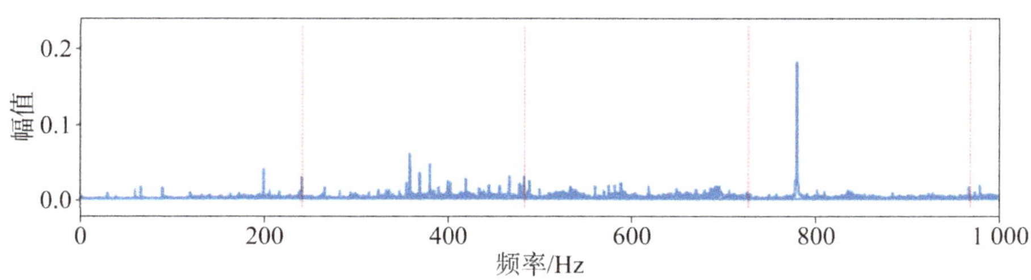

（b）频谱

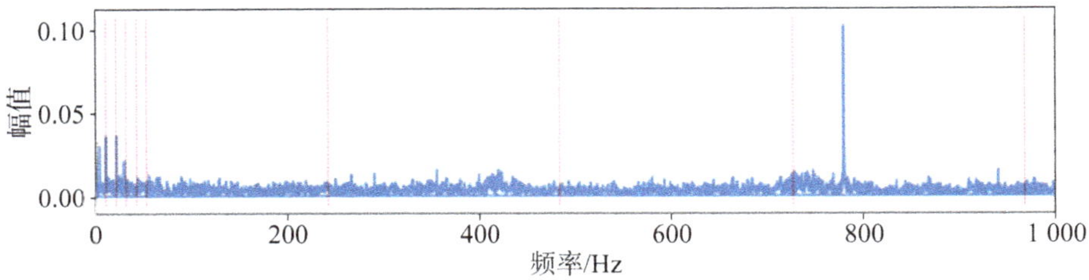

（c）包络谱

图 4-28　二级轴(测点 4)维修后数据

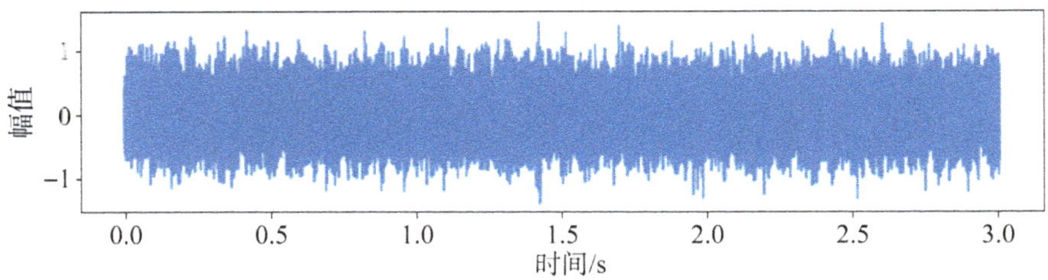

（a）时域波形

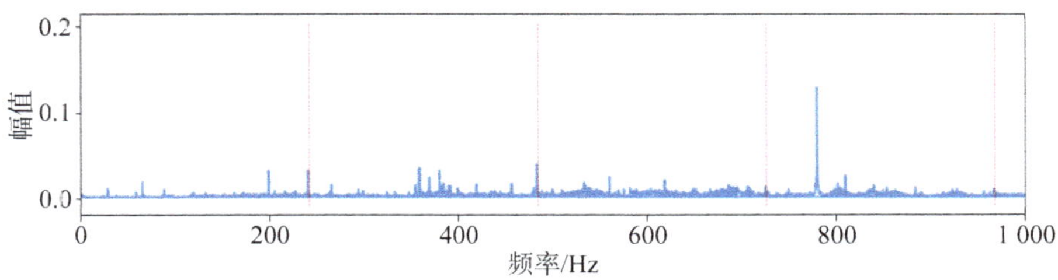

（b）频谱

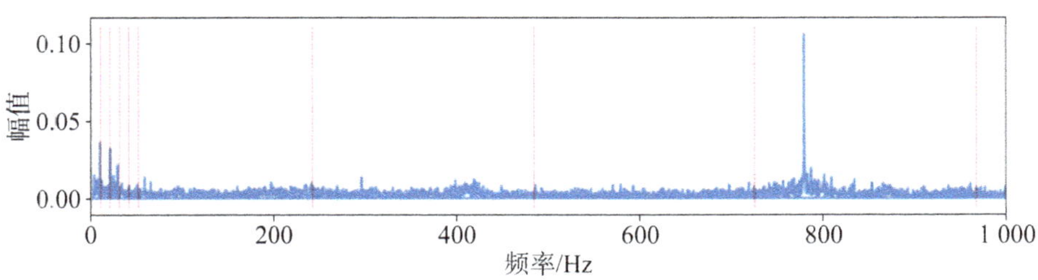

（c）包络谱

图 4-29　三级轴(测点 5)维修后数据

5 传动机构主要部件的故障诊断

在前文中，已针对港口机械传动系统中极为关键的两类零部件，即滚动轴承及齿轮，展开了全面且深入的剖析，详细探讨了它们各自所呈现出的故障特征，并对相应的诊断方法进行了系统阐述。通过对这些关键零部件的研究，已然为进一步理解港口机械传动系统的运行状况及故障排查奠定了坚实基础。

然而，需要明确的是，港口机械传动系统乃是一个复杂且多元的整体，除了上述备受关注的齿轮与滚动轴承之外，还存在着诸多其他重要部件，其运行状态同样对整个传动系统的正常运转起着至关重要的作用。其中，电机作为整个传动系统的动力源，其性能优劣及是否出现故障直接关系到港口机械能否正常开展各项作业；卷筒在起升、下放重物等操作过程中承担着关键的角色，其工况的好坏对于港口作业的效率与安全影响深远；此外，联轴器作为连接不同部件的关键环节，确保着各部件之间动力传递的顺畅性与稳定性，一旦出现故障，极有可能导致整个传动系统的运行出现卡顿甚至瘫痪。

鉴于此，在本章内容中，将把重点聚焦于港口机械传动机构中的电机、齿轮箱、卷筒、联轴器等这些不可或缺的部件之上。不仅会深入剖析它们各自可能出现的各类故障特征，还会结合一些在实际港口作业场景中所发生的典型案例进行详细分析。通过对这些实际案例的深入解读，旨在为相关技术人员在面对类似故障时提供更为直观且有效的分析思路与解决方法，从而进一步提升港口机械传动系统的运维水平，保障港口作业的高效、安全开展。

5.1 电机轴承故障分析常用指标参数的测量方法与限值

5.1.1 电机轴承温度的测量与限值

电机的表面温度呈现一定状态的分布，同时电机内部、外部的结构由于散热条件的不同也会带来一定的温度分布差异，因此在不同的测量位置进行测量，其结果也会存在不同。对电机轴承温度的测量需要首先选择正确的测量位置，这样才能对不同电机、不同工况下的温度测量结果提供可参考性。此外，使用不同类型的测量工具对相同点的温度进行测量，由于测量工具本身的原因也会带来测量差异。

为保证电机轴承温度测量的正确和可比性，工程师对电机轴承温度的测量需要使用正确的工具在正确的位置上进行。

1）测量位置

电机运行时轴承的温度可用温度计法或埋置检温计法进行测量。测量时，应保证检温计与被测部位之间有良好的热传递，温度计与被测部件之间如果存在间隙，应以导热材料填充。测量位置应尽可能地靠近表5-1所规定的测点A或B。测点A与B之间以及这两点与轴承最热点之间存在温度差，其值与轴承尺寸有关。对压入式轴瓦的套筒轴承和内径<150 mm的球轴承或滚子轴承，A与B之间的温度差可忽略不计；对更大的轴承，A点温度最多可能比B点高出15 K。

表5-1 电机轴承温度测点位置[15]

轴承类别	测点	测 点 位 置
球轴承或滚子轴承	A	位于轴承室内和轴承外圈良好接触，离轴承外圈①不超过10 mm处
	B	位于轴承室外表面，尽可能接近轴承外圈处
滑动轴承	A	位于轴瓦③的压力区，离油膜间隙①不超过10 mm处②
	B	位于轴瓦的其他位置

① 对于“外转子”电机，A点位于离内圈不超过10 mm的静止部分，B点位于静止部分的外表面，尽可能接近内圈。

② 距离从埋置检温计或温度计的最近点算起。

③ 轴瓦是支撑轴衬材料的部件，固定于轴承室内。压力区是承受转子重量和径向负载等综合力的圆周部分。

对于上述的两种测点位置，在进行电机轴承故障诊断与分析的时候，如果不能测得内部温度，则B点较为常用。

2）测量轴承温度的方法

适用于测量轴承温度的公认方法有以下两种[15]。

（1）埋置检温计法。

用埋入电机内部的检温计（如电阻检温计、热电偶或半导体负温度系数检温计)来测量温度。检温计在电机制造过程中埋置于电机制成后触及不到的部位。

（2）温度计法。

用温度计贴附于成品电机可触及的表面上来测量温度。术语“温度计”不但包括膨胀式温度计,而且也包括非埋置式热电偶和电阻式温度计,当膨胀式温度计用于测量强交变或移动磁场部位的温度时,应采用酒精温度计而不采用水银温度计。

对 B 点,一般用温度计直接测量。所用的温度计有常见的膨胀式温度计和半导体点温计。

常用的点温计如图 5－1 所示。有些数字式万用表和钳形表具有点温计的功能,如图 5－2 所示。

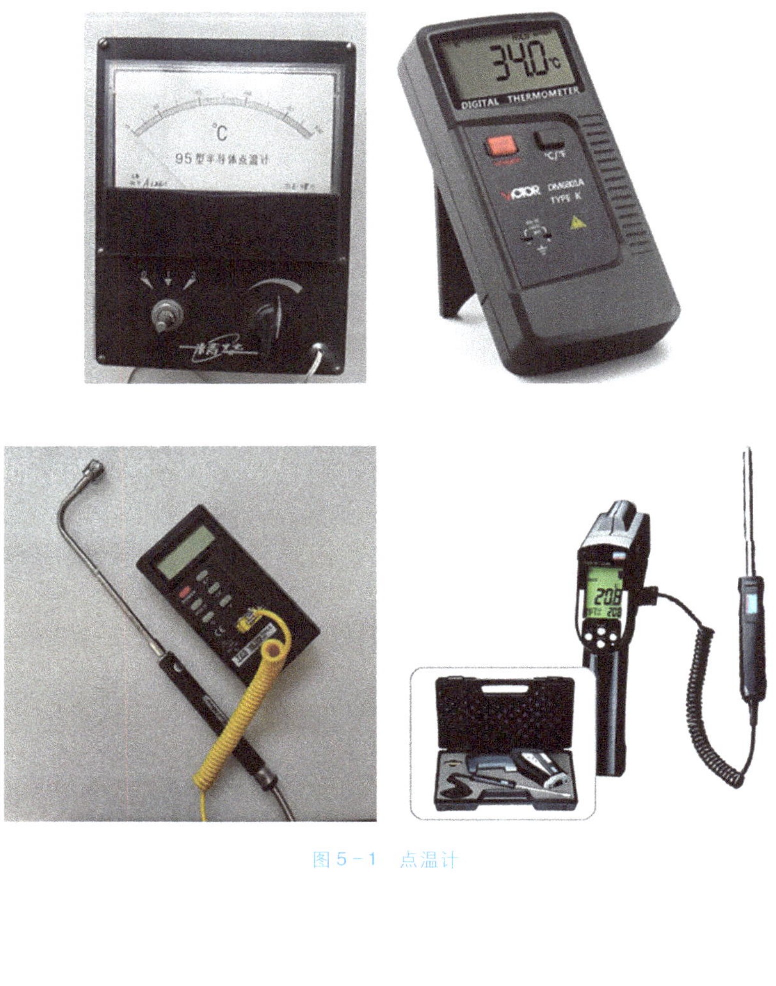

图 5－1　点温计

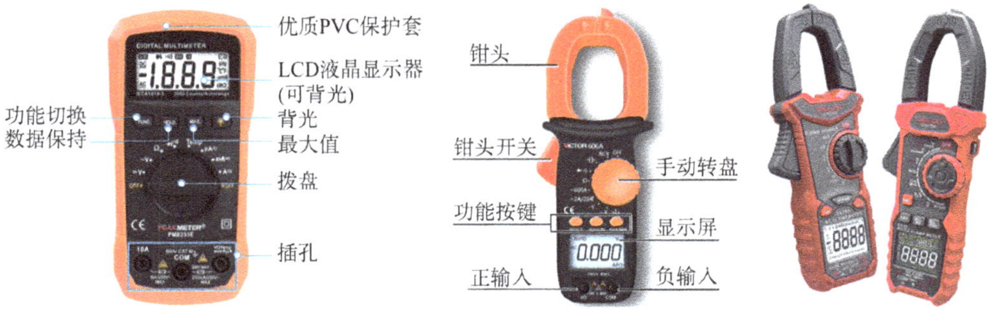

图 5-2　具有测温功能的数字式万用表和钳形表

对用点温计较难接触的部位，可使用图 5-3 所示的远红外线测温仪（简称红外测温仪）。测量时，光线应与被测量面尽可能垂直，距离应尽可能短。

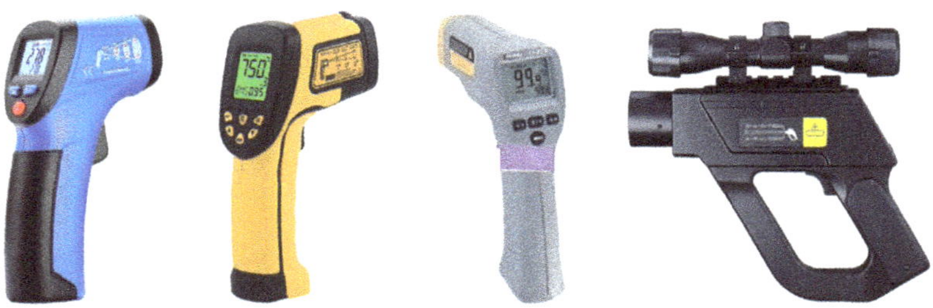

图 5-3　远红外线测温仪

图 5-4 为用点温计和红外测温仪测量轴承外圈温度的示意图。

图 5-4　测量电机轴承外圈温度

3）电机轴承温度的限值

一般而言电机轴承的运行都会在一定的温度范围之内，不同的设备由于电机工作的负荷情况不同，限值的标准会产生一定的差异。GB/T 755—2008《旋转电机 定额和性能》中规定：滚动轴承最高温度不得超过 95 ℃，滑动轴承最高温度不得超过 80 ℃，同时要求电机轴承温升不得超过 55 ℃。此标准目前已由 GB/T 755—2019《旋转电机 定额和性能》替代，并去掉了关于轴承温度的要求。

一般对于电机本身而言，遵守一般电机操作规程中的规定，即电机轴承温度不超过 95 ℃即可。但是很多电机在提供给不同用户的时候，会受到用户工况条件以及相应的标准规定的限制。因此需要采用合适的温度限值，这对电机工程师来说也是需要考虑的。对于轴承自身耐受温度的限值，其中主要考虑到轴承钢材质、保持架、润滑、密封件等材料本身对温度的限值。

5.1.2 电机轴承振动的测量与限值

振动测量量值是电机轴承处的振动位移和振动速度以及相关轴在或靠近电机轴承处的振动位移。电机轴承振动强度的评判应是在规定频率范围内振动位移（μm）、振动速度（mm/s）的有效值。在规定的测点和测量变量中所测得的最大值表示电机的振动强度。轴相对振动所采用的判据应是沿测量方向的振动位移峰峰值 $S_{p\text{-}p}$。

本部分参考的标准文件如下。

（1）GB/T 10068—2020《轴中心高为 56 mm 及以上电机的机械振动 振动的测量、评定及限值》[16]。

标准规定了脱离开任何负载和原动机的旋转电机在规定条件下工厂振动验收试验的方法和振动限值，适用于轴中心高为 56 mm 及以上、额定输出为 50 MW 及以下、运行转速为 120～15 000 r/min 的直流电机和三相交流电机，不适用于在运行地点（现场）安装的电机、三相换向器电动机、单相电机、单相供电的三相电机、立式水轮发电机、容量大于 20 MW 的汽轮发电机和带磁浮轴承电机或串励电机。

（2）GB/T 10069.1—2006《旋转电机噪声测定方法及限值 第 1 部分：旋转电机噪声测定方法》[17]。

标准规定了在标准条件下涉及测定、标示和检验旋转电机噪声发射特性所需的所有内容。同时还规定了适用的噪声测试方法和试验时的运行状态及安装方式。

噪声发射特性包括声功率级和发射声压级。这些量的测定用于:

电机发射噪声的比较;

使制造厂能确定噪声发射标示值;

噪声控制。

应用本部分可以保证与使用基础噪声测试方法测定噪声发射特性有相同的精度等级。本部分的噪声测试方法允许是试验室法(等级1)、工程法(等级2)和简易法(等级3),一般推荐工程法(等级2)。

本部分适用于任意长、宽或高的电机。

5.1.2.1 电机轴承振动的测量

1) 电机轴承振动测量的仪器

测量电机振动数值的仪器称为振动测量仪,简称为“测振仪”,就其所用的传感元件与被测部位的接触方式来分,有靠操作人员的手力接触和磁力吸盘吸引两种;另外还有分体式传感器和组合式传感器两种;一般同时具有测量振动振幅(单振幅或双振幅,mm 或 μm)、振动速度(有效值,mm/s)和振动加速度(有效值,m/s^2)三种单位振动量值的功能。图5－5给出了几种振动测量仪示例。

图5－5 振动测量仪

GB/T 10068—2020《轴中心高为 56 mm 及以上电机的机械振动　振动的测量、评定及限值》中要求，测量所用的传感器装置的总耦合质量应小于被试电机质量的 1/50，以免干扰被试电机运行时的振动状态。测量设备应能够测量振动的有效值，其平坦响应频率至少在 10 Hz ~ 1 kHz。然而，对转速接近或低于 600 r/min 的电机，平坦响应频率范围的下限应不大于 2 Hz。

2）电机振动测试所用标准

电机振动的测量、评定及限值的国家标准现行为等同采用国际标准 IEC 60033 - 142007 的 GB/T 10068—2020《轴中心高为 56 mm 及以上电机的机械振动　振动的测量、评定及限值》。

需要注意的是，这个标准的测量是针对电机本身的。往往在电机厂做型式试验和出厂试验的时候或者是在现场对电机进行单独测试的时候使用。当电机安装在设备上运行的时候，使用的往往是针对设备的测试标准。

3）测量辅助装置及安装要求

测量电机的振动时，还需要一些辅助装置，其中包括：与轴伸键槽配合的半键；弹性基础用的弹性垫和过渡板或者弹簧等；刚性安装用的平台等。下面介绍对这些装置的要求及使用规定，其中有些内容是现行国家标准 GB/T 10068—2020 中提出的，有些是在以前的标准（例如 GB/T 10068—1988）中提出的。

对半键尺寸和形状的规定：对轴伸带键槽的电机，如无专门规定，测量振动时应在轴伸键槽中填充一个半键。半键可理解成高度为标准键一半的键或长度等于标准键一半的键。前者简记为“全长半高键”，后者简记为“全高半长键”，如图 5 - 6 所示。

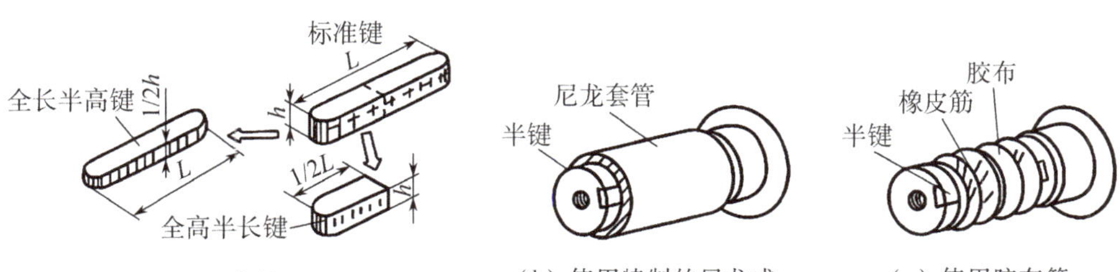

（a）半键　（b）使用特制的尼龙或铜制套管安装　（c）使用胶布等材料安装

图 5 - 6　半键的形状及安装要求

应当注意的是：配用这两种半键所测得的振动值是有差别的。因前者与电机转子调校动平衡时所用的半键相同，所以，在无说明的情况下，一般应采用前一种，后一种只在某些特殊情况下使用，例如在使用现场需要测量振动，但没有加工第一种半键的能力时。

安装半键的方法和注意事项：将合适的半键全部嵌入键槽内。当使用“全高半长键”时，应将半键置于键槽轴向中间位置。然后，用特制的尼龙或铜质套管将半键套紧在轴上。无这些专用工具时，可用胶布等材料将半键绑紧在轴上，分别如图 5－6(b)(c)所示。固定时一定要绝对可靠，以免高速旋转时甩出，造成安全事故。

自由悬置安装和刚性安装这两种支撑系统，可看为仅允许外部对电机有微小干扰的无源环境。对相同的测量位置，如果电机在静止状态时的振动强度超过运行时振动强度的25%，则属于有源环境，此时下面的表述不再适用。

自由悬置安装是将电机悬挂在弹簧上或安装在有弹性的支撑件上(弹簧、橡胶垫等)上。在规定的测试条件下，电机及其自由悬置系统的最大固有振动频率(f_{no})应小于相应被试电机转速频率(f_1)的三分之一。根据被试电机的质量，悬置系统具有的弹性位移与额定转速的关系，在 600～3 600 r/min 范围内能从图 5－7 确定。对于转速低于 600 r/min 的电机，使用自由悬置的测量方法是不实际的。对于转速高于 3 600 r/min 的电机，静态位移 Z 不宜小于转速为 3 600 r/min 时的值。

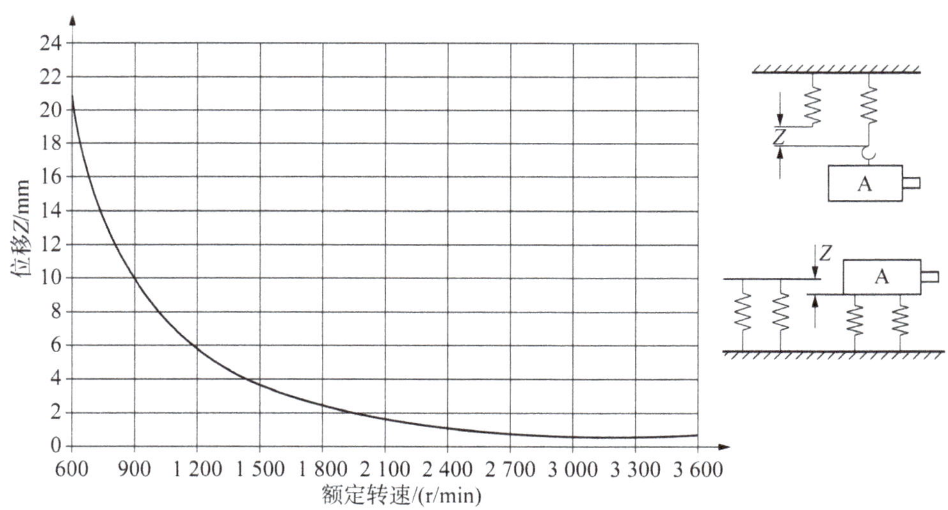

A—被测电机；Z—位移。

图 5－7 最小弹性位移与额定转速的关系

图 5-7 呈现了最小弹性位移与刚性物体达到所需要的垂直方向固有振动频率的关系，通常它是最高的刚性物体固有振动频率。静态位移 Z 的表达式为

$$Z = \frac{a^2 g}{2\pi n} \tag{5-1}$$

$$a = \frac{f_1}{f_{no}} (a \geqslant 3) \tag{5-2}$$

式中，Z 为位移；n 为额定转速；g 为重力加速度。

当 a 为 3 时，生成的曲线如图 5-7 所示。

对弹性的支撑件有如下的要求。

(1) 材料种类：弹性悬挂采用弹簧或强度足够的橡胶带等。弹性支撑材料可采用乳胶海绵、胶皮或弹簧等。为了电机安装稳定和压力均匀，弹性材料上可加放一块有一定刚度的平板。但应注意，为降低悬置系统的质量和转动惯量对振动强度等级所产生的影响，弹性支撑件的有效质量应不大于被试电机的十分之一。

(2) 尺寸标准：GB/T 10068—2020 中没有规定弹性支撑海绵、胶皮垫和刚性过渡板的尺寸要求，但在使用中，建议按电机噪声测试方法标准 GB/T 10069.1—2006《旋转电机噪声测定方法及限值第 1 部分：旋转电机噪声测定方法》中的相关要求，即按被试电机投影面积的 1.2 倍裁制，或简单地按被试电机长 b（不含轴伸长）和宽 a（不含设在侧面的接线盒等）各增加 10%，作为它们的长与宽进行裁制，如图 5-8 所示。

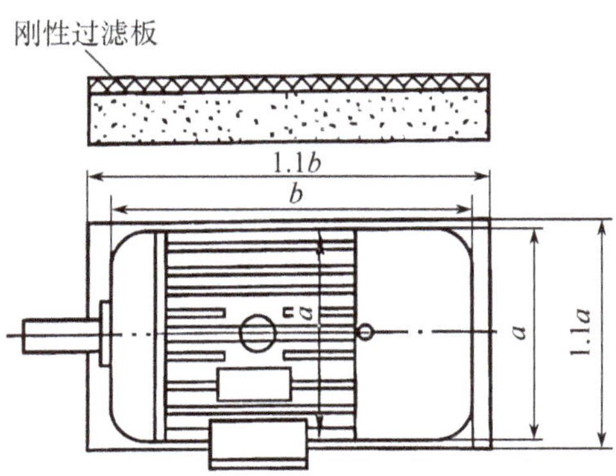

图 5-8　测振动用弹性支撑件

(3) 弹性安装装置的伸长量或压缩量：标准 GB/T 10068—2020 中没有规定

最大伸长量或最大压缩量，但按以前的标准 GB/T 10068—1998 中的规定，若使用如胶海绵作弹性垫，则其最大压缩量为原厚度的 40%。

刚性安装对安装基础的一般要求：刚性安装装置应具有一定的质量，一般应大于被试电机质量的 2 倍，并应平稳、坚实，不允许弹性安装电机。

避免试验安装的整体在水平方向和垂直方向的固有频率出现在下述范围内：电机转速频率的±10%；2 倍旋转频率的±5%；1 倍和 2 倍电网频率的±5%。

为此，安装在大质量厚重基础上时，在电机底脚上（或在座式轴承或定子底脚附近的底座上），在水平与垂直两方向测得的最大振动速度应不超过在邻近轴承上沿水平或垂直方向所测得的最大振动速度的 30%。

（1）卧式安装的电机：在所有螺孔的位置用螺栓或夹紧装置安装在基础上，并满足上述要求。当结构或装备不能满足上述固定条件时，用户和供应商宜进行协商。

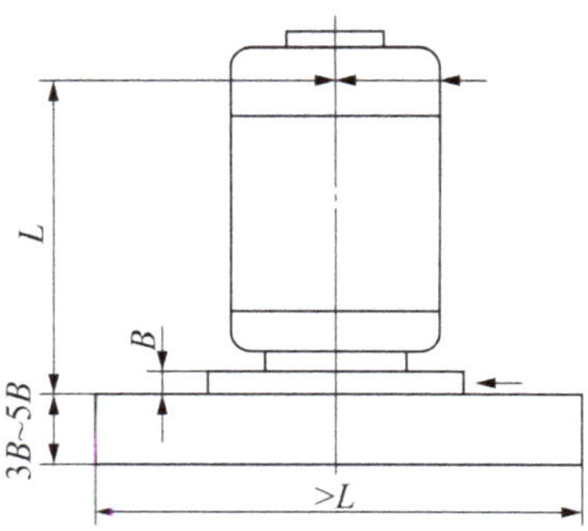

图 5-9 立式（V1 型）电机的安装

（2）立式安装的电机：立式电机应安装在一个坚固的长方形或圆形钢板上，该钢板对应于电机轴的轴中心孔，带有经过加工的平面与被试电机法兰相配合，并攻丝以连接法兰螺栓。钢板的厚度应至少为法兰厚度的 3 倍，推荐为 5 倍。钢板相对直径方向的边长应至少与顶部轴承距钢板的高度 L 相等，如图 5-9 所示。

钢板基础应夹紧且牢固地安装在坚硬的基础上，以满足上述的要求。法兰的连接应使用合适数量和直径的紧固件。如果上述安装方式不合适，用户和供应商之间要进行协商。

4）电机轴承振动测量方法

电机轴承振动的测量往往会在以下几种情况下进行。

第一，电机在电机厂进行型式试验或者出厂试验等针对电机本体进行的测量时需要按照 GB/T 10068—2020 的要求进行。其中，包括前面所述的安装方法，辅助装置要求均需要满足。

第二，电机安装在设备上已经投入运行。此时，电机处于运行状态，无法实现 GB/T 10068—2020 的要求，因此对电机以及轴承的振动测量方法需要遵循相应的设备标准要求。

不论哪种情况，关于振动测量的基本位置选定、结果确定等都十分类似。这里我们引用 GB/T 10068—2020 的方法进行介绍。

（1）电机测量时的运行状态要求。对电机的测量应在空载、各相关参量为额定值的状态下进行，且应在电机的每一额定转速或变频驱动额定转速范围内进行。振动传感器与电机表面的接触应按照传感器制造厂的规定，不得干扰被测电机运行时的振动状态，传感器装置的总耦合质量应小于电机质量的五十分之一。

固定转速的交流电机应在规定的实际正弦波条件下运行。

直流电机试验时推荐使用电流纹波值小的电源或纯直流电源，以方便辨别来自其他振动源引起的机械振动。

对于变速电机的检查试验，允许在单速条件下测试，此单速是由型式试验确定的。

对于双向旋转的电机，振动限值适用于任何旋转方向，但只需对一个旋转方向进行测量。

（2）电机轴承振动测点位置的选取。考虑到后续振动分析中可能的需求，电机轴承振动的信号采集应该涵盖针对前后轴承的轴向、径向垂直方向和径向水平方向的信号。

对于端盖式轴承的电机，按照图测点位置采集振动信号，适合测量振动强度等级的测点和方向如图 5－10 所示。

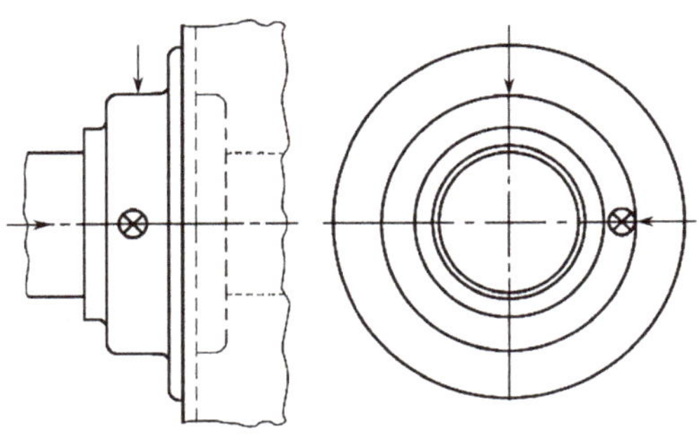

图 5－10　用于电机的一端或两端推荐测点

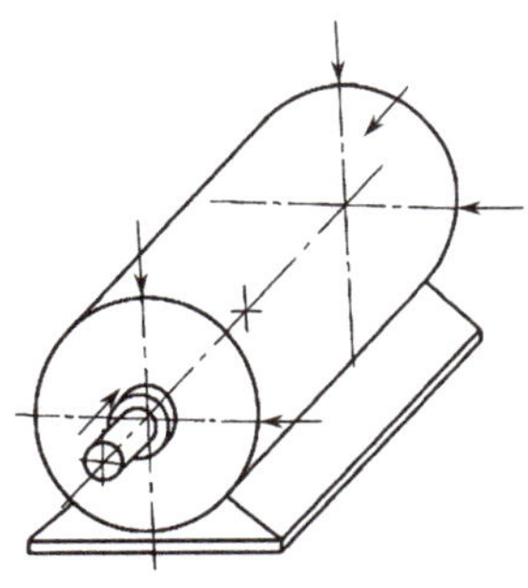

图 5－11　次优的推荐电机测点

对于不拆卸零部件就不可能按图 5－10 布置测点的情况，采用如图 5－11 所示的位置布置测点。

对于座式轴承的电机，测点按照图 5－12 中所示采集振动信号。

立式安装的电机测点布置如图 5－13 所示。

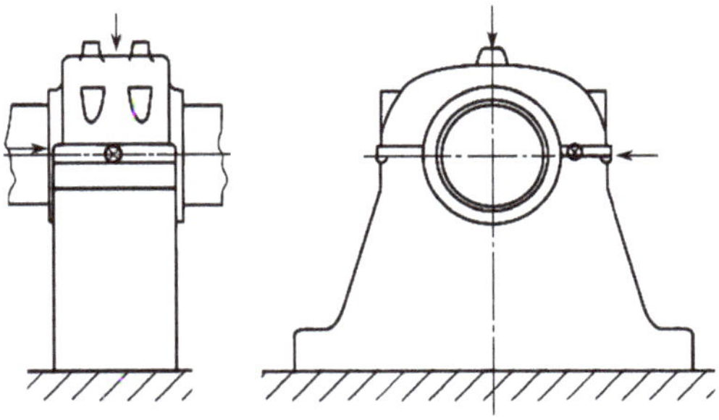

图 5 - 12　座式轴承的测点

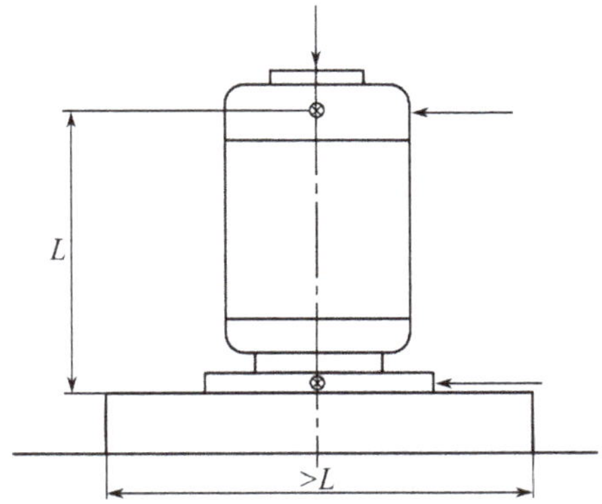

图 5 - 13　立式电机的测量点（在轴承室上测量；当轴承室上无法测量时，测量点尽量靠近轴承室）

测量轴的相对位移时，非接触式传感器应安装在轴承内部，或靠近轴承盖（如轴承内无法安装时）处，直接测量轴颈的相对位移，如图 5 - 14 所示。

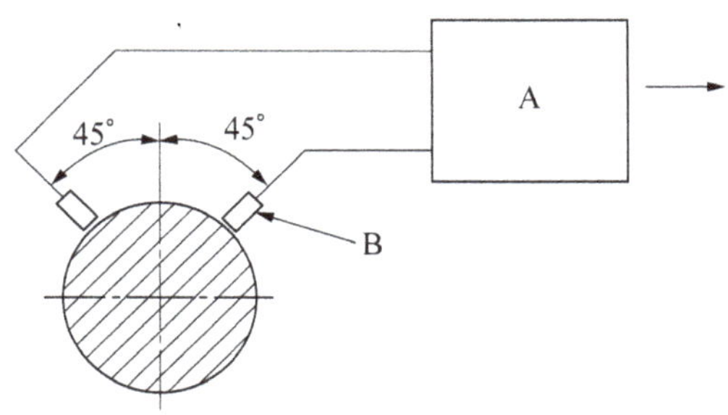

图 5 - 14　测定轴相对位移推荐的传感器圆周位置

前已述及，电机轴承振动的测点选取也是根据后续振动信号分析的需求进行布置的。除了在正确的位置上布置测点以外，测量探头的正确安装也直接影响测试结果。

如果是磁盘吸附的振动监测仪器，必须选择可靠、平整的吸附平面，同时对吸附平面进行适当的清理，然后将振动探头吸附在被测表面，之后开始测量。

如果是手持式振动检测探头，监测人员必须尽量保证测点与探头之间的可靠接触，并且在测量的时候避免探头的移动。可靠接触适度按压之后，开始采集数据进行测量。

5）电机轴承振动测量结果的确定

电机轴承振动测量需要根据后续轴承故障诊断与分析的需要测取不同的数

值,其中主要包括振动的时域信号和频域信号。目前很多测试设备都具有时域信号和频域信号的采集和存储功能,工程师直接从仪器中读取电机轴承振动测试结果即可,这使得后续诊断分析更加有利。

但是对于日常点检的设备运维人员来说,有时候只是在单点时间对电机轴承的振动进行检查,电机轴承振动的现场检测只能单独进行。依照前述的方法,电机轴承振动测量会得到两端轴承 6 个测点的数据。同时,测量人员会在每一个测点进行若干(一般是三次)次测量,这样总共 18 个数据。如果测量人员仅仅测量幅值信息,那么取最大值即可。如果测量人员测取的是频域波形信息,则在存储数据的同时需要记录测点的位置。

测量振动幅值的时候,对于感应电机,特别是二极感应电机,常常会出现 2 倍转差频率振动速度拍振现象,这种情况下,振动烈度(有效值) $v_{r.m.s}$ 可以根据下面公式确定:

$$v_{r.m.s} = \sqrt{\frac{1}{2}(V_{max}^2 + V_{min}^2)} \tag{5-3}$$

式中, V_{max} 是最大振动有效值, V_{min} 是最小振动有效值。

5.1.2.2 电机轴承振动的限值

振动限值适用于在上述规定的频率范围内所测得的振动速度和位移的有效值。

根据所规定的两种安装条件,轴中心高 56 mm 及以上直流和三相交流电机的振动强度应不超过表 5-2 中的限值。振动等级划分为两种。如未指明振动等级时,电机的振动限值应符合等级“A”的要求。

检查试验时,对转速小于 600 r/min 的电机,只需测量振动的位移。对转速 600~15 000 r/min 的电机,只需测量振动速度。

当检查试验是在自由悬置安装条件下做的时,型式试验宜包括在刚性安装情况下的试验。

表 5-2 不同轴中心高 H 用位移和速度表示的振动强度限值(有效值)

振动等级	安装方式	56 mm≤H≤132 mm		H>132 mm	
		位移/μm	速度/(mm/s)	位移/μm	速度/(mm/s)
A	自由悬置	45	2.8	45	2.8
	刚性安装	-	-	37	2.3

续 表

振动等级	安装方式	56 mm≤H≤132 mm		H>132 mm	
		位移/μm	速度/(mm/s)	位移/μm	速度/(mm/s)
B	自由悬置	18	1.1	29	1.8
	刚性安装	–	–	24	1.5

注:1. 等级"A"适用于对振动无特殊要求的电机。

2. 等级"B"适用于对振动有特殊要求的电机。

3. 轴中心高小于或等于 132 mm 的电机,不考虑刚性安装。

4. 频率在 1 000 Hz 以上的振动宜过滤掉。

5. 以相同机座带底脚卧式电机的轴中心高,作为机座无底脚电机、底脚朝上安装式电机或立式电机的轴中心高。

6. 制造厂和用户要考虑到检测仪器可能有±10%的测量容差。

7. 一台电机,自身平衡较好且振动强度等级符合表中的要求,但在现场安装中因受各种因素,如地基不平、负载机械的反作用以及电源中纹波电流的影响等等,也会显示较大的振动。另外,由于所驱动的各单元的固有频率与电机旋转体微小残余不平衡的激励频率极为接近,也会引起振动,在这些情形下,不仅只是对电机,而且对装置中的每一单元都要检验,参见 ISO 10816-3

8. 如 ISO 20816-1 现场运行中提及的,可以制定特殊协议。ISO 20816-1 给出的值基于供应商和用户,很容易讨论达成。这个值保证了在大多数应用场合,主要的错误或不切实际的要求可以避免。对加速或减速期间的特殊要求也可以制定协议,振动限值和轴承寿命的减少作为振动速度的函数可以由制造商给出。

5.1.3 电机轴承噪声的测量与限值

本部分适用于单独的旋转电机,即电动机和发电机(直流和交流电机)都没有任何输出、电压以及尺寸的限制。

本部分参考的标准文件如下:

(1) GB/T 10069.1—2006《旋转电机噪声测定方法及限值 第 1 部分:旋转电机噪声测定方法》[17]。

标准规定了在标准条件下涉及测定、标示和检验旋转电机噪声发射特性所需的所有内容。同时还规定了适用的噪声测试方法和试验时的运行状态及安装方式。

噪声发射特性包括声功率级和发射声压级。这些量的测定用于:

电机发射噪声的比较;

使制造厂能确定噪声发射标示值;

噪声控制。

应用本部分可以保证与使用基础噪声测试方法测定噪声发射特性有相同的

精度等级。本部分的噪声测试方法允许是试验室法(等级 1)、工程法(等级 2)和简易法(等级 3),一般推荐工程法(等级 2)。

本部分适用于任意长、宽或高的电机。

(2) GB/T 10069.3—2008《旋转电机噪声测定方法及限值 第 3 部分:噪声限值》[18]。

标准的内容如下:

标准规定了旋转电机的声功率级测定的试验方法。

对于符合 GB 755,按 GB/T 1993—1993 规定的冷却方法以及按 GB/T 4942.1—2006 规定的防护分级并具备下列特性的旋转电机,规定了电网供电时工厂验收试验方法下 A 计权声功率级最大值:无论交流电机还是直流电机,均为标准设计;对特别从电的、机械的或声学的方面为降低声功率级专门改进的设计除外;额定输出从 1 kW(kVA)到 5 500 kW(kVA);转速不超过 3 750 r/min。

标准提供了由变频器供电的笼型感应电动机的噪声级确定导则。

本部分的目的在于对标准设计的电机,规定以功率、转速、负载为特征的电机发射空气噪声最大声功率级 LWA,以 dB(A)为单位;并规定了测定电机声功率级的测试方法和试验条件,提供了电机噪声是否达到所规定的最大声功率级的考核标准。本部分不提供对纯音特性存在的修正。

在诸如听力保护方面的一些实际场合会需要距电机一定距离的声压级。

5.1.3.1 电机轴承噪声的现场测量和判断

电机装机运行的时候,电磁噪声、风扇噪声、轴承噪声等所有噪声都会混合在一起发生。此时如果仅仅用送话器去采集噪声总体水平的分贝值,得到的是所有电机噪声的总和。目前有一些方法可以帮助电机工程师对电机轴承的噪声进行一些分析,其中包括:与电机轴承振动测试原理相同的方法,对噪声信号的波形进行分解,从而找到频域特征来推断噪声的来源;使用送话器阵列来定位噪声的位置等。另一方面,电机噪声信号十分容易受到周围环境因素的干扰,因此测试要求的试验条件相对苛刻,一般的工厂或者工程实际现场很难达到。所以实际工程中,只能通过一定的修正计算对测量结果进行调整。但这个测量结果也仅仅是电机噪声的总和,难以分离到各个零部件。所以对故障诊断的定位定责目的而言,作用相对模糊。目前实际工况中,对电机轴承噪声的测量往往是采用总值考核与人工听感的感受相结合的方法。

工程现场中,为了甄别电机轴承的噪声,技术人员就需要借助一些工具对电机轴承噪声信号进行收集，其中最常用又简便的工具就是听棒，如图 5－15 所示。

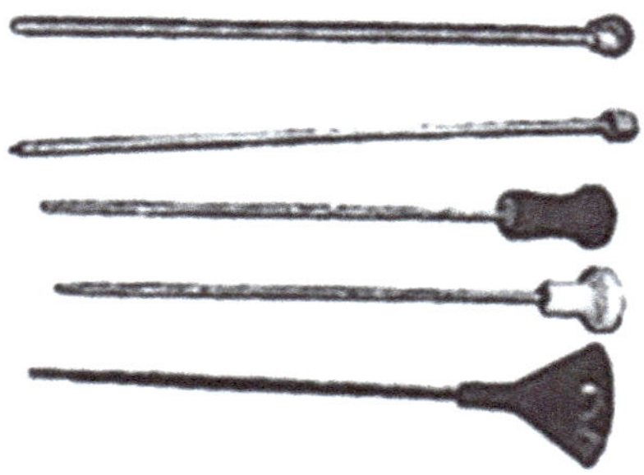

（a）专用听棒

（b）用听棒监听轴承的运转声

图 5－15 用听棒监听轴承的运转声

听棒的作用是将电机刚体机座的振动通过听棒本身传递到人的耳朵里，从而规避了空气介质的长距离传输和衰减，同时也很大程度上避免了周围环境因素的干扰。

不难发现，其实噪声和振动有着紧密的联系，而听棒其实就是将轴承的噪声激励源——振动因素通过刚性连接提取出来，传递到检测人员的耳朵里。所以实质上，听棒测量的是轴承的振动（噪声的激励源）。

比听棒更先进的工具就是电机轴承的听诊器，如图 5－16 所示。现在已经有一些厂家可以提供效果很好的专用听诊器，甚至还具有录音功能。当然在成本允许的情况下，专用的听诊器效果会更好。

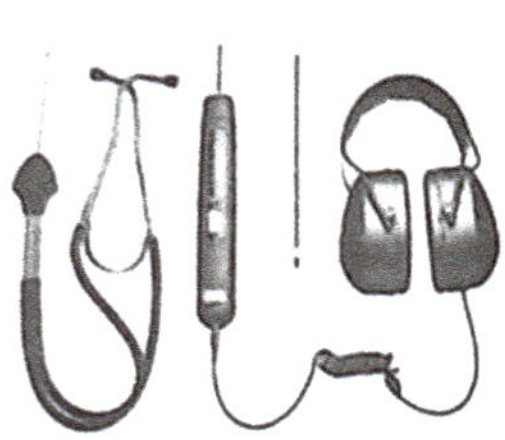

（a）简易机械噪声听诊器

（b）电子机械噪声听诊器

（c）电子机械噪声听诊器的使用

图 5－16 用听诊器监听电机轴承的运转声

电机轴承装配之后，由于轴承和电机本体的噪声出现了混杂，因此通过外界的送话器测得的噪声绝对幅值不能用于判断电机轴承的噪声。现场实际使用的方法更多的是工程师根据噪声检测装置采集来的噪声与经验的噪声特性进行比对，从而做出初步判断。很多轴承厂家也在自己的噪声检测装置中内置了一些典型的噪声录音，便于技术人员在进行电机噪声诊断的时候进行对比。也有一些厂家将噪声录音内置到手机 APP 中给工程技术人员作为参考。

由于噪声的性状难于形容，而对噪声信号的定量描述在工程实际中并不常见（理论上和电机轴承振动的频域分析类似），因此工程师需要根据录音的基本信息判断自己听到的声音是否与录音相符或者相类似，从而做出基本判断。

5.1.3.2 噪声测试和试验

1）电机安装

如有可能电机的安装方式应与正常使用时相同。应该注意尽量减少由包括基础在内的所有安装部件产生结构噪声的辐射和传递。较小电机可采用弹性安装方式；较大电机通常只能在刚性安装条件下试验。弹、刚性安装的选择原则应根据电机轴中心高的大小确定，并应与 GB 10068—2000 的规定一致。

负载状态下被试电机应是刚性安装。只有在现场安装才能达到较高的负载定额。为了区分被测电机因负载增加而产生的噪声增加量与负载（作电动机的负载）本身或驱动电机（作发电机的原动机）本身发射噪声之间的主次关系，后者不是被测对象。

如果必要而且可行，测定声功率和指定位置发射声压级的两种安装方式及安装条件都应一样。

（1）弹性安装。

支撑装置和被测电机组成系统的最高固有频率应低于电机最低转速相应频率的 1/3。弹性支撑的有效质量不得大于被测电机的 1/10。

安装电机的弹性装置应与测量振动时的要求一致。

（2）刚性安装。

电机必须刚性地安装于适合该类电机尺寸足够的面（例如按生产厂说明书规定的底脚或凸缘）上。电机不应受到由于不正确的垫片调整而导致的附加安装应力。

支撑件的质量至少应是被试电机的两倍。

（3）辅助设备和负载电机。

所有联结电机的辅助设备（负载电机、齿轮箱、变压器、变换器、外部冷却系统）以及被试电机运行连接所需，但又不与之构成整体的部分，都不应明显地影响噪声测量。如果有影响,则应进行声隔离或装在试验环境之外,或用振速法、或按 GB/T 16404—1996 及 GB/T 16404.2—1996 进行试验。

2) 电机运行工况

电机应在额定电压和额定频率或额定转速下运行,并具有规定的励磁(见 GB 755—2000)。

交流电机供电电压的正弦性和供电电压系统的不平衡度应符合 GB 755—2000 规定的限值。由变频器供电的电机,其电压或电流的谐波应由相关变频器规定。

同步电机应在相应于额定电压的励磁电流状态下运行。

发电机应在电动机状态下运行,或在开路电压为额定电压的励磁下按额定转速驱动运行。

对多转速的电机,必须评估所有运行转速的范围是否符合要求。

对可逆运行电机应双向都可运行,除非两方向声功率级不同,才可按设计的一个方向试验。

其他工况可由生产厂与用户商定。

所用的运行工况应做记录并仔细地写入报告中。如果可能,测定声功率级和指定位置的发射声压级,两者的运行工况应该相同。

试验之前必须预先进行空载试验。

应监测被测电机全部运行速度范围内的噪声,以确定发生最大噪声级的转速。且应以低变化率取得这些转速,并在此转速下进行检测,试验结果报告中应列出这种工况。

3) 声功率级限值

按照上面规定的条件所测得的声功率级,不得超过下列有关规定的数字。

(1) 具有 IC01、IC11、IC21、IC411、IC511 或 IC611 冷却方式的,50 Hz 或 60 Hz,额定输出不小于 1 kW,且不超过 1 000 kW 的单速三相笼型感应电动机,空载运行时应按附表 2 的规定;额定负载时必须按附表 2 和附表 3 规定值的总和值;变频器供电的交流电机不按此限值。

(2) 除(1)中规定以外的电机,空载运行时必须按附表 1 的规定。

5.1.4 电机轴承的其他运行状态指征检查

电机轴承在运行过程中最常用的状态指征就是前面提及的温度、振动和噪声，但除此之外还有一些轴承的运行状态在电机完成装机之后的试运行过程中可以观察，此时电机和轴承都未长时间投入使用，因此还没有很多的速度、温度和噪声的数据以供检测。但是这些轴承运行状态的观察和异常情况排查可以很早起到排除电机轴承潜在故障的作用。

1）轴承旋转不顺畅

一般在电机装配完成之后都会对电机与轴承的装配进行大致检查。当工人用手盘动电机轴的时候可以观察电机轴承的运转情况，观察轴承是否旋转顺畅。通常完好的轴承通过正确安装后的运转应该是连续、顺畅并且没有自主转速突变的。时转时停、各种旋转的阻滞等都应该引起技术人员的注意。

2）轴承室内部滚动体转动异常

电机轴承运转的时候，轴承内部的滚动体的运动应该呈现一定的规律。在负荷区的滚动体应该除了自转也有公转，同时负荷区滚动体的自转速度应该一样。如果在负荷区出现某些滚动体不旋转，或者与其他滚动体转速不同的情况，应予以确认是否存在某些问题。

对于圆柱滚子轴承以及没有施加预负荷的深沟球轴承而言，上面提到的负荷区主要分布在轴承受载方向的承载侧。这个区域的摆动幅度应该在120°左右，这个区域过大和过小都反映了一些问题。

对于已经施加预负荷的深沟球轴承、角接触球轴承等，由于轴向预负荷的添加，整圈滚动体都应该处于负荷区。如果其中存在某些滚动体滚动异常，则应予以排查。

3）密封件异常

电机轴承安装之后、试运行过程中，以及故障诊断之前，技术人员也需要对电机轴承的密封进行观察：密封件唇口有没有破损，密封件本体有无变形，密封安装位置是否恰当，密封唇口是否有不恰当的润滑脂泄漏等。

4）轴承外观是否有损伤

安装轴承之前和之后，都应该对轴承外观进行检查，以避免让轴承带伤运行，尤其是对于轴承的关键部位，一旦带伤运行，即便初期并无参数异常（温度、振动、噪声），但是经过一段时间运行，这些早期损伤会发展成更严重的故障。

轴承最关键的表面包括：滚动体表面、滚道表面、轴承与轴承室的配合面、保持架表面、轴承与轴的配合面等。尤其是滚动体和滚道表面的损伤，原则上一定要对轴承进行更换。

5）轴承润滑脂是否正常

轴承在投入使用之前，在条件允许的情况下，可以检查润滑脂是否被正确地添加，添加量是否合适，添加是否均匀，进油和出油通路是否顺畅。

6）轴承防锈油是否有异常

厂家往往会对新出厂的轴承表面做一定的防锈处理。如果轴承经过一段时间的储存，轴承的防锈油将会挥发。使用之前需要检查防锈油是否已经挥发，如果防锈油已经挥发了，那就需要对轴承表面是否生锈进行相应的检查。

另外，有的电机厂在对电机轴承进行安装的时候会使用加热安装的方法。有些加热方法温度太高会使轴承表面的防锈油碳化，甚至干结。如果这种干结或者碳化的防锈油混入润滑脂，并且进入滚道，将会成为“污染”物带来潜在的问题。

总而言之，不论是在电机出厂试验还是电机进入实际运行的过程中，工程技术人员对电机各种运行指征的观察应该是全方位的，其中既包含了主要的温度、振动和噪声，也包括其他未被量化的指征。很多时候这些未被量化的指征的异常还可能是后续引起温度、振动、噪声异常的前期因素。越早发现，越有利于阻止故障恶化。这里仅仅列出的几点不能涵盖所有需要在电机轴承运转时和运转前检查的因素。这就需要工程技术人员利用长期积累的现场和使用经验进行判别。同时这些观察也是后续电机轴承故障诊断与分析中重要的线索和依据。

5.2 齿轮箱轴承与齿轮系统故障诊断

齿轮传动是工程机械中最常用的传动方式。齿轮失效又是诱发机械故障的重要因素。诊断齿轮故障，对于降低机械维修费用、防止突发性事故具有现实意义。

早期齿轮故障诊断大体可分为两大类[9]：通过采集齿轮运行中的动态信号（振动和噪声），运用信号分析方法来进行诊断；根据摩擦磨损理论，通过润滑油液分析来实现。这些诊断仅限于直接测量一些简单的振动参数，如振动峰值Px、均方根值RMS等，通过观察这些参数的变化来掌握齿轮的运行状况。有时还采用一些无量纲参数，如峰值系数等，应用脉冲冲击仪等简易仪表对齿轮故障进行简易诊断。这类简单参数对齿轮故障反应的灵敏度不高，尤其无法确定故障是否在齿轮上，这就导致了振动信号的频谱分析方法的产生。振动信号的频谱分析方法对于齿轮磨损、断齿等故障的诊断比较有效。

与滚动轴承诊断相比，齿轮故障诊断的困难在于信号在传递中所经环节较多，齿轮经轴、轴承、轴承座最后到测点，高频信号（20 kHz 以上）在传递中大多丧失。因此，齿轮故障诊断通常需借助于较为细致的信号分析技术，以达到提高信噪比和有效地提取故障特征的目的。

5.2.1 齿轮箱的失效原因和形式

齿轮箱中的各类零件的失效比例分别为：齿轮 60%，轴承 19%，轴 10%，箱体 7%，紧固件 3%，油封 1%。由此可看出，在所有零件中，齿轮自身的失效比例最大[20]。

1）由制造误差引起的缺陷

制造齿轮时通常会产生偏心、周节误差、基节误差、齿形误差等几种典型误差。偏心指齿轮基圆或分度圆与齿轮旋转轴线不同心的程度；周节误差指齿轮同一圆周上任意两个周节之差；基节误差指齿轮上相邻两个同名齿形的两条相互平行的切线间，实际齿距与公称齿距之差；齿形误差指在轮齿工作部分内，容纳实际齿形的两理论渐开线齿型间的距离。当齿轮的这些误差较严重时，会引起齿轮传动中忽快忽慢的转动，啮合时产生冲击引起较大噪声等。

2）由装配误差引起的故障

由于装配技术和装配方法等，通常在装配齿轮时会造成“一端接触”和齿轮轴的直线性偏差（不同轴、不对中）及齿轮的不平衡等异常现象。

3）运行中产生的故障

齿轮运行一段时间后才产生的故障，主要与齿轮的热处理质量及运行润滑条件有关，也可能与设计不当或制造误差或装配不良有关。根据齿轮损伤的形貌和损伤过程或机理不同，故障通常分为齿的断裂、齿面疲劳、齿面磨损或划痕、塑性变形 4 类。

4）滚动轴承的失效

滚动轴承是齿轮箱中最常见也是最易损坏的零件之一，它的破坏形式很复杂，主要有磨损失效、疲劳失效、腐蚀失效、压痕失效、断裂失效和胶合失效。部分失效如图 5－17 所示。

（a）保持架及内圈烧黑　　（b）轴承外圈坑蚀

（c）滚子故障　　（d）内圈故障

图 5-17　滚动轴承的失效

5.2.2　齿轮箱振动诊断分析方法

工作条件下很难直接检测某一个齿轮的故障信号，一般测得的信号是轮系的信号，必须从轮系的信号中分离出故障信息。齿轮箱故障诊断中常用振动检测方法。当齿轮旋转时，无论齿轮异常与否，齿的啮合都会发生冲击啮合振动，其振动波形表现出调制的特点。

由于设计不当（如刚性不好）、材质不均及制造和安装的误差会使齿轮在运转中产生振动；当齿轮承载运转时，由于轮齿受交变载荷的作用及齿面相对滚动的交替变化，也会引起振动；齿面磨损，产生冲击、剥落、胶合、裂纹以至断裂时，更会引起剧烈的振动；这些振动会随着齿面情况的劣化不断加大。

由于以上原因产生的振动，都会有某种特征频率。因此，对齿轮箱进行频谱分析，在测得的齿轮箱频谱图上，按出现的频率及其幅值来判别齿轮故障的产生及失效程度。前文已经详细分析了齿轮啮合的各个特征频率,如啮合频率、共振频率等等。需要注意的是,对于齿轮而言,采集的振动信号还可能存在隐含成分(鬼线)。隐含成分由齿轮加工机床分度齿轮误差传递到加工齿轮上引起,其频率相当于机床分度轮啮合频率。起名"隐含成分(鬼线)"的原因是由于开始时找不到其来源,而在功率谱图上又常常存在而得名。

隐含成分有两个特点:

(1) 它总是出现在啮合频率附近,且不受载荷变化的影响;

(2) 当齿轮运转一段时间后,由于磨损趋于均匀,啮合频率及其谐波成分增大而隐含成分及其谐波成分逐渐减少。

1) 调制信号——边频带分析

当齿轮产生故障时,振动信号出现调制现象而形成调制波,其频率为啮合频率及其谐波或其他高频成分,而故障的振动频率就是调制信号的频率。

调制可分为幅值调制和频率调制。调制结果是在频谱中齿轮啮合频率两边产生一簇边频带,其间隔即为故障引起的频率。

因此,边频带分析在齿轮故障诊断中具有较重要的地位。齿轮偏差、齿间距周期性变化、载荷起伏等都会引起幅值调制和频率调制。

2) 附加脉冲

由于不对中、不平衡、机械松动等原因会引起附加脉冲。附加脉冲会有轴系频率的低次谐波 f/N 。因此,齿轮箱的频谱图上,频率是很丰富的。

综上所述,齿轮振动频谱图的谱线一般有:齿轮的回转频率及其谐波频率、齿轮的啮合频率及其谐波频率、啮合频率的边频带、齿轮副的各阶固有频率等。其中,齿轮副的固有频率由于齿轮啮合时齿间撞击而引起齿轮自由衰减振动,它们位于高频区,且幅值较小,易被噪声信号淹没。齿轮箱故障诊断就是根据这些频率特征来确定故障零件及异常程度。

3) 齿轮箱振动信号的频谱分析及其特点

振动信号的频谱分析是对齿轮故障信息的最基本的研究方法,它和转子、滚动轴承的频谱分析在原理上一致[19]。齿轮的制造与安装误差、剥落、裂纹等故障会直接成为振动的激励源,这些激励源都以齿轮轴的回转为周期,齿轮振动信号中含有轴的回转频率及其倍频,故障齿轮的振动信号往往表现为回转频率对啮合频率及其倍频的调制,在谱图上形成以啮合频率为中心、两个等间隔分布的边频带。由于调频和调幅的共同作用,最后形成的频谱表现为以啮合频率及其各次谐波为中心的一系列边频带群,边频带反映了故障源信息,边频带的间隔反映了故障源的频率，幅值的变化表示了故障的程度。因此，齿轮故障诊断很大意义上是对边频带的识别。

齿轮振动的各调制边频可用下式表示：

$$f = Nf_m \pm mf_1 \pm nf_2 \tag{5-4}$$

式中，f_m 为齿轮副的啮合频率，f_1、f_2 分别为主动齿轮被动齿轮的回转频率，N 为啮合频率的各阶谐波频率的序数，$N=1, 2, 3, \cdots$，m，n 分别为主被动齿轮回转频率的各阶谐波频率的序数，m、$n=1, 2, 3, \cdots$。

由分析可见，齿轮振动的边频带分布很复杂。一般齿轮箱同时有数对齿轮啮合，几对齿轮振动的边频带重叠在一起，其频谱图就更复杂。

4）常见的分析方法

下面简要介绍功率谱分析法及边频带分析法[19]。

（1）功率谱分析法。

功率谱分析可确定齿轮振动信号的频率构成和振动能量在各频率成分上的分布，是一种重要的频域分析方法[21]。

振幅谱也能进行类似的分析，但由于功率谱是振幅的平方关系，所以功率谱比振幅谱更能突出啮合频率及其谐波等线状谱成分而减少了随机振动信号引起的一些“毛刺”现象。应用功率谱分析时，频率轴横坐标可采取线性坐标或对数坐标，对数坐标（恒百分比带宽）适合故障概括的检测和预报，对噪声的分析与人耳的响应接近，但对于齿轮系统由于有较多的边频成分，采用线性坐标（恒带宽）会更有效。

功率谱分析作为目前振动监测和故障诊断中应用最广的信号处理技术，在齿轮箱的故障诊断中发挥了较大的作用。它对齿轮的大面积磨损、点蚀等均匀故障有比较明显的分析效果，但对齿轮的早期故障和局部故障不敏感，故而应采用其他分析方法。

（2）边频带分析法。

边频带成分包含有丰富的齿轮故障信息，要提取边频带信息，在频谱分析时必须有足够高的频率分辨率。当边频带谱线的间隔小于频率分辨率时，或谱线间隔不均匀，都阻碍边频带的分析，必要时应对感兴趣的频段进行频率细化分析（ZOOM 分析），以准确测定边频带间隔。

边频带出现的机理是齿轮啮合频率 f_z 的振动受到了齿轮旋转频率 f_r 的调制而产生的，边频带的形状和分布包含了丰富的齿面状况信息。一般从两方面进行边频带分析，一是利用边频带的频率对称性，找出 $f_z + nf_r$，($n = 1, 2, 3, \cdots$)的频率关系，确定是否为一组边频带。如果是边频带，则可知道啮合频率 f_z 和旋转频率 f_r。二是比较各次测量中边频带振幅的变化趋势。

根据边频带呈现的形式和间隔，有可能得到以下信息：

(1) 当边频带间隔为旋转频率 f_r 时，可能有齿轮偏心、齿距的缓慢的周期变化及载荷的周期波动等缺陷存在，齿轮每旋转一周，这些缺陷就重复作用一次，即这些缺陷的重复频率与该齿轮的旋转频率相一致。根据旋转频率 f_r 可判断出问题齿轮所在的轴。

(2) 齿轮的点蚀等分布故障会在频谱上形成类似信息(1)的边频带，但其边频阶数少而集中在啮合频率及其谐波频率的两侧。

(3) 齿轮的剥落、齿根裂纹及部分断齿等局部故障会产生特有的瞬态冲击调制，在啮合频率及其谐波频率两侧产生一系列边频带。其特点是边频带阶数多而谱线分散，由于高阶边频的互相叠加而使边频带族形状各异。严重的局部故障还会使旋转频率 f_r 及其谐波成分的振幅增高。

需要指出的是，由于边频带成分具有不稳定性，在实际工作环境中，尤其是几种故障并存时，边频带族错综复杂，其变化规律难以用上述的典型情况表述，而且还存在两个轴的旋转频率 f_{ri}(主动轴 f_{z1}，被动轴 f_{z2})混合情况。但边频带的总体形状和分布是随着故障的出现而上升的。如齿面磨损、点蚀等表面缺陷，在啮合中不激发瞬时冲击，因而边频带的分布窄，边频带的振幅随磨损程度的增大而增高。断齿、裂齿、大块剥落等在啮合中激发瞬时冲击的缺陷，反映到边频带中就是分布变宽，随着这类缺陷的扩大，边频带在宽度和高度上也增大。这就要求在诊断时，与以前的频谱图比较，观察边频带的变化。

5.2.3 岸边集装箱起重机传动部件振动监测系统

本部分参考标准 T/CPHA 22—2023《岸边集装箱起重机传动部件振动监测系统技术要求》[22]：规定了岸桥传动部件振动监测系统的系统构成、基本要求、传感器、数据采集器以及监测服务器等技术要求。适用于岸桥传动部件振动监测系统的设计和应用。

传动部件振动监测系统是通过安装在岸桥起升机构、小车机构和俯仰机构的电机、齿轮箱和卷筒上的传感器，实时监测岸桥传动部件振动状态的系统。

岸桥传动部件振动监测系统(以下简称“监测系统”)主要由传感器、数据采集器和监测服务器组成，如图 5-18 所示。

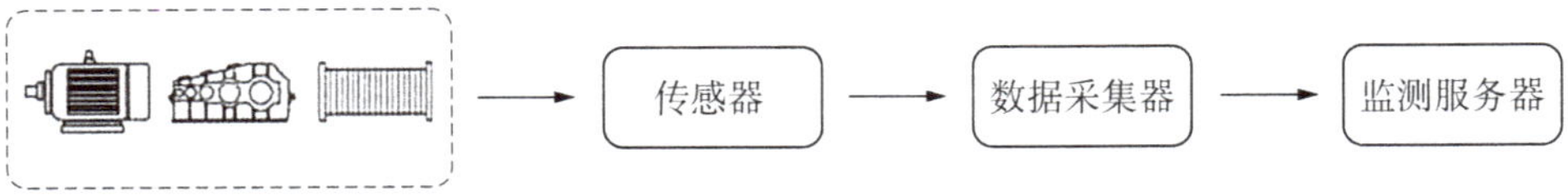

图 5-18 监测系统构成

1）传感器

监测系统对于传感器的一般要求如下：

（1）传感器可适用环境温度范围宜为-40～70 ℃；

（2）传感器的安装与布置不应影响岸桥的安全可靠运行；

（3）传感器可根据岸桥传动部件特点进行选择，对于中、高速轴宜监测振动信号，低速轴宜同时监测振动和温度信号；

（4）传感器应具有良好的抗干扰能力，能实时准确获取信号。

对于振动传感器、温度传感器和温振一体式传感器还有其他具体的要求。

（1）振动传感器。

振动传感器宜采用压电式加速度传感器。

压电式加速度传感器应满足以下主要性能指标：

① 频率范围：0.5～13 000 Hz（±3 dB）；

② 振动灵敏度：100 mV/g；

③ 振动测量范围：±50 g；

④ 线性度：满量程的±0.5%。

（2）温度传感器。

温度传感器应满足以下主要性能指标：

① 温度灵敏度：10 mV/℃；

② 温度测量范围：-40～120 ℃；

③ 允差值（℃）：±(0.15+0.002|t|)。

（3）温振一体式传感器。

温振一体式传感器应具有同时监测温度和振动的功能。

温振一体式传感器应满足以下主要性能指标：

① 频率范围：0.5～13 000 Hz（±3 dB）；

② 振动灵敏度：100 mV/g；

③ 温度灵敏度:10 mV/℃;

④ 振动测量范围:±50 g;

⑤ 温度测量范围:−40~120 ℃;

⑥ 线性度:满量程的 0.5%;

⑦ 允差值(℃):±(0.15+0.002|t|)。

2)数据采集器

应根据传动部件的运行参数设置数据的采样频率及采样长度。

数据采集器的采样频率应能反映传动部件的运行状态,采样频率设置应为振动信号分析频率的 2 倍以上。

数据采集器宜配置专用的数据采集柜,也可放置在现有电气控制柜内。

数据采集器技术指标应满足下列要求:

(1)模数(AD)转换位数不小于 24 bit;

(2)动态范围不小于 110 dB;

(3)采样频率不小于 25.6 kHz;

(4)采样点数不小于 25.6 k;

(5)分析频率不小于 10 kHz;

(6)谱线数不小于 3 200。

数据采集器的主要功能满足下列要求:

(1)应能与可编程逻辑控制器(PLC)实现数据交互;

(2)应对所有通道并行连续采集;

(3)宜利用快速傅里叶变换(FFT)计算等功能实现边缘计算;

(4)应能对采集的原始信号进行信号调理、模数(AD)转换和数据预处理;

(5)应具有对振动时域波形加速度、速度值等的计算处理功能;

(6)应具有设备状态指示灯,检测数据采集器、传感器工作状态;

(7)应具备故障特征频率诊断功能,并能对包括但不限于这些所有故障特征频率进行报警阈值设置:不平衡故障频率、不对中故障频率、结构共振故障频率、旋转松动等故障频率、轴承故障频率、齿轮故障频率。

(8)应具备一定缓存功能,通信不良时,能存储 7 天以上数据;

(9)应具备可以远程下发命令,实现计算模型下载、数据召回、时钟校准和强制重启等功能。

3)监测服务器

监测服务器配置应能满足监测系统的可扩展性,并应符合 GB/T 9813.3 的相关规定。

监测服务器宜具有在运行状态检测和防治宕机的措施。

监测数据存储应不少于 1 年。

监测服务器技术指标应满足下列要求：

（1）中央处理器（CPU）：四核四线程主频 3.0 GHz 及以上；

（2）内存容量：8 GB 及以上，可扩展；

（3）硬盘容量：4×500 GB 及以上，采用磁盘阵列管理；

（4）网络：10 M、100 M、1 000 M 自适应；

（5）接口：至少 2 个串口、2 个 USB 端口、2 个以太网端口以上；

（6）操作系统：具有多任务、多用户和成熟安全的特点；

（7）电源：支持掉电保护，承受电压扰动和电源恢复后的自动重新启动；

（8）液晶显示器：17 英寸及以上，具有抗电磁干扰能力；

（9）采用主备冗余设计，主机出故障后，备用计算机能代替主机运行。

监测服务器的配置应满足下列要求：

（1）监测服务器包括数据服务器和 Web 服务器；

（2）数据服务器用于存储和管理岸桥传动部件的监测数据及分析计算结果；

（3）Web 服务器用于运行应用程序并为 B/S 浏览器提供 Web 服务；

（4）安装操作系统软件、监测软件和数据库软件；

（5）符合 GB/T 29765 的规定。

监测软件应满足下列要求：

（1）能对岸桥的运行参数和测量参数进行监测、分析和诊断；

（2）符合 GB/T 6075.3 的规定，并参考主机厂家、仪器厂家和用户需求设置报警值；

（3）定期出具传动部件振动监测报告和相关的图表，报告内容主要包括传动部件监测数值和变化趋势、关联性、统计、频谱和包络等分析并对传动部件状态给出初步评价；

（4）提供必要的数据接口并具有可扩展性。

4）传感器安装

新设备传感器安装宜满足以下要求：

（1）温度传感器采用预埋式安装方式；

（2）振动传感器和温振一体式传感器采用螺栓连接安装方式，并在轴承座上预留 M6×8 螺纹孔。

现有设备传感器安装满足以下要求：

（1）宜选用温振一体式传感器来测量振动和温度信号；

（2）振动传感器和温振一体式传感器应优先采用螺栓连接安装方式，当现场不具备螺栓连接安装方式时，应采用黏合剂加底座的安装方式。

测点布置应包括电机输出轴，齿轮箱输入轴、中间轴、输出轴，以及卷筒轴承座，可参考下面的规定。

（1）起升机构的传动部件振动监测系统测点布置图与配置表。

岸桥起升机构的传动部件振动监测系统测点布置如图 5－19 所示，测点配置见表 5－3。

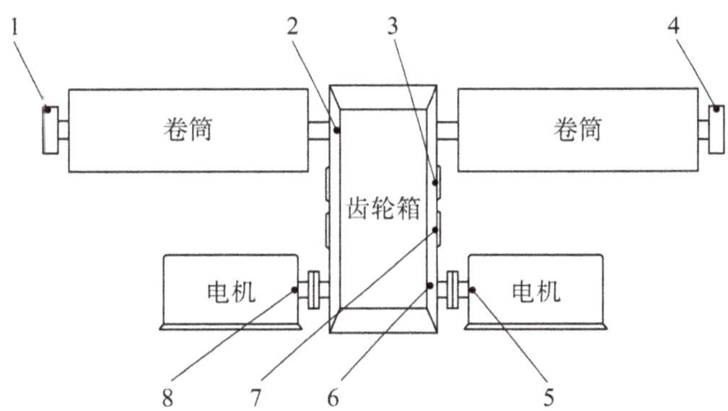

1—卷筒轴承座上温振一体式传感器；2—齿轮箱上振动传感器；
3—齿轮箱上振动传感器；4—卷筒上温振一体式传感器；
5—电机上温振一体式传感器；6—齿轮箱上振动传感器；
7—齿轮箱上振动传感器；8—电机上温振一体式传感器。

图 5－19　起升机构的传动部件振动监测系统测点布置

表 5－3　起升机构的传动部件振动监测系统测点配置

机构名称	传动部件	监测内容	传感器数量	测点序号
起升机构	电机	径向振动、温度	2	5、8
	齿轮箱	径向振动	4	2、3、6、7
	卷筒	径向振动、温度	2	1、4

（2）小车机构的传动部件振动监测系统测点布置图和配置表。

岸桥小车机构的传动部件振动监测系统测点布置如图 5－20 所示。

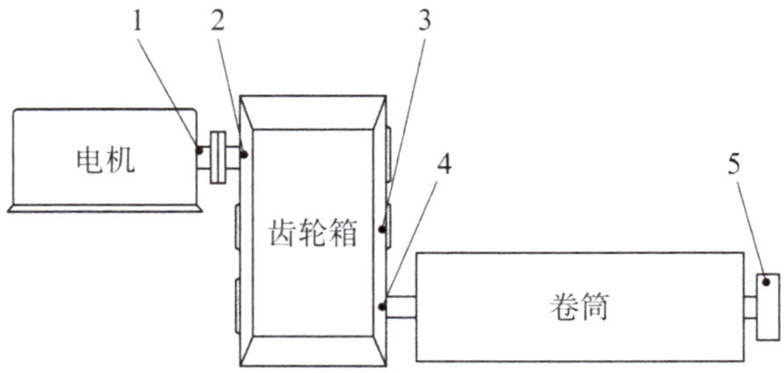

1—电机上温振一体式传感器；2—齿轮箱上振动传感器；
3—齿轮箱上振动传感器；4—齿轮箱上振动传感器；
5—卷筒上温振一体式传感器。

图 5-20 小车机构的传动部件振动监测系统测点布置

相应地，测点配置见表 5-4。

表 5-4 小车机构的传动部件振动监测系统测点配置

机构名称	传动部件	监测内容	传感器数量	测点序号
小车运行机构	电机	径向振动、温度	1	1
	齿轮箱	径向振动	3	2、3、4
	卷筒	径向振动、温度	1	5

（3）俯仰机构的传动部件振动监测系统测点布置图和配置表。

岸桥俯仰机构的传动部件振动监测系统测点布置如图 5-21 所示。

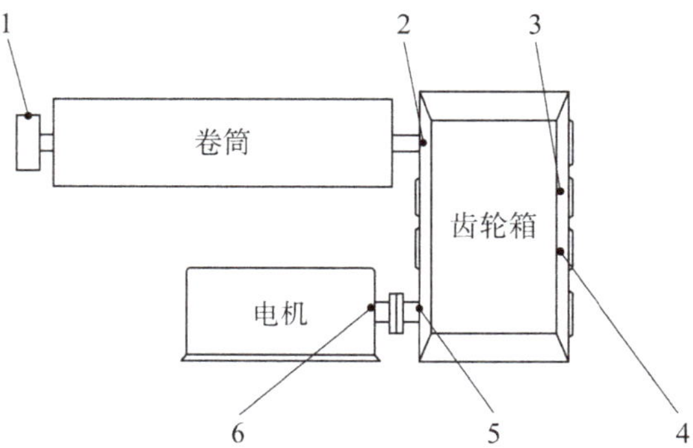

1—卷筒上温振一体式传感器；2—齿轮箱上振动传感器；
3—齿轮箱上振动传感器；4—齿轮箱上振动传感器；
5—齿轮箱上振动传感器；6—电机上温振一体式传感器。

图 5-21 俯仰机构的传动部件振动监测系统测点布置

具体测点配置见表 5－5。

表 5－5 俯仰机构的传动部件振动监测系统测点配置

机构名称	传动部件	监测内容	传感器数量	测点序号
俯仰机构	电机	径向振动、温度	1	6
	齿轮箱	径向振动	4	2、3、4、5
	卷筒	径向振动、温度	1	1

5.2.4 齿轮箱振动诊断实例分析

本案例分析的数据某港口岸桥起升齿轮箱滚动轴承复合故障数据。工人巡检时发现，起升机构存在整体振动较高现象，且现场运行声音较为沉闷，对该设备的振动数据进行核查，发现齿轮箱输出轴振动速度发生报警现象。该岸桥起升机构电机及齿轮箱的相关参数见表 5－6。

表 5－6 起升机构电机及齿轮箱技术参数

起升单元电机				
功率/kW		545	驱动端轴承型号	6230C3
额定转速/(r/min)		1 800	自由端轴承型号	6222C3
起升单元齿轮箱				
最大输入转速/(r/min)		2 000	型号	FH1655.23.B1A－00
传动比		23.149	高速轴轴承	23232C/W33/C3
齿数比	第一级齿比	67/22	第二轴轴承	23244C/W33
	第二级齿比	56/19	第三轴轴承	23160C/W33
	第三级齿比	49/19	低速轴轴承	24072C/W33
起升单元卷筒				
卷筒轴承型号				22232－E1－XL

以采样频率 12 800 Hz，采集时长为 3 s 的数据。电机输入转速为 1 046 r/min，根据表 5－6，可计算出齿轮箱的特征频率，见表 5－7。

表 5-7 起升齿轮箱各零部件特征频率

参数	数值	参数	数值
各部件特征故障频率电机转速	1 046 r/min	负载	3.27 t
电机驱动端轴承内圈特征频率	110.35 Hz	电机驱动端轴承外圈特征频率	81.41 Hz
电机驱动端滚动体特征频率	112.62 Hz	电机驱动端保持架特征频率	7.32 Hz
三级轴轴承内圈特征频率	24.60 Hz	三级轴轴承外圈特征频率	19.34 Hz
三级轴轴承滚动体特征频率	15.92 Hz	三级轴轴承保持架特征频率	0.88 Hz
输出轴轴承内圈特征频率	11.54 Hz	输出轴轴承外圈特征频率	9.52 Hz
输出轴轴承滚动体特征频率	7.77 Hz	输出轴轴承保持架特征频率	0.35 Hz
卷筒轴承内圈特征频率	8.10 Hz	卷筒轴承外圈特征频率	5.94 Hz
卷筒轴承滚动体特征频率	4.90 Hz	卷筒轴承保持架特征频率	0.33 Hz
输入轴转频	17.43 Hz	电机转频	17.43 Hz
二级轴转频	5.92 Hz	一二轴啮合频率	387.86 Hz
三级轴转频	2.01 Hz	二三轴啮合频率	112.48 Hz
输出轴转频	0.78 Hz	三四轴啮合频率	38.19 Hz

5.2.4.1 早期故障数据分析

使用齿轮箱早期故障时的输出轴时域数据进行分析，采样频率为 12 800 Hz，电机转速 1 021 r/min。

(1) 时域分析，如图 5-22 所示。

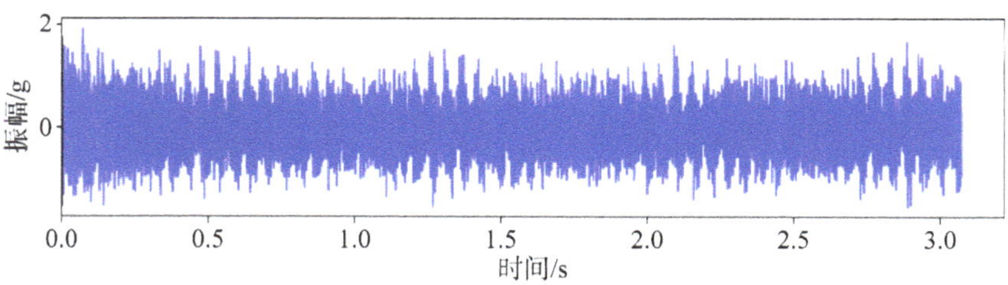

图 5-22 故障信号时域图

分析：从时域波形来看，信号存在不同程度的冲击。

(2) 频域分析，如图 5-23 所示。

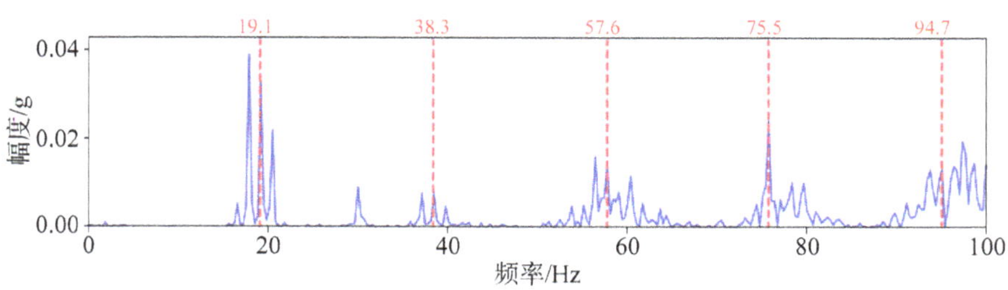

图 5-23 故障信号频域图

分析：数据的频谱上出现了 19 Hz 左右的频率及其倍频，1 Hz 左右的边频带，考虑到测点位于输出轴，频率与三级轴轴承外圈故障频率 19.34 Hz 接近，这意味着三级轴的轴承大概率出现了故障。

（3）包络谱分析，如图 5-24 所示。

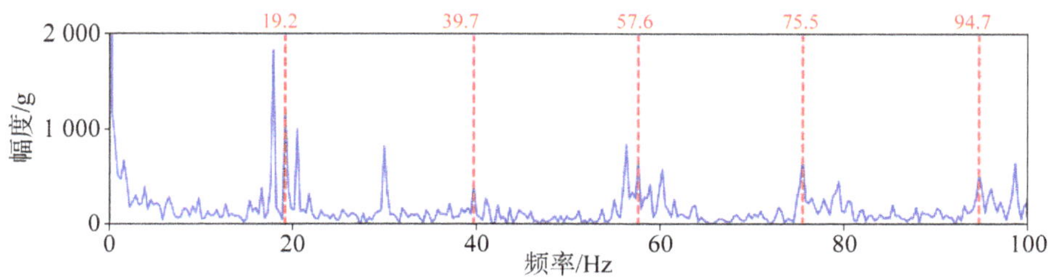

图 5-24　故障信号包络谱

分析：数据的包络谱上存在 19 Hz 左右的频率及其倍频，出现的故障应为三级轴轴承外圈故障。

从分析结果来看，频谱和包络谱出现了一些故障频率，谐波和边频带比较微弱，齿轮箱三级轴和输出轴的轴承可能存在多种轻微的前期故障。

5.2.4.2　中期故障数据分析

使用齿轮箱中期故障时的输出轴时域数据进行分析，采样频率为 12 800 Hz，电机转速 1 215 r/min。

（1）时域分析，如图 5-25 所示。

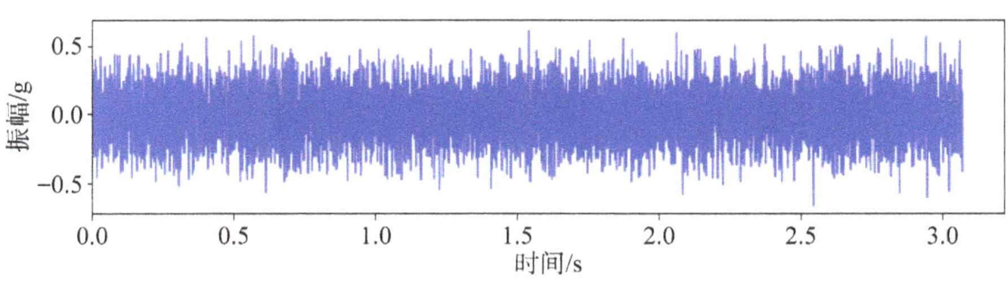

图 5-25　故障信号时域图

分析：从时域波形来看，信号存在不同程度的冲击。

（2）频域分析，如图 5-26 所示。

分析：数据频谱上存在 15.2 Hz 左右的频率及其倍频、24.3 Hz 左右的频率及其倍频。数据的频率与三级轴轴承滚动体故障频率 15.92 Hz、三级轴轴承内

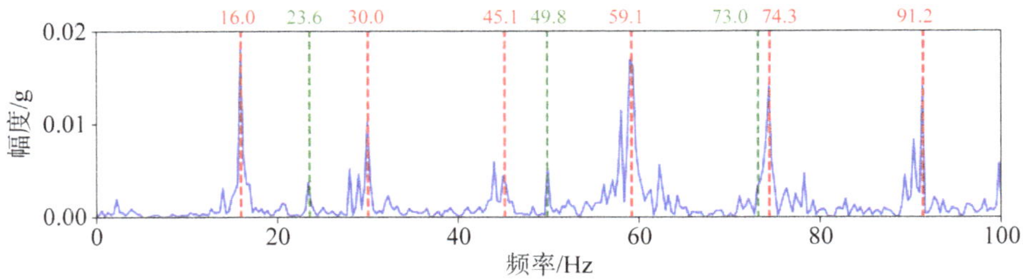

图 5-26 故障信号频域图

圈故障频率 24.6 Hz 接近,边频带最接近输出轴转频。

(3) 包络谱分析,如图 5-27 所示。

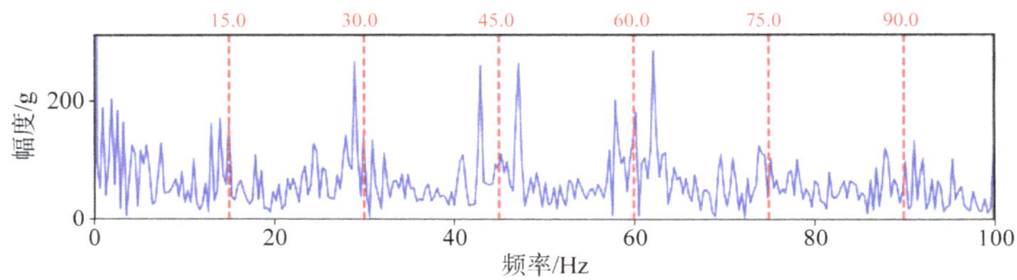

图 5-27 故障信号包络谱

分析:数据的包络谱上存在 15 Hz 左右频率及其倍频。

对比上次检测数据的分析结果,频谱和包络谱的谐波和边频带成分更为明显,齿轮箱的故障程度进一步增加,故障集中在三级轴轴承。

5.2.4.3 晚期故障数据分析

使用齿轮箱晚期故障时的输出轴时域数据进行分析,采样频率为 12 800 Hz,电机转速 1 081 r/min。

(1) 时域分析,如图 5-28 所示。

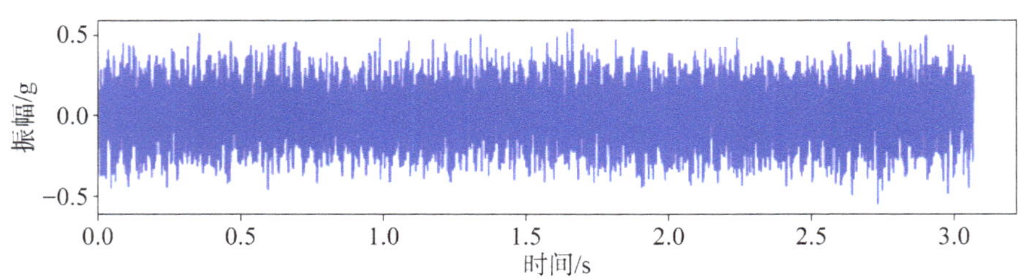

图 5-28 故障信号时域图

分析：从时域波形来看，信号存在一定程度的冲击。

（2）频域分析，如图5-29所示。

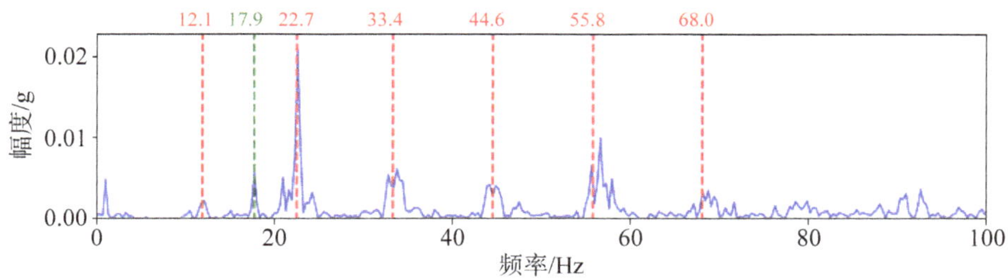

图5-29 故障信号频域图

分析：数据的频谱上存在11.3 Hz左右的频率及其倍频、17.9 Hz左右的频率、0.6 Hz左右的边频带。数据的频率与输出轴轴承内圈故障频率11.54 Hz、三级轴轴承外圈故障频率19.34 Hz、输出轴转频0.78 Hz接近。

（3）包络谱分析，如图5-30所示。

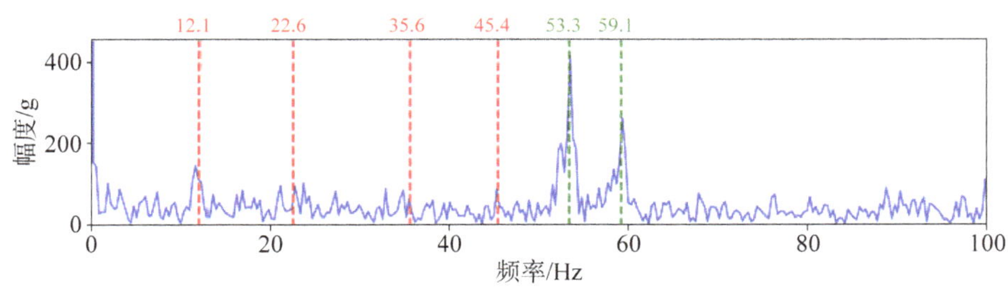

图5-30 故障信号包络谱

分析：数据的包络谱上存在11.3 Hz左右频率及其倍频，53.3 Hz应为17.8 Hz的三倍频，59.1 Hz为53.3 Hz的6 Hz左右的边频带。数据反映了输出轴轴承内圈故障、三级轴轴承外圈故障、输出轴轴承滚动体故障。

总结来看，齿轮箱的故障进入晚期，包络谱呈现紊乱状，故障部位在三级轴轴承和输出轴轴承。

5.2.4.4 维修后数据分析

使用齿轮箱维修后的输出轴时域数据进行分析，采样频率为12 800 Hz，电机转速1 087 r/min。

（1）时域分析，如图5-31所示。

分析，从时域波形来看，信号存在周期性的冲击。

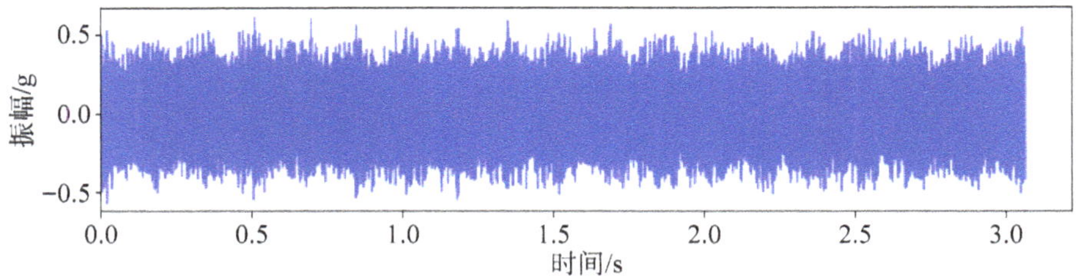

图 5-31 维修后数据时域图

（2）频域分析，如图 5-32 所示。

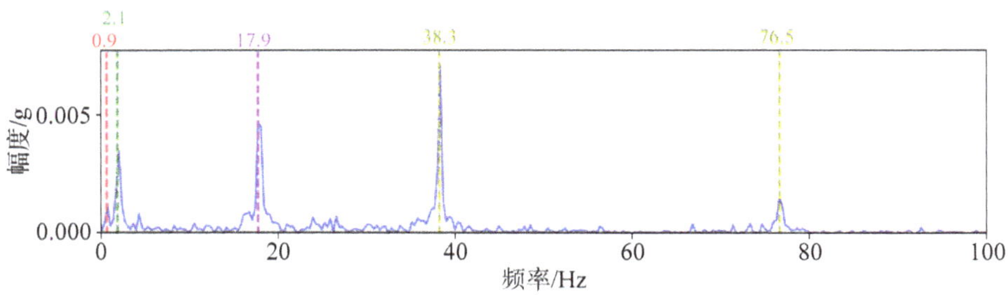

图 5-32 维修后数据频域图

分析：维修后信号频谱呈现出清晰的输出轴转频 0.9 Hz、三级轴转频 2.1 Hz、电机转频 17.9 Hz 及三四轴啮合频率 38.3 Hz 及其倍频，频域内干净利落，未出现其他异常信号，说明机器经过维修后，各部件已协调运转，运转状态完全恢复正常，之前存在的故障隐患已被成功排除，各转动部件的工作频率稳定且符合预期，机器可稳定高效地投入后续使用。

（3）包络谱分析，如图 5-33 所示。

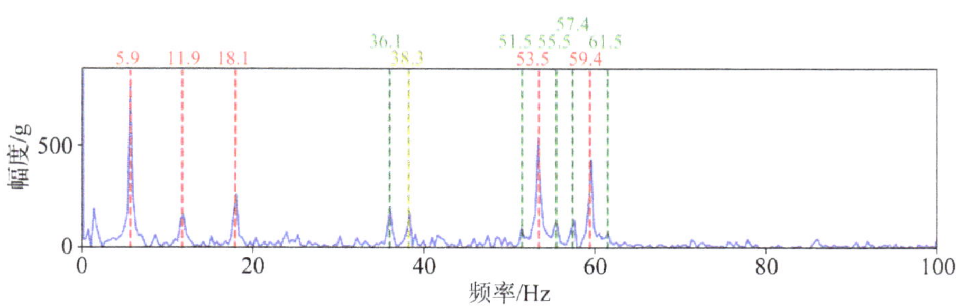

图 5-33 维修后信号包络谱

分析：包络谱上可见二级轴转频 5.9 Hz 及其倍频、三级轴转频 2 Hz 左右的边频带、三四轴啮合频率 38.3 Hz，各频率成分清晰明确，均为机器正常运转所对应的常规频率。

（4）时域指标分析。

上述所有故障信号和非故障信号的时域指标见表 5-8。

表 5-8 信号的时域指标

信号名称	峭度	波形因数	脉冲因数	裕度因数
故障早期数据	2.67	1.23	4.96	4.03
故障中期数据	2.9	1.25	4.7	4.03
故障晚期数据	2.6	1.22	4.22	3.77
维修后数据	1.84	1.13	3.11	3.45

分析：比较信号的各项时域指标，故障信号的各项指标均明显地大于正常信号。

5.2.4.5 结论

经过对该起升机构齿轮箱从故障早期到失效的长达大半年的监测，齿轮箱的故障由最早期的轻微易识别，到晚期频谱和包络谱的紊乱，该示例反映了较完整的齿轮箱故障周期。

工作人员在 2022 年 11 月 11 日更换了该齿轮箱的润滑油并进行了检查，现场的图片如图 5-34(a)所示，螺栓未产生松动，拆端盖进行检查，发现输出轴存在少量铁屑，卷筒轴承润滑脂存在少量铁屑，机组现场存在共振现象。在对该齿轮箱的跟进监测中，2023 年 2 月底，起升机构整体振动值进一步上升，5 月底振动值又发生了轻微上升，6 月 21 日，起升齿轮箱输出轴窜动，并将轴承顶出，现场拆解如图 5-34(b)(c)所示。

(a) (b) (c)

图 5-34 对齿轮箱的现场拆解

5.3 传动系统其他零部件故障分析

在港口机械传动系统的众多部件中,卷筒与联轴器的正常运行对于整个系统的稳定工作起着举足轻重的作用,而其出现的故障情况更是不容忽视,尤其是卷筒螺栓松动、螺栓断裂以及联轴器开裂、螺栓松动等故障,犹如隐藏在系统中的"暗礁",随时可能对港口作业造成严重影响。

卷筒作为承担着重物起升、下放等关键操作的部件,其螺栓的紧固状态至关重要。当卷筒螺栓出现松动时,可能会导致卷筒在运转过程中出现晃动、异响等异常情况,不仅影响作业的精准度,还会加剧卷筒及其他相关部件的磨损。若螺栓进一步发展为断裂状态,那后果更是不堪设想,卷筒可能会失去应有的稳定性,甚至发生脱落等极端情况,直接危及港口作业人员的生命安全以及港口设施的完整性。

而联轴器作为连接不同部件、保障动力顺畅传递的关键环节,一旦出现开裂或螺栓松动故障,同样会引发一系列连锁反应。联轴器开裂可能致使动力传输中断,使整个传动系统陷入瘫痪;螺栓松动则会引起连接部位的不稳定,产生振动和噪声,进而影响各部件之间的协同工作,降低港口机械的作业效率。

因此,深入了解并准确诊断卷筒及联轴器的这些故障,对于及时发现隐患、采取有效措施保障港口机械传动系统的正常运行,具有极为重要的意义。接下来,我们将着重对卷筒和联轴器的故障诊断的相关内容展开详细探讨。

5.3.1 小车单元卷筒螺栓断裂故障

本案例分析是某桥式起重机的小车单元卷筒螺栓断裂故障。在日常状态监测过程中,突然出现卷筒振动速度值触发危险值,观察之前数值未发现振值报警现象,短短一日内多组数据触发危险值代表着设备运行状态有着瞬时且迅速的恶化。小车单元的电机及齿轮箱参数见表 5-9。

表 5-9 起升机构电机及齿轮箱技术参数

小车单元电机	
功率/kW	250
额定转速/(r/min)	1 750

续 表

小车单元齿轮箱		
最大输入转速/(r/min)		2 000
传动比		22.937
齿数比	第一级齿比	104 : 21
	第二级齿比	88 : 19
轴承型号	高速轴轴承	32318
	中间轴轴承	23228C/W33
	低速轴轴承	22240C/W33

小车单元的测点布置情况如图 5 - 35 所示。

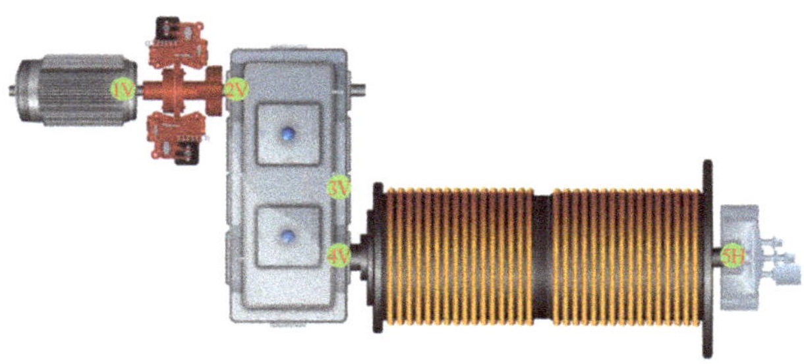

图 5 - 35　小车单元振动加速度传感器位置

由图 5 - 35 可知，小车单元共 5 个测点；其中，5 号传感器位于卷筒自由端。本案例分析了故障时卷筒端带载数据，采样频率为 25 600 Hz。

(1) 时域分析。

数据的时域波形分如图 5 - 36 所示。

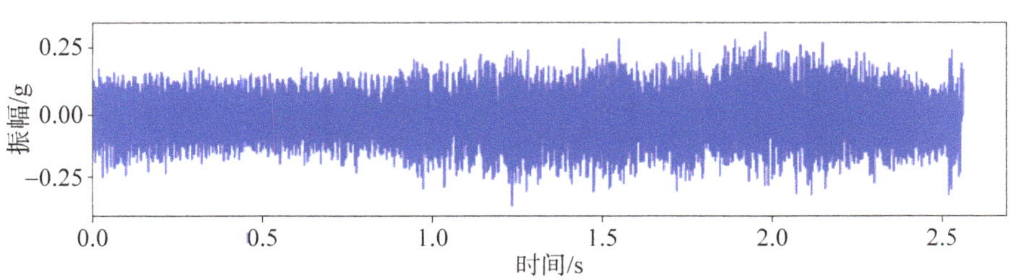

图 5 - 36　卷筒端振动信号时域图

从信号的时域图来看，数据存在明显的冲击，但并未形成严格的周期。

（2）频域分析。

随后对这信号进行频域分析，相应的频谱图如图 5－37 所示。

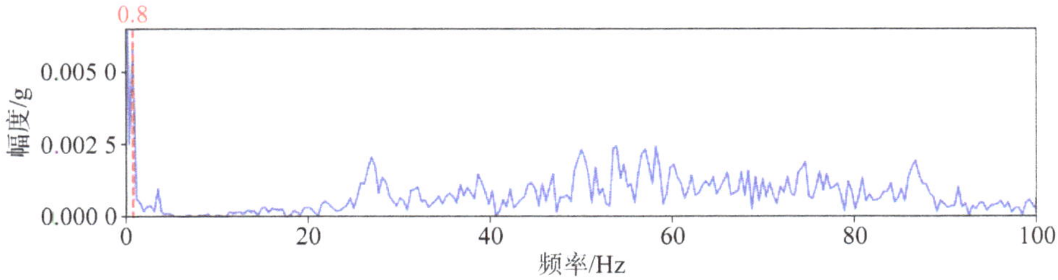

图 5－37　卷筒端信号频谱

小车转频为 13.92 Hz，相应的卷筒转频为 0.61 Hz，考虑小车机构的加减速变化较快，小车转频存在一定浮动。从信号的频谱图来看，运行过程中存在明显的 0.8 Hz 左右的频率，该冲击较为明显，该频率应该是卷筒的旋转频率，与卷筒故障相关。

综合频谱图来看，时域波形存在着卷筒转频的冲击间隔，频谱图中存在着大量的卷筒转频边频，从此分析，存在着与卷筒转频相关联的旋转故障。

而后，工人对现场情况进行分析，可以观察到螺栓断裂，现场拆解情况如图 5－38 所示。其原因可能是由于螺栓松动后（该故障与转频相关），卷筒与齿轮箱输出轴产生了一个较大的横向力，从而导致螺栓被剪断。后经工人现场维修，重新更换螺栓并紧固后，设备恢复正常运转。

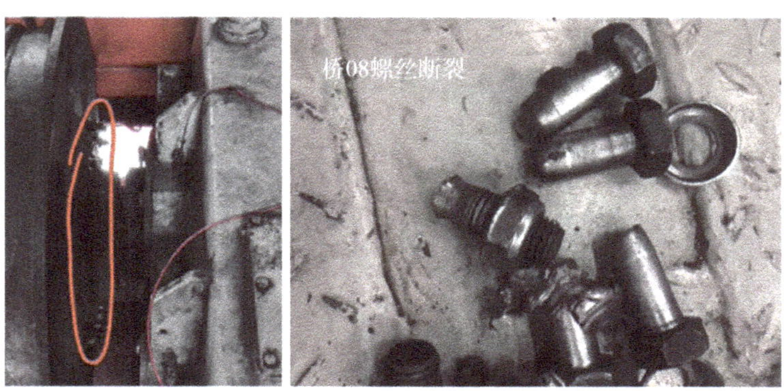

（a）螺栓位置　　（b）断裂的螺栓

图 5－38　卷筒螺栓断裂现场拆解

5.3.2 起升单元电机联轴器故障

本案例分析起升单元电机联轴器故障信号。工人巡检时，起升电机 1 出现轻微影响。该起重机的起升机构电机及齿轮箱的技术参数见表 5-10。

表 5-10 起升机构电机及齿轮箱技术参数

起升单元电机				
功率/kW		545 kW	驱动端轴承型号	6230C3
额定转速/(r/min)		1 800	自由端轴承型号	6222C3
起升单元齿轮箱				
最大输入转速/(r/min)		2 000	-	-
传动比		23.398	高速轴轴承	23228C/W33/C3
齿数比	第一级齿比	71 : 26	第二轴轴承	23240C/W33
	第二级齿比	58 : 22	第三轴轴承	23152C/W33
	第三级齿比	52 : 16	低速轴轴承	24064C/W33

分析的数据输入转频为 24.5 Hz，由此可得齿轮箱的特征频率，见表 5-11。起重机的振动加速度传感器布置方案同前文图 5-19 及表 5-3。

表 5-11 齿轮箱特征频率

参数	数值	参数	数值
电机转速	24.5 Hz	负载	3.27 t
电机驱动端轴承内圈特征频率	209.61 Hz	电机驱动端轴承外圈特征频率	59.89 Hz
电机驱动端滚动体特征频率	30.49 Hz	电机驱动端保持架特征频率	5.44 Hz
输入轴轴承内圈特征频率	363.09 Hz	输入轴轴承外圈特征频率	102.41 Hz
输入轴轴承滚动体特征频率	30.03 Hz	输入轴轴承保持架特征频率	5.39 Hz
输入轴转频	24.5 Hz	电机转频	24.5 Hz
二级轴转频	8.97 Hz	一二轴啮合频率	637 Hz
三级轴转频	3.40 Hz	二三轴啮合频率	197.38 Hz
输出轴转频	1.05 Hz	三四轴啮合频率	54.45 Hz

同时分析起升单元1号电机与2号电机的振动信号，负载工况为空载。采样频率设置为51 200 Hz，采样时长为2.7 s。

（1）时域分析。

电机振动信号的时域波形如图5-39所示。

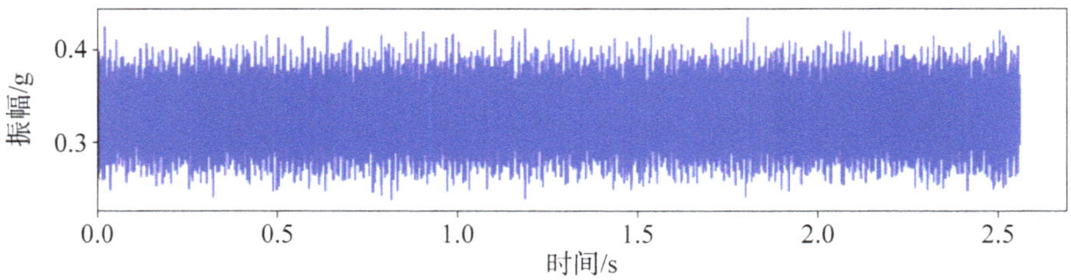

（a）电机1

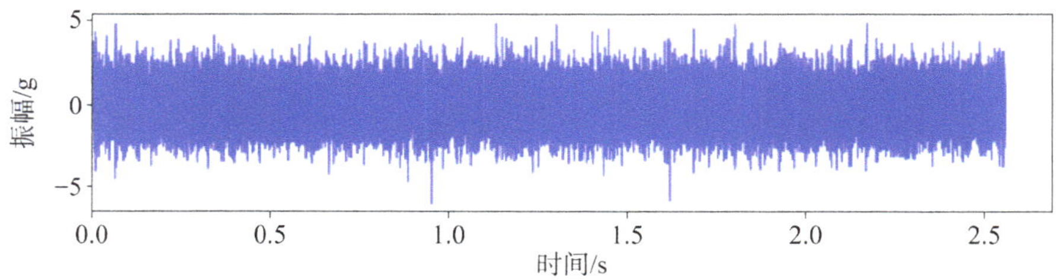

（b）电机2

图5-39 电机信号时域波形

从时域图像来看，电机1和电机2的信号都存在明显的周期性冲击，电机2的信号幅值明显大于电机1。

（2）频域分析。

随后对这两信号进行频域分析，结果如图5-40所示。

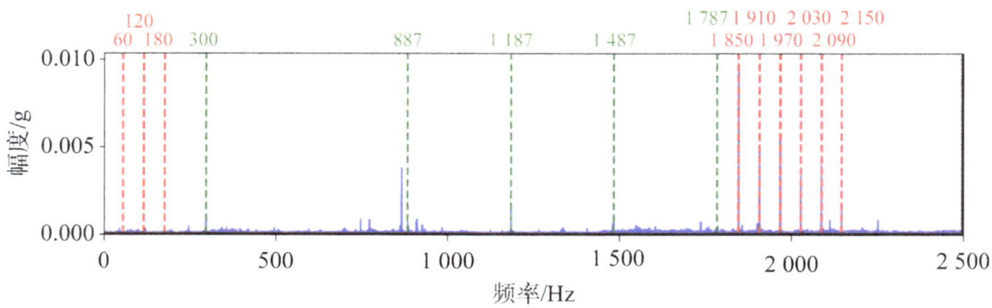

（a）电机1

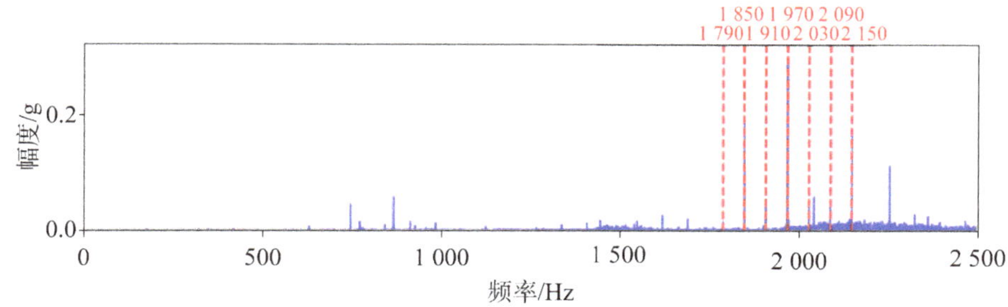

（b）电机 2

图 5-40 电机信号频域图

从信号的频谱图来看，电机 1 有明显的 60 Hz 及其倍频以及 60 Hz 的边频带、300 Hz 以及 300 Hz 的边频带，对应电机驱动端轴承外圈故障频率 60 Hz；电机 2 信号频域的幅值较大，存在明显的 60 Hz 的谐波，这即是转频 24.5 Hz 对应的驱动端轴承外圈故障频率。

（3）包络谱分析。

进一步地，对这两信号开展包络谱分析，结果如图 5-41 所示。

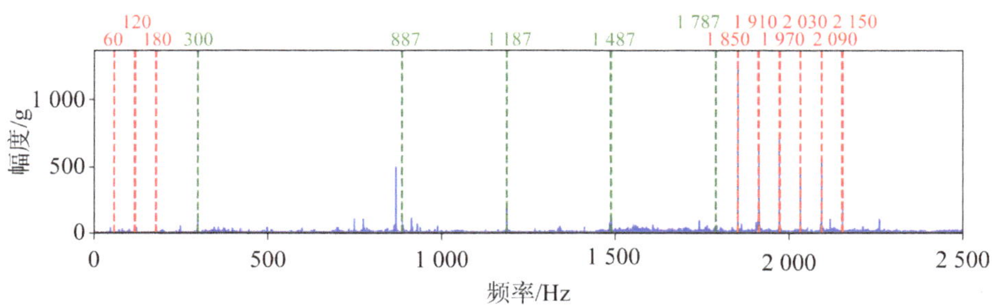

（a）电机 1

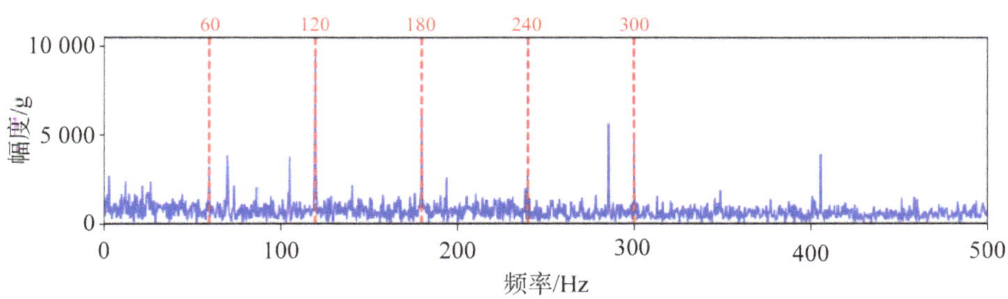

（b）电机 2

图 5-41 电机信号包络谱

由图 5－41 可知，电机 1 有明显的 60 Hz 及其倍频以及 60 Hz 的边频带、300 Hz 以及 300 Hz 的边频带，对应电机驱动端轴承外圈故障频率 60 Hz；电机 2 信号包络谱存在明显的 60 Hz 及其倍频。

根据频谱和包络谱中的特征频率，以及电机 2 的冲击明显大于电机 1 的现象，判断可能是联轴器故障导致的电机 2 驱动端轴承外圈故障。

现场拆解情况如图 5－42 所示。

由现场拆解情况证实了上述分析及推测，即该案例说明由联轴器故障诱发了电机轴承故障。因此在实际状态监测与故障诊断中，应及时检测故障，并制定相应的运维计划，以避免加剧其他零部件的损坏。

图 5－42 联轴器故障现场照片

5.3.3 轨道吊起升机构联轴器螺栓松动故障

某港口日常监控中，发现沿轨道吊机（RMG）的振动趋势上升。且振动信号频谱出现输入转频及其谐波，根据以往现场故障案例，初步分析为联轴器刚性下降问题。该设备持续运行一段时间后，工人到现场检查后发现，RMG 存在振动异常现象，现场能明显感觉到抖动现象。对现场进行排查，发现其中一台设备联轴器螺栓全部松动，手可以直接拧出，情况已经较为危险；另外两台设备的联轴器螺栓部分松动，与振动数值能够对应起来。对设备的联轴器螺栓进行紧固之后，振动幅值大幅降低，现场运行异常情况消失。

除上述人为经验排除故障，进一步对其监测信号进行分析。表 5－12 展示了该类 RMG 的测点布置方案。

表 5-12　测点布置方案

机构名称	监测位置	监测范围	监测点数	监控点序号
起升机构	电机	振动	1	1
	齿轮箱	振动	6	2, 3, 4, 5, 6, 7
	卷筒	振动	1	8

为便于分析,将三台 RMG 分别命名为 RMG1、RMG2 与 RMG3。

5.3.3.1　故障数据分析

本案例使用的数据是三台机组螺栓松动故障时的 1 测点数据,采样频率均为 25 600 Hz。三台 RMG 运行时的输入转速分别是 1 483. 4 r/min、1 485. 3 r/min 与 1 487. 3 r/min,几乎一致。

(1) 时域分析。

从图 5-43 可知,上述时域波形发现明显的周期性冲击现象;其中,RMG1 振动信号的冲击较大些,幅值较高。

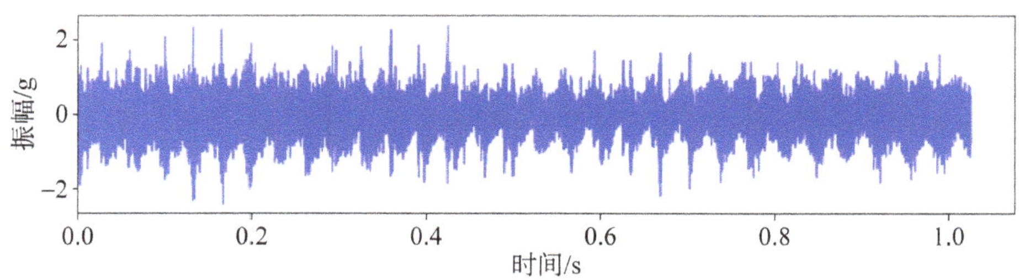

(a) RMG1 机组

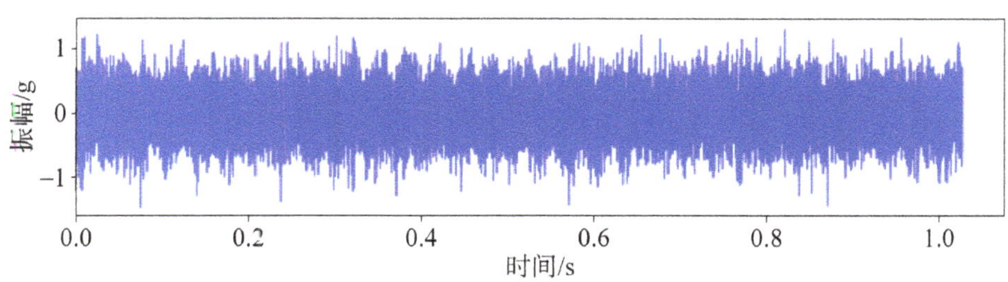

(b) RMG2 机组

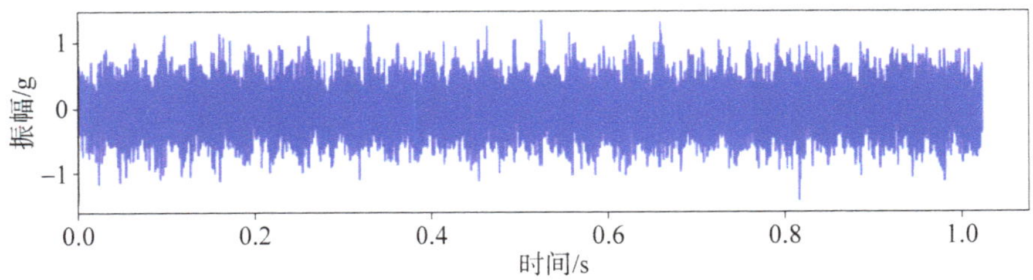

(c) RMG3 机组

图 5-43 RMG 联轴器螺栓松动故障时域波形

(2) 频域分析。

随后,对上述三条振动信号进行傅里叶变换获得对应的频谱,如图 5-44 所示。

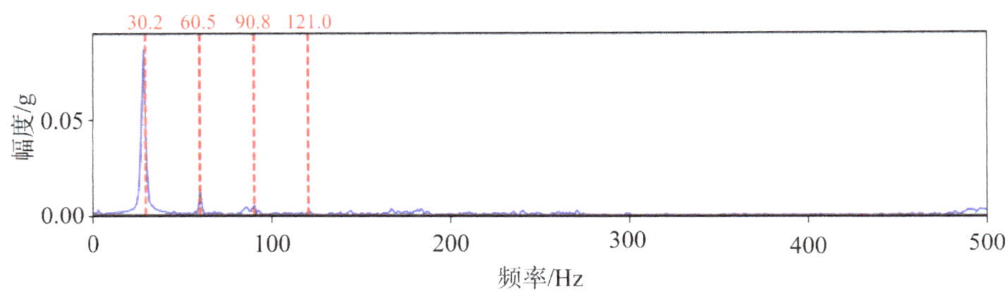

(a) RMG1 机组

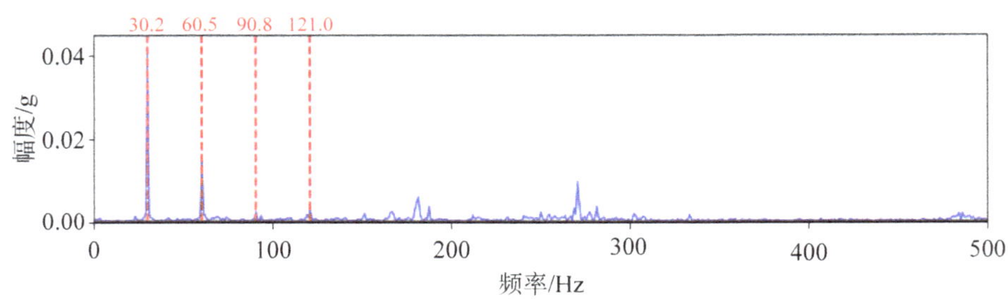

(b) RMG2 机组

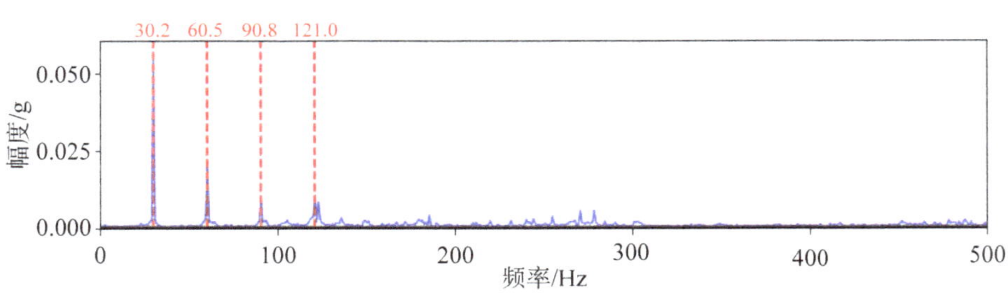

(c) RMG3 机组

图 5-44 RMG 联轴器螺栓松动故障频谱

从图 5－44 中的频谱来看，存在明显的 30.25 Hz 的转频谐波特征，且 1 倍频幅值最高，根据理论分析，该类频谱符合松动故障特征。

（3）包络谱分析。

随后进行包络谱分析，结果如图 5－45 所示。

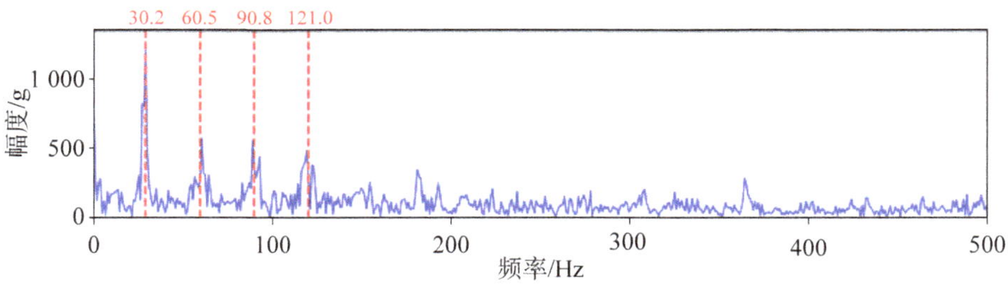

（a）RMG1 机组

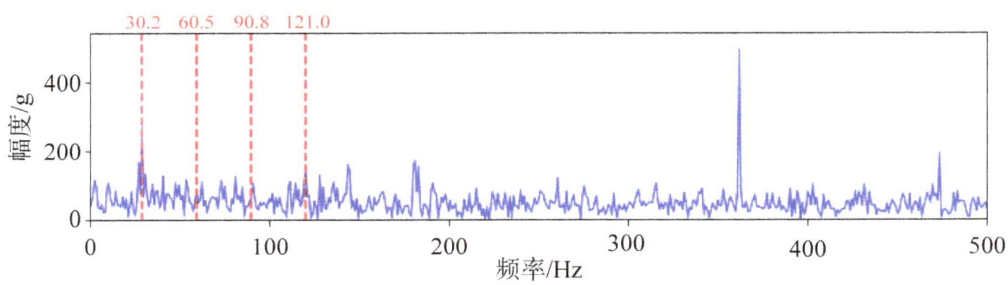

（b）RMG2 机组

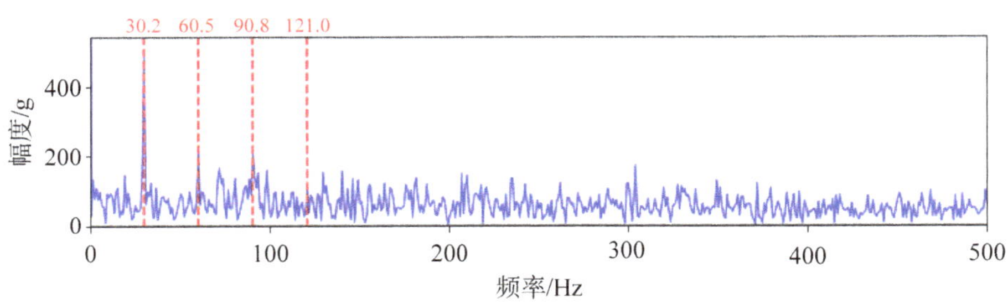

（c）RMG3 机组

图 5－45 RMG 联轴器螺栓松动故障包络谱

从图 5－45 中可以看到，包络谱存在明显的谐波特征，其谐波频率为 30.25 Hz，与频谱中的频率一致，从以往故障案例情况来看，判断为松动故障。图 5－46 展示了 3 台设备联轴器松动的情况。

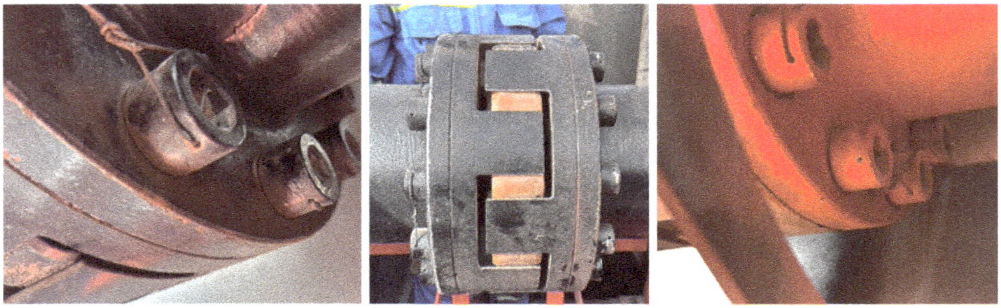

（a）螺栓松动 （b）半体间存在间隙 （c）螺栓松动

图 5－46 RMG1、RMG2 与 RMG3 联轴器螺栓松动情况

5.3.3.2 维修后数据分析

当对联轴器进行紧固后，对其振动数据进行分析。三台 RMG 的设备的输入转速与上文分析的故障数据一致，大致在 1 480～1 485 r/min 左右。采样频率仍为 25 600 Hz，时域波形如图 5－47 所示。

由图 5－47 可知，三台机组的振动大小相差不大，对比维修前的波形，三台机组运行明显更为平稳。以 RMG1 为例，其联轴器螺栓松动时，振动信号的峭度为 3.5。紧固螺栓后，其振动信号的峭度降至为 3.13，表明设备的健康程度得到了改善。

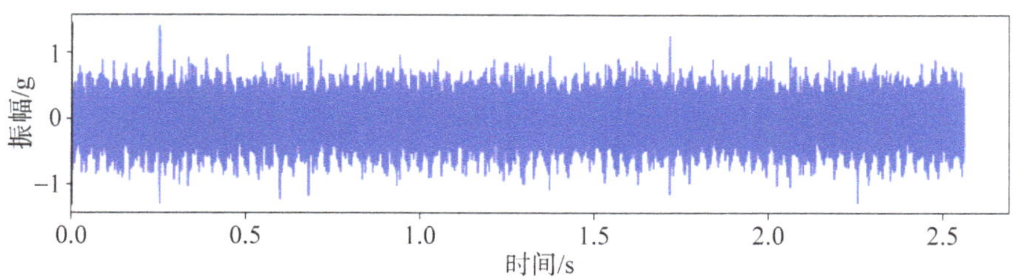

（a）RMG1 机组

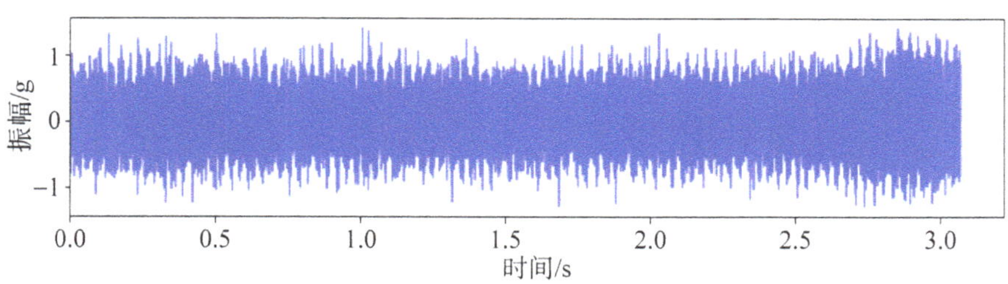

（b）RMG2 机组

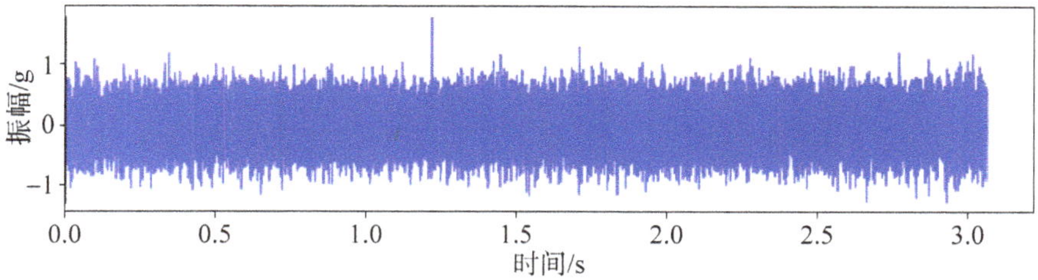

（c）RMG3 机组

图 5－47 维修后数据时域图

5.3.3.3 结论

综合以上数据总结分析，电机振动明显，频谱及包络谱均出现转频谐波频率，符合松动故障特征。若出现类似情况，需要及时安排人员对现场机组进行检查，并进行维护。

5.4 其他问题

5.4.1 结构底座软脚、刚性不足问题

起重机结构底座出现软脚、刚性不足的情况，主要表现为起重机传动链部件与其基础之间存在软脚现象或发生松动。当刚性较弱时，设备会产生 1X 振动，如图 5－48 所示。若松动情况严重，通常还会引发低阶 1X 谐波。在出现 1X

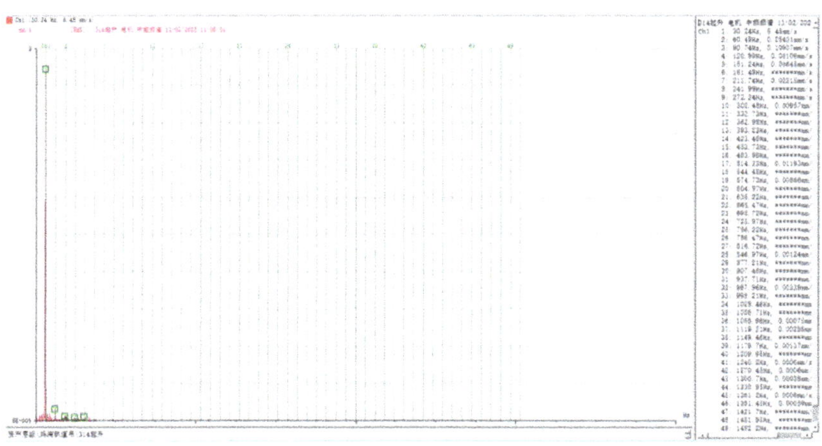

图 5－48 1X 特征明显

振动特征时，很难迅速判断故障根源是部件不平衡、基础松动，还是基础柔性化（即刚性不足）等原因。

对于卧式安装的起重机而言，若水平方向的 1X 振动振幅远大于垂直方向的 1X 振动振幅，极有可能是由松动问题导致的。反之，若水平方向 1X 振动振幅小于或等于垂直方向的 1X 振动振幅，那么部件不平衡的可能性较大。基础松动或基础柔性化，多由紧固连接件的螺栓松动、腐蚀或出现裂纹所引发。需要注意的是，如果机器安装基础的弹性较强，其水平轴向的振动会更为明显。

下面以一个具体的案例进行说明。

某港口一批新上线的轨道吊，运行时出现异常振动。经检测，电机数值偏高，振动呈现明显的一倍转频特征。这类故障通常与设备不平衡或刚性不足有关。由于电机在出厂时已进行动平衡测试，且此前对电机底座进行了加高设计修改，因此初步推断故障原因为电机基础刚性不足或存在软脚问题。

如图 5－49 所示，起升电机振动值最高达 10 mm/s，远超出正常新机组小于 2 mm/s 的标准，现场观察到电机振动导致整个机组小车架出现明显抖动。

运行 Parameters	起升转速	吊具负载	起升方向				
	1090	4.49	1				

过滤器：● 全部　○ 其它　☑.硬件　☑.软件　☑.已停用　☑.没有测里

PSS	电机	输入轴	二级轴	三级轴	输出轴	卷筒	运行参数
Ovr1：加速度	0.462	0.179	0.134	0.082	0.176	0.057	
Ovr1：振动速度	10.6	1.43	1.13	0.800	1.92	1.38	
Ovr1：轴承损坏	3.08	3.18	2.46	3.13	2.43	0.455	
Ovr1：低频加速度				0.077	0.167	0.054	
起升位置							16.8
吊具开闭锁							1

（a）故障数据指标

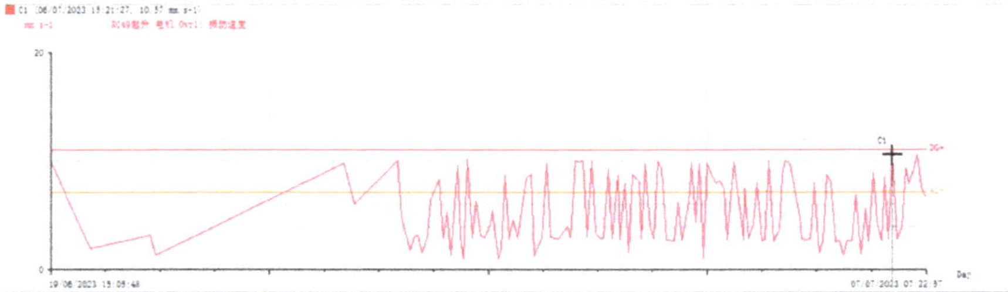

（b）故障数据趋势图

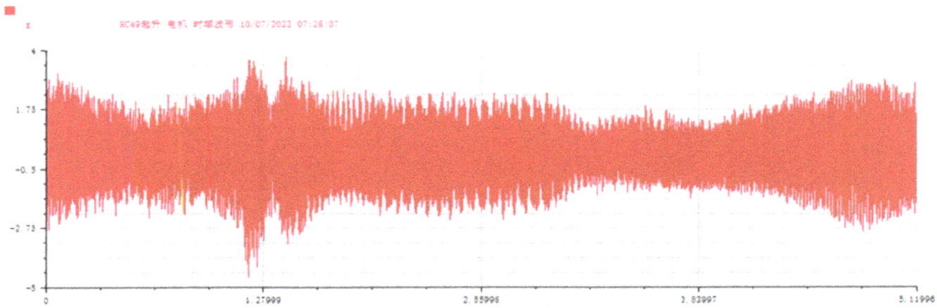

(c) 时域波形图

图 5-49 起升电机故障情况

再依据图 5-50 的频谱分析，电机频谱呈现显著的一倍转频特性，这与基础刚性不足的特征相契合。综合现场实际情况与频谱分析结果，进一步确认电机底座刚性不足的问题，并随即安排人员进行排查与加固作业。

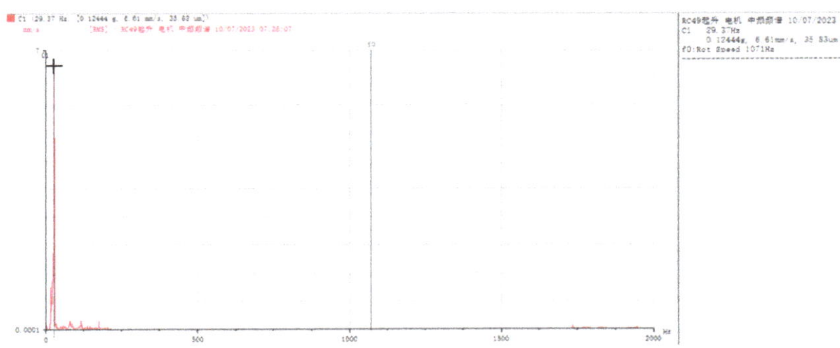

图 5-50 频谱图

现场采取在电机底座两侧焊接肋板的方式进行加固，如图 5-51 所示。加固完成后，电机振动速度值迅速降低，回归至正常水平，具体情况如图 5-52 所示，

图 5-51 电机底座焊接肋板

运行 Parameters	起升转速	吊具负载	起升方向
	1004	0.85	1

过滤器：◉ 全部　○ 其它　☑.硬件　☑.软件　☑.已停用　☑.没有测量

PSS	电机	输入轴	二级轴	三级轴	输出轴	卷筒	运行参数
Ovr1：加速度	0.373	0.129	0.106	0.063	0.123	0.042	
Ovr1：振动速度	4.68	1.25	1.03	0.839	1.74	1.07	
Ovr1：轴承损坏	3.47	2.18	2.41	2.08	2.08	0.080	
Ovr1：低频加速度				0.050	0.096	0.033	
起升位置							16.8
吊具开闭锁							0

图 5-52　维修后数据

有效解决了轨道吊的异常振动问题。

5.4.2　轨道及车轮问题

小车行走机构经常处于复杂的工作环境中，频繁地启动和制动。在这种工况下，它会产生大量振动冲击信号，进而引发一系列问题。例如，可能导致小车压板结构松动，在复杂工况下还会引发结构共振、轮轨磨损、小车冲击等故障。情况严重时，小车行走机构运行时的振动会明显加剧，甚至造成金属结构开裂如图 5-53 和图 5-54 所示。

图 5-53　车轮故障

图 5-54　轨道故障

小车行走承载机构薄弱环节如图 5-55 所示。

小车行走机构薄弱环节 ⇒

- 轴承（磨损、断裂、电蚀、点蚀等）
- 车轮（踏面麻点、碾皮、擦伤、腐蚀、凹痕、裂损、碰伤、轮对多边形等）
- 轮轨（腐蚀、磨损、碰伤、软脚等）

图 5-55 小车行走承载机构薄弱环节

在自动码头的运营中，车轮跑偏也是一个亟待解决的问题。当出现车轮跑偏情况时，需要综合分析位置、振动信号、波形回放信号以及电流信号等，并研究它们之间的关联性。

6 港口机械典型故障解决流程

港口设备涵盖各类大型机械，如岸桥、轨道吊等，是港口作业的核心支撑，港口作业环境复杂，作业过程中一旦发现故障隐患，必须尽快制定维修计划开展维护，避免设备故障导致作业中断。

“数据+重点巡检”模式是解决港口设备故障的核心技术手段。这一模式深度融合数字化监测与人工专业巡检的双重优势，借助先进技术与专业经验，在设备关键部件部署各类传感器，实时采集设备运行参数，实现对设备故障的精准分析与快速定位。配合利用预设阈值和算法分析及时发现潜在故障并发出预警。这使得技术人员可以提前介入，避免故障恶化，极大地减少突发故障带来的损失。

人工专业巡检则是对数据预警结果的实地验证，不但弥补了单纯依赖自动化系统出现的误判问题，也是难得的采集标签故障样本的过程。通过对预警设备进行细致检查，进一步确定故障的具体情况，为后续维修提供准确依据。这种人机结合的模式，有助于提升故障分析准确程度及效率。

下面将深入探讨“数据+重点巡检”模式下的故障分析及定位过程，系统梳理港口设备机组故障类型，详细介绍主传动链检查及保养工艺、故障检查手段以及设备故障维修工艺等关键内容。

6.1 “数据+重点巡检”模式——故障分析及定位过程

如图 6-1 所示，“数据+重点巡检”模式以数据中枢为基础，协同专业技术分析与现场重点巡检，构建起“智能预警-数据研判-现场验证-精准定位”的全链条故障处理体系。

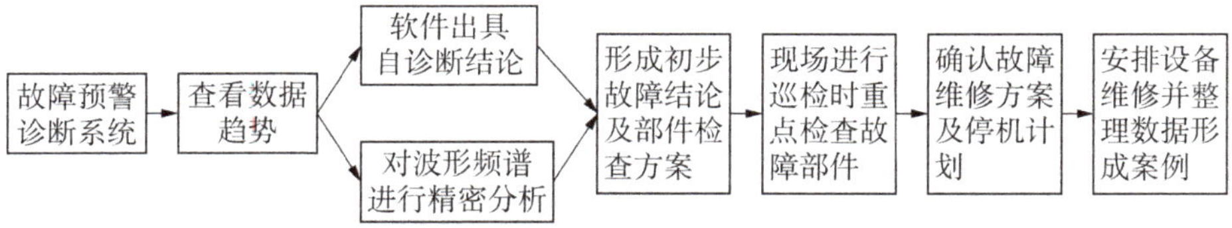

图 6－1 “数据+重点巡检”模式流程图

1）基于故障诊断系统的故障预警机制

系统通过在设备关键部件（如电动机、齿轮箱、滚动轴承等）部署振动传感器、温度传感器、转速传感器等多元监测装置，实时采集设备运行参数。

诊断系统则根据预设参数阈值，当监测数据出现异常（如振动烈度超过预设预警值、滚动轴承温度大幅超出环境温度等），或经智能诊断算法分析判定数据指标呈趋势性恶化，即自动触发故障预警，表明可能发生故障。

如果有充分的故障样本训练，系统除了能发现这些关键设备的异常之外，还能定位具体的异常部位，指明故障部件与故障类型，以实现故障早期识别，为后续故障分析、定位及检修争取宝贵时间。

2）数据趋势的调取分析：时间维度的故障特征挖掘

接收系统预警后，技术人员可以随时调取监测数据，开展趋势分析，从时间维度剖析数据参数变化规律。通过调取历史数据形成的曲线图及关键指标，判定系统是否存在误报，同时明确故障属性为突发性或渐进性。若振动值呈缓慢上升趋势，通常指向部件的渐进性磨损；若振动值突发激增，则极可能为突发性故障。与此同时，结合多参数关联分析（如振动参数与温度参数、油液状态参数的同步变化），初步判定故障关联因素，在宏观层面进行故障表征。

3）双重技术分析：软件自诊断与波形频谱精密分析

（1）软件自诊断结论输出：系统内嵌基于算法与历史数据训练的故障诊断模型，针对异常数据实施初步匹配分析。系统依据数据特征关联相似故障案例，输出诊断结论。例如，电动机振动数据匹配滚动轴承内圈故障模型，生成“电动机滚动轴承内圈损伤”提示；齿轮箱油液数据匹配齿轮磨损模型，输出“齿轮磨损预警”，为故障分析提供初始方向指引。

（2）振动信号波形频谱精密分析：针对软件诊断结论，技术人员运用频谱分析软件对振动信号开展精密分析，将时域信号转换为频域信号，识别特征频率。在提取滚动轴承故障特征频率时，若频谱中某特征频率峰值出现异常，可据此判定故障类型，精准定位滚动轴承损伤部位；对齿轮啮合频率及边频带成分进行分析，若边频带呈现杂乱状态或幅值异常，则表明可能存在齿轮磨损、轮齿断裂等故障，可借助技术手段深度挖掘故障数据本质。

4）初步故障结论形成及部件检查方案制定

完成数据趋势分析、软件自诊断及频谱分析后，技术团队综合多种信息，并结合现场进一步观测，形成初步故障结论。随后制定部件检查方案，明确检查对象（如齿轮、滚动轴承等）、检测方法（油液取样分析、配合间隙测量等）及专用工具（油液颗粒计数器、激光对中仪等），为现场巡检作业提供指导，有效提升故障定位效率。

5）现场重点检测

技术人员依据检查方案，对关键部件实施现场重点检测，通过实地检测验证结论并挖掘细节问题。

（1）油液检测分析：采集齿轮箱润滑油，运用光谱分析技术、铁谱分析技术，测定金属元素含量，观察磨损颗粒形貌特征，验证齿轮磨损判断。

（2）滚动轴承检测：采用轴承检测仪测量滚动轴承径向与轴向间隙，结合声学检测手段，判别轴承运转过程中是否存在异响。

（3）对中精度检测：借助激光对中仪测量设备轴系同轴度，确认是否存在对中偏差。

与此同时，结合设备实际运行工况（负载参数、作业频次等），综合分析故障成因，实现理论分析与实地验证的有机融合。

6）故障确认与维修规划：从故障定位到故障解决的关键过渡

完成现场检测并确认故障情况后，进入维修环节。先编制维修方案，明确作业步骤（如齿轮更换工艺流程、安装精度标准）、零部件规格（齿轮型号、滚动轴承型号）及人员职责分工。再与生产部门协调沟通，制定设备停机计划，选取设备作业间隙时段实施维修，最大程度降低对生产作业的影响，充分体现该模式对设备全生命周期管理的覆盖。

7）数据整理与案例构建和知识沉淀与模式优化

维修作业完成后，对预警数据、分析记录、现场检测情况及维修过程文档进行整理归档，构建标准化故障案例。一方面，为后续同类故障处理提供参考依据，积累宝贵的经验；另一方面，基于案例数据优化、继续训练故障系统故障诊断模型与参数阈值，形成“分析-实践-优化”的良性循环，持续推动设备维护管理体系的完善与升级。

6.2 机组故障类型

港口设备机组故障根据服役阶段可分为新机组特定类型故障与老机组退化性故障两大类型。新机组在调试及初期运行阶段，常因安装工艺偏差或部件磨合不足引发故障，例如支撑结构刚性不足导致整体振动超标，联轴器对中精度不达标引起附加扭矩传递，轴承安装间隙调整不当造成轴向冲击载荷。此类故障具有突发性特征，若未在试运行阶段及时识别，可能造成部件早期损伤，影响设备全生命周期可靠性。

而老机组因长期处于高负荷、交变载荷工况，材料疲劳累积、润滑性能劣化、结构刚度退化等问题逐渐凸显，典型表现为轴承滚道点蚀扩展、齿轮齿面剥落、轨道焊缝裂纹扩展等，故障呈现渐进性发展规律，其演变过程往往与维护周期、负载强度及环境条件密切相关。

针对两类故障的特性差异，科学的分类管理需依托技术手段与策略优化：通过振动监测捕捉异常频率成分，可有效识别刚性不足或轴承损伤的早期信号；利用油液分析技术追踪金属颗粒浓度及形貌变化，能够预判齿轮或轴承的磨损趋势。基于此，新机组管理需强化安装调试阶段的工艺验证与验收标准，重点把控结构刚度测试、轴系对中精度及润滑系统清洁度；老机组则需建立动态预防性维护机制，根据状态监测数据优化关键部件的检修周期，例如针对齿轮箱齿轮磨损的定期开盖检查、轨道结构的无损探伤等。通过差异化的维护策略，实现从故障被动响应到主动防控的管理升级，为港口设备安全高效运行提供系统性保障。

6.2.1 新机组特定类型故障

在港口设备运行体系中，新机组投入使用初期，受安装调试精度、部件磨合状态等因素影响，易衍生出特定类型故障。这些故障若未及时识别处理，不仅会降低机组运行稳定性，更可能对港口连续化作业造成干扰。针对新机组运行特性，梳理出的主要故障类型如图 6－2 所示。

1）刚性不足

新机组安装时，若设备支撑结构存在设计缺陷或装配精度不达标，易引发刚性不足问题。运行时，机组整体或局部振动幅度显著超出正常阈值，不仅破

（a）刚性不足　　（b）联轴器松动及排装对中不良

（c）轴承轴向间隙冲击　　（d）油封损坏　　（e）水平轮偏磨

图 6－2　新机组易发故障类型

坏设备运行精度，还可能导致连接部件松动，对传动系统、支撑结构等造成连锁损伤。

2）联轴器相关故障

（1）联轴器松动：安装时紧固工艺不到位，或运行中受冲击载荷影响，联轴器出现松动，表现为设备运行异响、振动值异常波动，动力传输效率下降。

（2）装配对中不良：联轴器装配时同轴度偏差超标准，运行中产生附加扭矩，加剧自身磨损，同时对电机、齿轮箱等关联部件形成额外载荷，缩短设备使用寿命。

3）轴承轴向间隙冲击

新机组轴承装配时，若轴向间隙调整不符合技术规范，运行中轴系轴向窜动幅度偏大，引发轴承内部元件冲击。具体表现为轴承部位异响明显、温度异常升高，加速轴承滚道、滚子等部件损伤，严重时可致轴承失效，迫使机组停机。

4）油封损坏

因安装时密封件装配工艺不当，或油封材质与工况适配性不足，新机组易出现油封损坏。油封失效后，润滑油脂泄漏，既污染设备环境，又导致轴承、齿轮等部件润滑不足，引发磨损加剧、温度升高等次生故障。

5）水平轮

新机组水平轮安装调试阶段，若轮体位置调整不到位或受力不均，运行时会出现偏磨现象。偏磨使水平轮与轨道接触状态恶化，设备移动平稳性下降，伴随异常振动、噪声，增加运行能耗，影响港口设备起升、移动等关键作业。

6.2.2 老机组退化性故障类型

在港口设备全生命周期管理中，服役多年的老机组因长期承受重载、交变载荷及复杂工况，设备材料性能逐渐退化，维护成本显著上升。统计数据显示，老机组传动系统故障占比达62%，故障停机时间较新机增加4~6倍。如图6-3所示，针对老机组运行特性，结合工程实践与可靠性理论，系统梳理出以下12类典型故障类型。

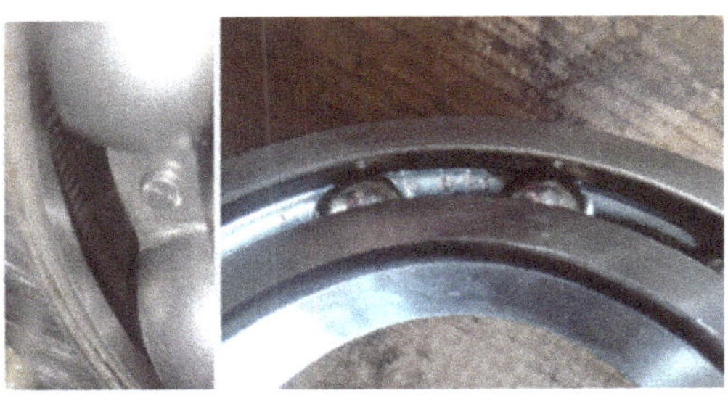

（a）电机轴承故障

（b）电机对中不良

（c）刚性不足共振

（d）联轴器故障

（e）齿轮箱轴承故障

（f）齿轮箱齿轮故障

（g）起升齿轮箱轴向窜动

（h）小车齿轮箱轴承间隙偏大

（i）卷筒轴承故障

（j）卷筒螺栓松动

（k）滑轮轴承磨损

（l）轨道开裂及不平

图 6-3　老机组易发故障类型

1）电机轴承故障

电机轴承在长期高速重载运行中，滚子与滚道接触区域承受循环交变应力，导致材料疲劳剥落。老机组由于润滑系统老化，油脂劣化速度加快，润滑膜厚度不足导致金属部件局部直接接触，加剧磨损。当轴承游隙超过设计允许范围，设备运行时会产生与转频相关的振动特征峰，伴随高频异响，轴承座温度显著高于正常运行温度。

2）电机对中不良

联轴器橡胶元件在长期变扭矩作用下发生热氧老化，导致刚度下降，无法补偿轴系同轴度偏差。老机组因基础沉降或频繁启停产生的冲击载荷，使电机与齿轮箱联轴器轴线偏离设计值，引发橡胶元件剪切应力集中，寿命大幅缩短，同时电机轴承承受额外径向载荷，加速滚道磨损。

3）刚性不足共振

老机组钢结构因长期交变载荷作用产生微观裂纹，导致整体刚度退化，当设备固有频率与激振频率接近时，引发共振响应。实测表明，此类共振会导致结构模态阻尼比显著下降，振动能量无法有效耗散，焊缝热影响区裂纹扩展风险增加。

4）联轴器故障

齿式联轴器因润滑失效导致齿面胶合，齿廓磨损使传动效率下降；弹性联轴器橡胶元件老化后储能模量降低，无法吸收冲击载荷。老机组联轴器在传递额定扭矩时，橡胶元件产生明显永久变形，导致动力传递中断或周期性冲击振动，元件表面温度异常升高。

5）齿轮箱轴承故障

齿轮箱轴承滚子与滚道在长期磨粒磨损作用下，表面粗糙度值显著增加，导致游隙扩大。油液污染度检测显示金属颗粒浓度异常，轴承运行时产生低频振动，轴承座温度梯度异常升高。

6）齿轮箱齿轮故障

齿轮齿面在接触应力长期作用下发生疲劳剥落，剥落面积达到一定比例时，啮合刚度显著下降。老机组因润滑系统失效，油液黏度降低，导致齿面油膜厚度不足，出现边界润滑状态，齿根应力集中区域产生裂纹，振动信号出现特征频率调制现象。

7）起升齿轮箱轴向窜动

起升齿轮箱推力轴承在长期轴向载荷作用下，滚子与滚道接触区产生塑性变形，轴向间隙扩大。窜动导致齿轮啮合力波动，齿面接触区偏移，接触应力显著增加，加速轮齿折断风险。

8）小车齿轮箱轴承间隙偏大

小车频繁启停使齿轮箱轴承承受冲击载荷，滚子与内圈配合面出现椭圆化磨损，径向间隙扩大。当轴承游隙超过临界值时，滚子发生打滑现象，产生宽频振动噪声，轴承温度持续偏高，油液中金属元素浓度异常。

9）卷筒轴承故障

卷筒轴承因粉尘侵入破坏润滑膜，滚子与滚道表面形成磨粒磨损凹坑，导致钢丝绳张力波动。老机组卷筒轴承运行时产生与转频相关的振动特征，轴承外圈出现椭圆化变形，影响钢丝绳缠绕精度。

10）卷筒螺栓松动

卷筒固定螺栓在长期交变剪切应力作用下发生疲劳伸长，预紧力衰减。螺栓松动导致卷筒与轴配合面产生微动磨损，设备启停时产生敲击噪声，严重时卷筒轴向移位，影响设备运行稳定性。

11）滑轮轴承磨损

滑轮轴承因长期暴露于粉尘环境，润滑脂失效后产生三体磨损，滚子与内圈表面形成犁沟状磨痕。当滑轮槽磨损达到一定程度时，钢丝绳跳槽概率显著提升，轴承外圈椭圆化变形导致转动时产生规律性异响。

12）轨道开裂及不平

轨道母材在长期循环载荷作用下，焊缝热影响区产生应力腐蚀裂纹。轨距偏差超过允许范围时，小车运行阻力增加，轨道顶面出现波浪形磨损，导致小车啃轨，啃轨力显著增加。

老机组故障防控需建立三级预警体系：通过振动监测评估轴承与齿轮状态，油液分析检测污染度，也可以通过结构的振动和应力测试评估刚度退化。对关键连接实施液压拉伸紧固，轴承安装采用感应加热工艺，轨道修复后进行动态载荷试验。通过构建故障案例库，可实现同类故障平均修复时间显著缩短，设备可用率有效提升。

6.3 主传动链检查及保养工艺

港口机械的主传动链通常由电机、联轴器、齿轮箱、轴承及卷筒等关键部件构成，负责将动力从驱动装置精准传递至执行机构。由于长期承受交变载荷、复杂工况及环境侵蚀，主传动链易出现润滑失效、部件磨损、对中偏差等问题，进而引发振动超标、异常温升甚至停机事故。建立科学规范的主传动链检查及保养工艺，对保障港口设备高效稳定运行、延长设备使用寿命具有重要意义。

6.3.1 基础检查

主传动链的基础检查是保障设备稳定运行的关键环节，具体检查项目如下。

1）润滑系统检查

首先通过油位视窗或油位螺塞核查齿轮箱、轴承等关键部位的润滑油量，确保油位处于标准刻度范围内。同时观察油液颜色及流动性，若发现浑浊、乳化或金属颗粒析出，需立即更换指定型号润滑油（建议更换周期为6~12个月或按设备运行小时数执行）。

针对轴承、联轴器等高速运动部件，采用专用润滑油枪补充润滑脂，确保润滑充分，防止干摩擦现象发生。

2）机械部件状态监测

利用振动监测系统实时采集主传动链振动数据，当垂直或水平方向振动值超过4.5 mm/s时，需停机进行频谱分析以定位异常源。

同时使用激光对中仪检测联轴器同轴度，确保螺栓紧固力矩符合制造商手册要求，避免因对中偏差导致部件异常磨损。

3）密封与清洁管理

检查齿轮箱油封、轴承端盖等密封件状态，发现渗漏时须及时更换，并使用煤油彻底清洁结合面残留油污，防止油液二次污染。

此外，采用压缩空气或毛刷清除传动链表面附着的粉尘、金属碎屑，避免杂质加速部件磨损，确保传动效率。

6.3.2 定期保养工艺

定期保养是维持主传动链性能的重要手段。通过周期性保养，可有效延缓部件老化进程，确保主传动链在设计寿命周期内保持最佳性能。建议结合设备运行日志制定个性化保养计划，实现预防性维护目标。以下是关键保养项目。

1）齿轮箱维护

油液检测：每季度对齿轮箱润滑油进行取样，采用光谱分析技术检测金属颗粒含量（如铁、铜元素）。当铁含量超标时，需立即开箱检查齿轮及轴承磨损情况。同时观察油液颜色变化，若呈现深褐色或有异味，需及时更换同型号润滑油。

齿面检查：使用工业内窥镜对齿轮啮合面进行全面观察，重点检测齿面点蚀、剥落等损伤。若单个齿面损伤面积超过 10%，需进行齿面修复或更换齿轮副。

2）轴承专项保养

温度监测：使用红外测温仪对轴承运行温度进行监测，当轴承温升超过环境温度 30 ℃时，需停机检查润滑状态或轴承磨损情况。

润滑管理：每 3 个月使用高压润滑脂枪向主传动链轴承补充高温锂基复合脂（NLGI 2 级）。

3）制动系统维护

制动盘检查：检查制动盘厚度磨损量（极限值参考制造商标准，通常≤原厚度 20%），调整制动片间隙至 0.5～1.0 mm。

液压系统维护：清洁制动器液压管路，更换变质液压油并排空系统空气。

6.3.3 异常处理与记录

主传动链异常情况的快速响应与规范记录是实现设备全生命周期管理的重要环节，通过建立标准化处理流程和数字化档案，可有效提升故障处理效率并为预测性维护提供数据支撑。具体管理要求如下。

1）故障应对措施

齿轮异响处理：当监测到齿轮箱出现周期性异响时，优先排查润滑油污染或齿轮对中度偏差。通过油液光谱分析确认是否存在金属颗粒污染，使用激光对中仪检测齿轮轴线平行度。

轴承卡滞修复：优先采用渗透剂辅助拆卸，若轴颈磨损深度>0.1 mm，需采用激光熔覆技术修复。

2）数据管理体系

维护档案建立：采用电子化管理系统记录设备全生命周期数据，包括以下数据。

（1）润滑数据：润滑油更换日期、牌号、加注量及油液检测报告；

（2）振动数据：各测点振动有效值、频谱图及趋势曲线；

(3) 维修记录:故障现象、处理措施、更换部件型号及工时统计。

寿命预测模型:基于历史数据建立部件寿命预测模型。

3) 技术升级

引入智能监测系统,如振动传感器+AI分析平台,实现传动链早期故障预警。

6.4 故障检查手段

6.4.1 对中检查及处理

本工艺用于高速电机同轴度调整及类似机构同轴度调整,部分内容引自本港口集团的岸桥构造及维修手册内容。

在进行对中检查及处理之前,需要准备:激光对中仪、电机地脚垫片(10丝、20丝、30丝、50丝、100丝)、游标卡尺或直尺及塞尺、卷尺、扳手、链条葫芦等。

提高传动机构对中精度可以大大减小振动、提高设备稳定性、延长设备使用寿命。同轴度就是定位公差,就是同一直线上的两根轴线,它们之间有多大程度的偏离。两轴的偏离通常是三种情况(基准轴线为理想的直线)的综合——被测轴线径向偏离、被测轴线角度倾斜和被测轴线轴向偏离(图6-4)。

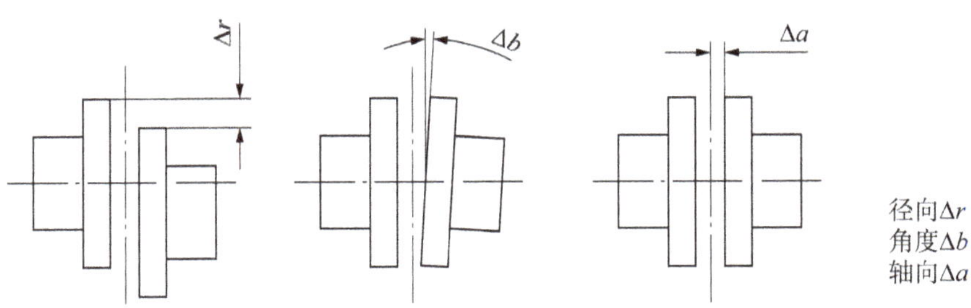

图6-4 同轴度测量值

对电机-齿轮箱而言,联轴器同轴度状况对机构运转和寿命有着重大影响。港口机械在进行新电机安装过程中,必须对电机-联轴器进行同轴度对中。高速联轴节类型为弹性联轴节。因此,根据联轴节对中检查标准(表6-1)确定高速联轴节同轴度公差范围。

表 6-1 联轴节对中标准

部位	联轴节类型	Δ r/mm	Δ b	Δ a/mm
起升高速联轴节	弹性联轴节	≤0.05	0.12 mm	= Δr
俯仰高速联轴节	弹性联轴节	≤0.05	0.12 mm	= Δr
小车高速联轴节	弹性联轴节	≤0.05	0.12 mm	= Δr
大车高速联轴节	弹性联轴节	≤0.05	0.06 mm	= Δr
起升卷筒联轴节	齿型联轴节	–	10′	–
俯仰卷筒联轴节	齿型联轴节	–	10′	–
小车卷筒联轴节	齿型联轴节	–	10′	–

本工艺方案根据码头实际采用较为精准、快速的激光对中仪(图 6-5)进行对中,以下工艺步骤均基于激光对中仪开展。

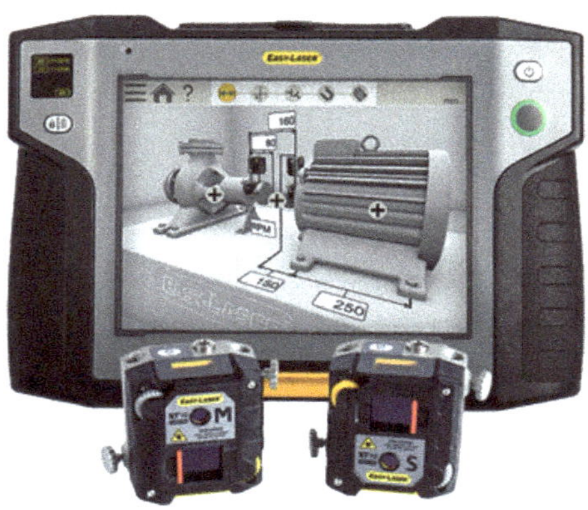

图 6-5 激光对中仪及 S-M 激光器

6.4.1.1 电机对中步骤

电机-齿轮箱联轴器的同轴度调整是保障传动效率和设备寿命的关键工序,需严格遵循以下操作流程。

(1) 将港口起重机停靠至非作业泊位,设置安全警示区,并围蔽作业现场。

(2) 小车停至停车位,将吊具放至吊具托架上或者放至地面(需用枕木垫高,锁头禁止直接接触地面),起升下降至松绳。

(3) 用铁链、手拉葫芦等在机房起升钢丝绳出绳口绑扎固定起升钢丝绳,避免后续制动器释放时钢丝绳下滑(图 6-6)。

图 6-6 起升钢丝绳绑扎固定

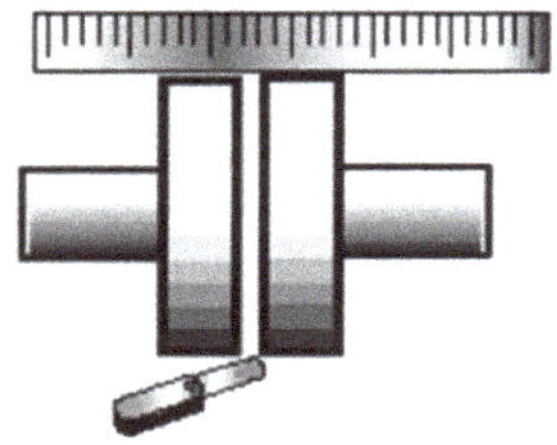

图 6-7 粗调径向偏差

(4) 释放起升低速应急制动器并关闭阀门保持释放状态。

(5) 拆除需对中电机海侧起升高速制动器线路及固定螺栓,并用行车吊装至不影响对中位置。

(6) 粗调:紧固电机地脚螺栓,利用游标卡尺或直尺及塞尺测量(图 6-7)电机输出轴与联轴节间径向偏差,即高低差。如果测量结果偏差较大(大于 20 丝),则应拆除地脚螺栓,利用地脚垫片在四个地脚调整,减小偏差至精调范围(小于 20 丝)。

(7) 精调对中。

① 由于制动盘阻挡,激光对中仪的 2 个激光器利用自带链条及固定支架分别安装在电机输出轴和齿轮箱输入轴上。(注意:激光器应当面对面安装,确保它们都具有基本相同的旋转角度和半径。标注 M 的激光器应在电机输出轴上,标注 S 的激光器应在齿轮箱的输入轴上)

② 打开对中仪,点击"EASY-LASER"应用程序,进入桌面,选择"轴-水平",进入此界面(图 6-8)。根据界面数据要求,利用卷尺等测量电机前后地脚螺栓距离、前地脚螺栓至 M 激光器距离、S-M 激光器间距离、S 激光器与电机输出轴端距离,输入以上四个距离及电机转速(岸桥起升电机转速为 1 800 r/min)。

③ 打开 S-M 激光器电源,对中仪连接激光器。此时两个激光器靶心盖板尚未打开。调节激光器在固定杆上的位置及固定架,至激光器激光打在对面激光器盖板靶心位置。

图 6-8 对中仪参数输入

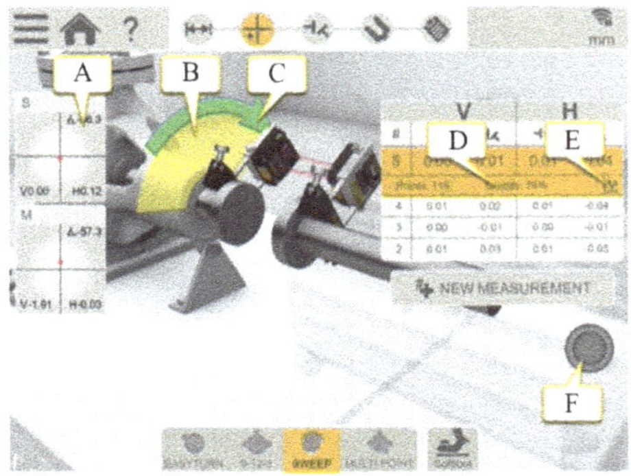

图 6-9 对中仪测量界面

④ 打开两激光器盖板，点击 ，选择测量界面(图 6-9)，使用激光调整旋钮调整激光，调整至测量界面左侧两激光器角度差小于 0.3°，水平(H)及垂直(V)差小于 0.1 mm(对中仪长度默认单位为 mm)。

⑤ 转动轴至合适位置准备对中测量(图 6-10)，测量前确认激光器固定牢固无滑动松脱。

⑥ 开始测量，点击对中仪测量界面绿圈，即图 6-9 的 F。转动轴超过 90°，由于现场位置限制，往往转动约 120°。停止转动后，点击测量界面绿圈结束测量。

⑦ 点击 以转到结果视图，如图 6-11 所示。根据结果视图进行下一步调整。

图 6-10 转动轴或制动盘至合适位置开始测量

图 6-11 对中仪结果视图

⑧ 点击 进入调整视图。首先调整水平方向偏差，转动轴至激光器水平

(图 6-12)。根据对中仪显示水平偏差值,对电机两侧顶丝进行调整,调整至偏差值小于 0.05 mm,即 5 丝。

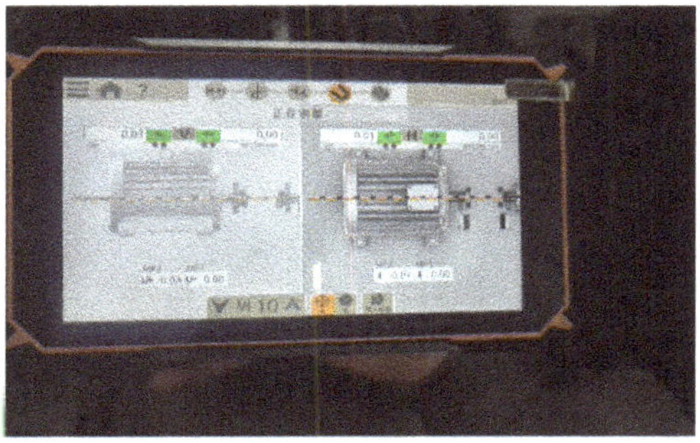

图 6-12　调整水平径向及角度偏差

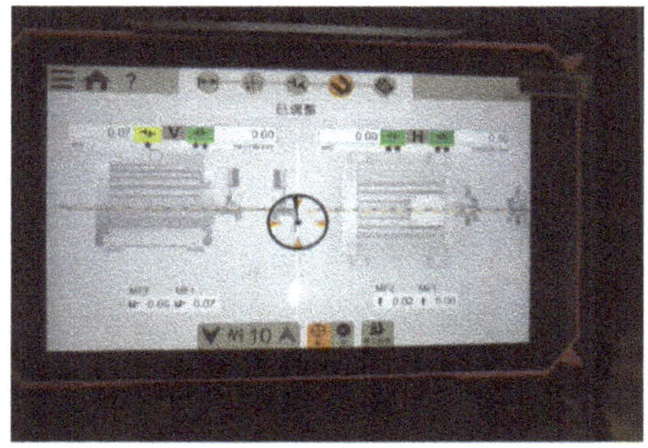

图 6-13　对中仪垂直调整过程

⑨ 调整水平偏差至合理范围后,转动轴至激光器垂直(图 6-13)。根据对中仪显示,调整电机四个地脚垫片及紧固顺序,紧固地脚螺栓,调整至偏差小于 0.05 mm。

通常每个起升电机支承座及电机自身地脚位置不同,并且不是完全水平,各自高低情况不一,也使得四个地脚各自加减同一垫片对偏差调整效果不一(图 6-14)。在调整过程中,分别记录分析,大体了解四个地脚情况,可以加快对中过程。

在垂直方向上调整时,需要拆松地脚螺栓,利用行车将电机稍微吊离支承面,以便地脚垫片更换调整。在更换垫片之前,应用游标卡尺测量确认垫片厚度。垂直方向上的调整往往需要多次,在每次垂直调整后,应确保水平方向偏差仍在可接受范围内。

⑩ 重复步骤⑤至⑨,直至偏差值符合范围即可。

6.4.1.2　调试及收尾工作

调试与收尾是保障设备恢复正常运行的关键环节,需遵循标准化流程确保维修质量:

(1) 检查电机地脚顶丝、联轴节螺栓等紧固情况;

图 6-14　桥 06 起升 2#电机垫片分布情况

（2）安装高速制动器，恢复接线；

（3）恢复低速制动器各阀及其他限位等；

（4）拆除链条及手拉葫芦等；

（5）检查现场有无异常、清点工属具；

（6）试机、收拾围蔽现场；

（7）报出勤作业，与调度部门交接设备状态。

6.4.1.3 对中注意事项

为确保电机对中作业安全高效完成，需严格遵守以下操作规范：

（1）起升钢丝绳固定应用铁链，不应使用布带。

（2）需划定足够大的警戒区域，行车吊装时避免交叉作业，其间禁止任何人员进入行车运行轨迹下方。

（3）盘动联轴节或制动盘时，需避免遮挡激光束并防止碰撞激光器。

6.4.2 松动检查

松动故障主要有地脚螺栓松动、联轴器螺栓松动及卷筒螺栓松动。

6.4.2.1 基础检查

1）目视检查

首先，查看地脚螺栓和基座的表面，看是否有锈蚀、裂纹或者变形的情况。特别要仔细检查螺栓根部和混凝土基础结合的地方，看是否存在渗水、脱层等异常现象。

其次，检查垫片是否完好无损，防松标记（油漆线等）是否出现错位，以此来判断螺栓是否发生了位移。

2）工具检查

使用经过校准的扭矩扳手来检测螺栓的紧固力矩，将检测结果与设备手册上的标准值进行对比（例如，M36 螺栓的力矩一般在 2 000~2 500 N · m）。

同时，配备振动分析仪或者听诊器，通过分析异常的振动频率或者敲击时发出的声音，来判断螺栓是否松动。

3）静态检查

用塞尺测量地脚螺栓和基座接触面的间隙，如果单侧间隙大于 0.2 mm，就需要用扭矩扳手重新紧固。

紧固前需对螺栓进行编号，并记录下初始的扭矩值。在复检时，如果扭矩偏差超过了±15%,就需要重新进行紧固。紧固后需要加防松标识。

6.4.2.2 处理措施

1）螺栓松动修复

对松动螺栓进行拆卸后,需彻底清洁螺纹表面杂质,检查螺栓拉伸量,若伸长量超过原长度的0.5%,则需更换同规格高强度螺栓。

安装时需在螺纹副均匀涂抹二硫化钼防咬合剂,按对角线顺序分步对角紧固,避免单侧受力。

2）基础松动处理

若发现基础开裂或螺栓群整体偏移,需立即停机并联系专业地基处理机构进行地基加固。

6.4.2.3 检查标准

表6-2为螺栓紧固检查标准,涵盖不同部位的螺栓规格、扭矩要求及特殊工艺。

表6-2 地脚螺栓紧固检查标准

部位	螺栓规格	终拧扭矩/N·m	紧固情况
俯仰马达底座	M24 8.8S	712	-
俯仰高速制动器底座	M24 8.8S	712	-
俯仰高速联轴节制动盘	M16 8.8S	200	-
俯仰低速联轴节连接	M24 8.8S	660	-
俯仰卷筒轴承座底座	M30 8.8S	1 260	-
俯仰减速器底座	M42 8.8S	2 968	二硫化钼
俯仰低速制动器底座	M42 8.8S	2 968	二硫化钼
俯仰卷筒压绳板	M36 8.8S	1 450	-
起升马达底座	M30 8.8S	1 415	-
起升高速制动器底座	M24 8.8S	712	-
起升高速联轴节制动盘	M24 8.8S	700	-
起升低速联轴节连接	M24 8.8S	660	-
起升卷筒轴承座底座	M30 8.8S	1 274	-
起升低速制动器底座	M36 8.8S	2 340	-
起升卷筒压绳板	M30 8.8S	900	-
小车马达底座	M24 8.8S	712	-

续 表

部位	螺栓规格	终拧扭矩/N·m	紧固情况
小车高速制动器底座	M24 8.8S	712	-
小车高速联轴节制动盘	M16 8.8S	200	-
小车卷筒轴承座底座	M27 8.8S	1 042	-
小车卷筒压绳板	M24 8.8S	400	-
俯仰应急齿轮箱与底座	M30 8.8S	1 274	-
起升钢丝绳总根夹绳板螺栓	M24 10.9S	800	K=0.145
前大梁拉杆偏心套螺栓	M20 8.8S	315	-
小车轨道压板螺栓	M16 8.8S	200	-
小车总根螺栓	M24 10.9S(压板) M30 8.8S(螺杆)	615 795	K=0.145 K=0.145
梯形架均衡滑轮钢丝绳压板螺栓	M30 10.9S	1 150	-
托架小车总根螺栓	M16 8.8S	160	K=0.145

注：K 值为摩擦系数。

6.4.3 润滑油及润滑脂检查(含水率、铁相分析)

润滑油作为设备的“血液”,其品质直接影响传动链寿命。通过科学检测手段判断油液状态,是实施预防性维护的重要依据。以下从现场快速检测和实验室分析两方面展开说明：

6.4.3.1 现场快速检测方法

现场快速检测是日常维护的重要手段,通过简单工具即可初步判断油液状态,以下方法为初步判断,精确检测需结合实验室分析：

1) 油位检查法

通过油位螺塞或透明油位镜观察油液高度,确保油位维持在标准刻度中线位置。若发现油位低于下限,需补充同牌号润滑油至规定高度;若油位超出上限,需通过放油阀调节至标准线,防止因油量过多导致油温异常升高或密封失效。

2) 油流观察法

将油液从量杯高处缓慢倒入空杯,观察流动状态:优质油液应呈连续均匀细流状。若出现断续流动或浑浊现象,表明油品可能氧化变质或混入杂质。

3）手捻法

取少量油液置于拇指与食指间搓揉，通过触感判断污染程度。若感觉到明显摩擦阻力或沙粒状杂质，说明油液中固体颗粒含量超标，需立即更换。

4）光照法

用金属工具挑起油液形成45°油滴，置于自然光线下观察透光性。若油液呈现浑浊状态或可见悬浮颗粒，表明存在污染需进一步检测。

5）滤纸斑点试验

将油滴在白色滤纸上，观察油斑扩散形态：正常油液应形成边缘清晰的黄色晕圈，中心区域无明显黑色沉淀。若出现中心深褐色沉积或扩散不均，说明油液已劣化。

6）水分定性检测

试管摇动法：剧烈摇晃油样后静置，若出现乳化层或浑浊，表明水分超标。

简易加热法：加热油样至100℃左右，若有气泡或爆裂声，说明含水。

6.4.3.2 送检分析（专业方法）

对润滑油及润滑脂进行送检分析，可借助专业的方法和设备，更精确地评估其性能和状态，为设备维护提供有力依据。具体分析项目如下。

1）理化指标检测

黏度测试：依据GB/T 265标准，采用旋转黏度计测定油品的流动性。通过测量油品在特定条件下的内摩擦力，得出其黏度数值，以此评估油品在不同工况下的润滑性能。

闪点检测：运用闭口、开口闪点仪对油品进行检测，评估其防火安全性。闪点是油品在规定条件下加热到它的蒸汽与空气混合气接触火焰时，能产生闪燃的最低温度，该数值对于判断油品在使用过程中的火灾风险具有重要意义。

酸值、碱值测定：利用酸碱滴定法测定油品的酸值或碱值，以此判断油品的氧化或污染程度。酸值反映油品中酸性物质的含量，碱值则体现碱性物质的多少，它们的变化能直观反映油品的老化和受污染情况。

2）污染物分析

颗粒计数：按照ISO 4406标准，使用颗粒计数器检测油液中的固体颗粒浓度。该方法能准确统计单位体积油液中不同粒径颗粒的数量，为评估设备磨损状况提供关键数据。

光谱分析：借助ICP－OES（电感耦合等离子体发射光谱仪）或FTIR（傅里叶

变换红外光谱仪)对油液进行光谱分析,定量分析其中磨损金属(如铁、铜等)的含量以及添加剂的损耗情况。通过这些数据,可以了解设备各部件的磨损程度,及时发现潜在的故障隐患。

3）水分定量检测

卡尔费休法:采用卡尔费休法精确测定油中的水分含量,该方法遵循 ASTM D6304 标准。

4）氧化安定性测试

运用 RPVOT(旋转压力容器氧化试验)评估油品的抗氧化能力,进而预测其剩余寿命。

6.4.4 轴承磨损情况初步检查

轴承作为传动链的核心部件,其磨损状态直接影响设备运行稳定性。通过非破坏性检查与局部拆解相结合的方式,可快速判断轴承健康状况,为制定维修策略提供依据。

1）拆解轴承端盖检查

当现场数值出现明显上升,判断为轴承故障,可以拆开齿轮箱轴承端盖,对轴承铁屑进行检查,如图 6-15 所示。

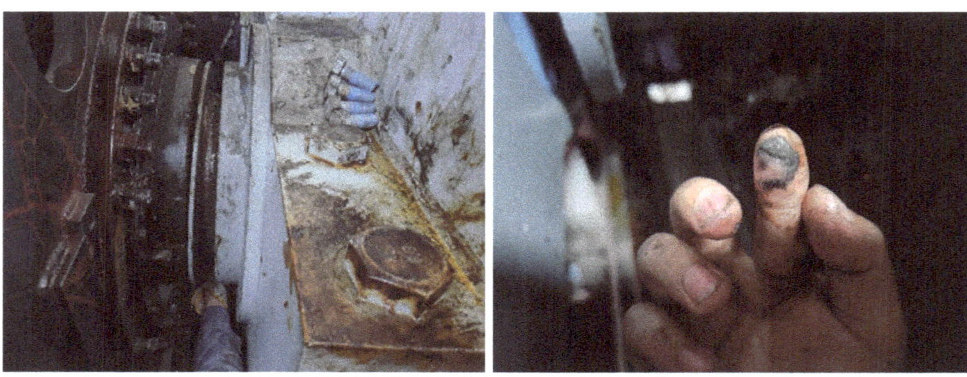

图 6-15 检查齿轮箱轴承铁屑

2）拆开齿轮箱箱盖检查

打开齿轮箱上端端盖,对齿轮箱整体情况进行检查,查看轴承磨损情况,齿轮磨损情况及油质情况,如图 6-16 所示。

图 6 - 16　检查齿轮箱磨损情况和油质

6.4.5　齿轮箱轴承轴向间隙测量方法

在正常保养的基础上，及时调齿轮箱的轴向间隙，排除轴向窜动，就能保证齿轮的正常啮合，提高齿轮箱的寿命。下面以岸桥小齿轮箱轴向间隙调整的方法为例供参考。

以图 6 - 17 所示的岸桥小车齿轮箱为例，该齿轮箱共有 5 级，齿轮箱的级数越多，斜齿轮间的累积间隙就越大，调整周期就会越短。该齿轮箱高速轴、低速轴与第 4 级轴采用双侧端盖固定轴的轴向自由度，第 2、3 级轴使用垫片、卡簧固定轴的轴向自由度。

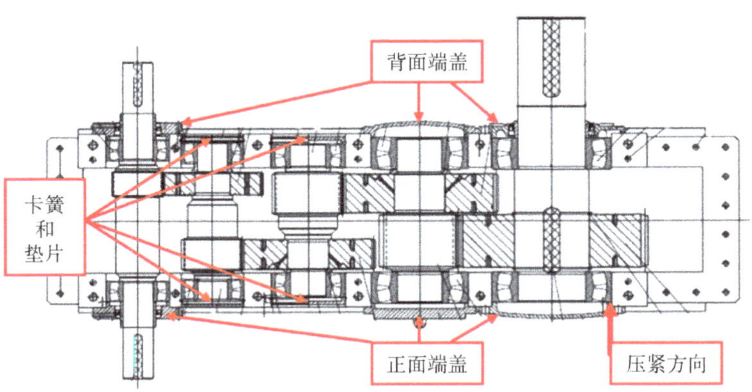

图 6 - 17　某岸桥小车齿轮箱内部结构剖视图

主要调整方法如下。

（1）将俯仰放置水平，打开小车张紧液压站的相应的节流阀，释放小车钢丝绳的张紧力，使小车牵引钢丝绳处于自然松脱状态，断开控制电路，打开小车高速制动器。

（2）通过放油阀排空齿轮箱内齿轮油，取样进行油质检测。若油质不理想，需更换同型号润滑油。

（3）拆除高低速轴及第4级轴正面端盖，暴露轴承安装位置，以备测量间隙。

（4）用专用顶块分别压住高低速轴和第4级轴上轴承的外圈。专用顶块因齿轮箱而异，没有统一规格，只要加工一个L型的铁块，在上面开一个圆孔，用螺栓穿过该圆孔安装到原来端盖的螺孔内，另一头有效压紧轴承外圈即可。

（5）如图6－18(a)所示，有效压紧轴承外圈后，用深度尺分别测量箱体高低速轴、第4级轴的止口深度，并记录所测数据。以低速轴为例，止口深度为20 mm。

（6）如图6－18(b)所示，直接使用深度尺测量各级端盖上的止口高度，并记录所测数据。以低速轴为例，端盖止口深度为19.2 mm。

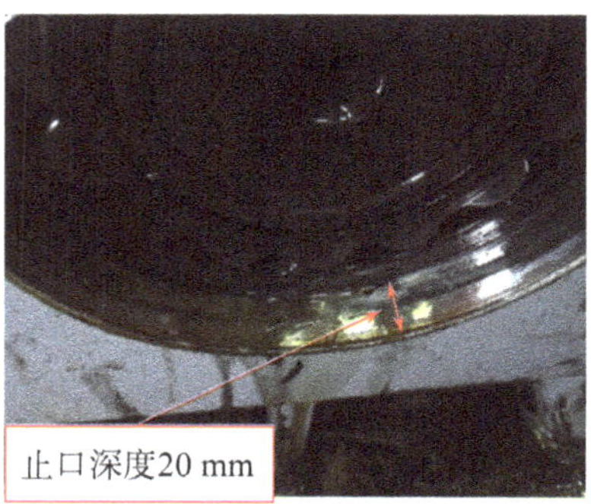

（a）压紧后低速轴止口深度

（b）端盖的止口高度

图6－18　调整轴向间隙中测量的尺寸

（7）将箱体止口深度所测的数据与端盖止口高度所测数据相减，差值就是各级轴实际存在的间隙。以低速轴为例，间隙为20－19.2＝0.8 mm，该品牌齿轮箱规定轴向间隙要保留0.2 mm，所以需要调整的间隙为0.6 mm，对端盖的外端面进行车加工，车深0.6 mm，最终端盖止口高度为19.8 mm。

（8）如图6－19所示，第2、3级轴采用卡簧固定，通过增加垫片进行调整轴向间隙。首先拆开齿轮箱上盖，使用千斤顶将轴往正方向压紧，用塞尺测量轴承外圈与卡簧之间的间隙，适当增加垫片，使间隙减少至0.2 mm为止，垫片尺寸与2、3级轴的轴承外圈尺寸一致。

图6-19 第2、3级轴轴承与卡簧间的垫片添加位置

(9) 根据实际测量数据进行计算,对高低速轴、第4级轴端盖端面进行车加工,对2、3级轴进行垫片添加,最后将5级轴的轴向间隙全部调整为0.2 mm。

(10) 对箱体进行全面清洁,铲除齿轮箱各安装端面的旧密封胶,重新涂胶,安装齿轮箱上盖。

(11) 加注新齿轮油到标准油位,恢复小车牵引钢丝绳至张紧状态,通电进行空载试运行。

6.4.6 齿轮箱轴承径向间隙测量方法

径向间隙是影响轴承寿命和传动精度的关键参数,可防止因磨损或温升导致的间隙异常。以下为三种常用检测方法及操作要点。

6.4.6.1 检查方法及步骤

1) 塞尺测量法

该方法适用于无需拆卸轴承外圈的大型或特大型圆柱滚子轴承径向间隙测量。

(1) 将轴承平稳放置于测量平台,使用夹具固定内圈。

(2) 沿圆周均匀选取3个测量点,用塞尺插入滚子与外圈滚道之间的间隙。

(3) 记录各点塞尺插入深度,计算最大值与最小值的差值,并取平均值作为该轴承的径向间隙。对于调心滚子轴承,需分别测量两列滚子间隙后取算术平均值。

2) 千分表测量法

该方法适用于需精确测量或需记录具体数值的精密轴承检测。

（1）将轴承置于平板，压紧内圈，千分表测头顶住外圈。

（2）沿测量方向来回移动外圈，记录表头最大与最小读数差值，即为该方向径向间隙。换多个方向测量，取最大值为最终径向间隙（通常要求≤0.1 mm）。

3）压铅丝法（辅助方法）

该方法适用于空间受限或无法使用塞尺、千分表的特殊工况。

（1）将铅丝插入滚子与外圈间隙，转动外圈挤压铅丝。

（2）取出铅丝测量其厚度，作为径向间隙参考值（需注意铅丝弹性变形误差）。

6.4.6.2 注意事项

（1）标准值参考：径向间隙需严格参照 GB/T 4604—2006 标准，不同轴承类型及尺寸对应不同游隙范围（如某型号圆柱滚子轴承径向间隙为 75～110 μm）。实际测量前必须查阅轴承制造商手册或相关标准，确认具体型号的允许值。

（2）调整与验证：若间隙超标，需通过增减调整垫片或更换轴承修复。调整后需重新测量并确保轴转动灵活，无卡阻。调整时需同步检查齿轮啮合情况，避免因间隙不当导致齿轮偏载。

（3）安全与维护：检查前必须切断齿轮箱电源，使用专用清洁剂清除轴承表面油污，避免测量误差。

6.4.7 齿轮箱啮合情况检查方法

齿轮副的啮合质量直接影响传动系统的承载能力和使用寿命。通过系统性检测可及时发现齿面磨损、偏载等问题，防止因啮合异常导致的断齿故障。以下结合静态几何参数与动态接触分析进行综合评估。

6.4.7.1 静态几何参数测量法

1）啮合间隙测量

压铅法：在两齿轮啮合面间放置铅丝（直径略大于理论间隙），转动齿轮后取出压扁的铅丝，测量其厚度即为实际啮合间隙。正常间隙一般为 0.3～0.4 mm（法向侧隙），若超过设备手册规定值需调整。

百分表法：固定一个齿轮，用百分表触头抵住另一齿轮齿面，轻微转动齿轮记录摆动量，直接读取啮合间隙值。

2）齿形与齿向精度检测

使用齿轮测量仪检测齿厚、齿距误差，对比出厂标准值。若齿厚磨损超过原尺寸 15%～20%需更换。

检查齿面接触斑点：在齿面均匀涂抹红丹粉，盘动齿轮副 5～8 圈后分离齿面。正常接触面积应覆盖齿面高度的 45%～60%及宽度的 60%～70%。若出现接触偏载或局部无接触，需调整齿轮轴线平行度。

6.4.7.2　动态运行监测法

1）振动信号分析

安装加速度传感器采集齿轮箱振动频谱，重点分析啮合频率及其谐波成分。若出现边频带或异常峰值，表明齿面磨损或啮合错位。

2）声音监听

使用声学传感器监测啮合噪声，正常啮合声均匀低沉，若出现周期性冲击声或高频啸叫则提示齿面损伤。

3）温度监测

红外热像仪检测齿轮箱外壳温度分布，局部过热区域可能对应啮合不良点。

6.4.7.3　润滑状态关联分析法

油液金属颗粒检测：定期抽取齿轮箱润滑油样进行光谱元素分析，重点监测铁、铜等磨损金属元素浓度。若铁含量突增且颗粒呈切削状，表明齿轮啮合面存在异常磨损。

磁性堵屑器吸附铁屑量监测：检查安装于齿轮箱底部的磁性油堵，每周停机检查时清理并称重吸附的铁屑。若周累积铁屑量增速超过 20%（与历史数据对比），需立即检查齿轮副啮合状态。

6.4.7.4　装配精度验证法

1）轴线平行度校准

采用激光对中仪进行输入、输出轴平行度校准，偏差应≤0.05 mm/m。平行度超差将导致齿面载荷分布不均，加速齿面磨损。

2）游隙与预紧力调整

使用千分表测量轴承轴向游隙，采用三点测量法取平均值，正常值为 0.10～0.15 mm。游隙过大会加剧齿轮啮合冲击，降低传动平稳性；游隙过小可能导致轴承温升异常。

6.4.7.5　综合维护建议

1）检查周期

日常维护：每日记录振动、温度数据，检查润滑油油位及杂质。

周期性维护：每季度全面检测啮合间隙和接触斑点，每年进行润滑油元素分析,监测磨损金属浓度变化趋势。

2) 修复标准

轻度点蚀:齿面点蚀面积<10%时,抛光后继续使用。

严重剥落或断齿:更换配对齿轮并调整啮合参数。

6.5 设备故障维修工艺

设备故障维修是恢复机械性能的关键环节,需遵循“先诊断后维修”的原则,通过系统化流程确保维修质量。维修过程应结合故障代码分析、振动数据趋势及拆解检查结果,制定针对性维修方案。以下按不同部件分类说明维修工艺。

6.5.1 电机拆装维修工艺

电机作为动力源,其拆装维修需严格遵循标准化流程以确保修复质量。维修过程需结合振动频谱分析、绕组绝缘检测及机械对中数据,制定针对性维修方案。以下从检修准备、维修流程两方面展开说明。

6.5.1.1 检修准备

1) 工属具准备。如对中仪、万用表、17 扳手×2、24 扳手×2、电工胶布等。

2) 安全措施

(1) 设置安全警戒区,拉设警示绳并悬挂警示牌,严格执行“四不伤害”原则(不伤害自己、他人、被保护者、环境)。在进行吊装工作时需要有专人监护。

(2) 如需动火工作,现场需准备好消防器材并清理动火点周边易燃物,动火前需提前做好动火作业票,由具备动火资质人员进行动火作业,至少安排一名安全监管员进行动火监管。

(3) 维修过程中需设立负责人,进行统一指挥。发现异常(如异常声响、异味)立即启动停工程序,经风险评估后方可恢复作业。

(4) 电动工具接电需采用完好的插线板直接从附近电源箱的插头取电,如果需要接线需安排有接电资质的人员断电后接电。

3) 现场协调

(1) 提前与生产调度部门协商确定岸桥停机检修时间段,明确作业区域及影响范围。同步制定应急保障方案,确保非检修区域设备正常运行。

（2）与施工单位做好相关准备工作（包括动火证办理、属具、人员安排）。

6.5.1.2 维修流程

1）电机检查与拆卸

（1）将起重机置于停机位和停机状态，吊具放置松绳并做好围蔽。

（2）将电机联轴节及外侧高速制动器拆除，空载测试电机运行情况，通过振动检测系统确认故障原因。空载驱动电机流程如下。

① 修改变频器参数编写，如图 6-20 所示。

修改如下参数：b1-01 = 3→0（频率指令选择）；b1-02 = 3→0（运行指令选择）；C1-01 = 0→6（加速时间）；C1-02 = 0→6（减速时间）；H1-03 = 3→F（BB 解除）

② 强制程序：电气房控制，强制通起升主控和起升接触器。

③ 盘动电机，观察电机速度 U1-05 是否一致（上升为+、下降为-）。

④ 进入 FREF（OPR），U1-01，按照给定输出频率 U1-01 = 10%、20%、50%、75%、100%逐级加至全速运行。RUN（运行），STOP（停止），正反转多次确认（按 F2 切换正反转，FWD 正转，REV 反转）。记录不同转速电机振动数据。

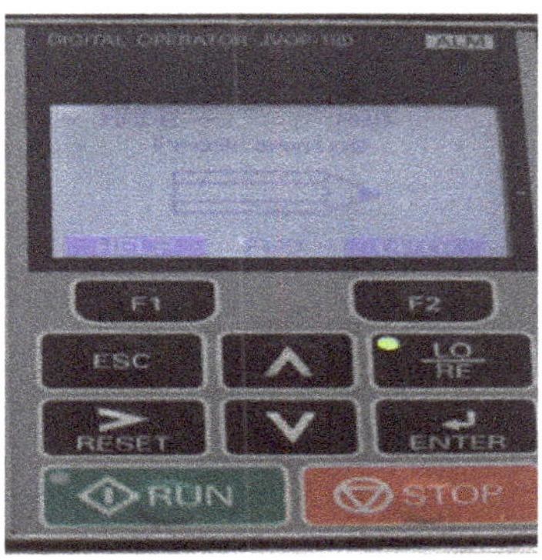

图 6-20 变频器程序编辑

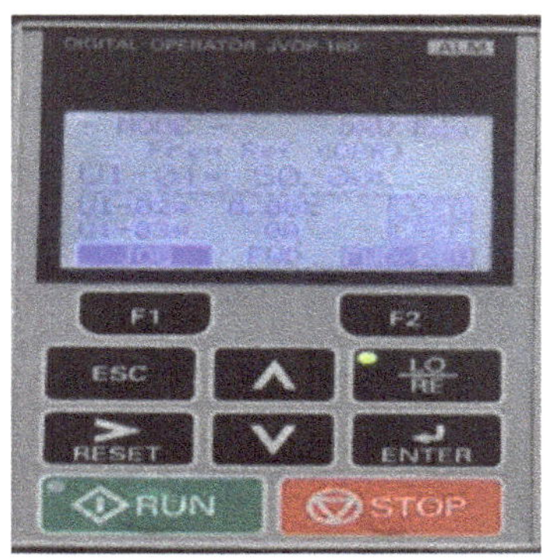

图 6-21 变频器 FREF（OPR）编辑

⑤ 进入 monitor，选择参数查看电机速度 U1-05、输出电流 U1-03、输出电压 U1-06、输出转矩 U1-09，如图 6-21 所示。

⑥ 完成后控制断开并恢复程序强制点和变频器参数，程序或参数修改需进行数据备份。

（3）完成测试后，安装电机联轴器，恢复程序将吊具上升到最高点停止。

（4）将低压进线柜主电源空开断开。拆除电机主相线、编码器、振动检测等电气元件，拆除前做好记录，方便后期安装。

（5）拆除电机固定螺栓。并将电机吊运至机下，委外修复（吊装过程晃动较大，需留意行车钢丝绳是否脱槽、保持原地脚垫片，吊装采用4个单独吊点，护网等避免出现安全事故）。

（6）吊装完成后，清理现场，将拆除螺栓、编码器等部件有序摆放整齐。

（7）为满足作业需求，停机阶段需应急处理，保障大车可正常运行。恢复供电后，对变频器保护联锁进行屏蔽以及禁止起升机构运行，如下。

① 修改起升大车1变频器参数L1－19，见表6－3，由1改至3。

表6－3 L1－19注解

L1－19 （444H）	热敏电阻断开操作 （THo）（NTC）	所有模式： 当出现热敏电阻断开警报时，变频器断开操作 0：减速停止 1：自由运行停止 2：紧急停止 3：继续运行（仅显示警报）

② 强制起升主控断开；

③ 将起升制动器空开断开。

2）电机安装与调试

（1）使用摇表测量电机对地电阻、相间电阻是否正常，电机检测报告是否合格，电机检测报告如图6－22所示，确认无误后方可吊装。

（2）吊装电机，吊装过程中避免碰撞，提前确认行车指令与方向，拆除电机后明确电机安装位置、吊装过程中采用4个单独吊点，避免出现安全事故。

（3）安装电机，安装过程中保持原地脚垫片。

（4）安装电机辅助件，如绝对值编码器、加热器、温控检测、风机、震动检测限位等，并根据拆卸前记录标识，对应安装主相线。

（5）电机电器元件安装完成后，进一步确认并用万用表测量线路是否正常（建议分2人，分组检测避免遗漏）。

（6）线路检测后，安装固定罩壳，恢复供电，变频器驱动单电机运行，测量相关数据，完成电机自学习。

（7）将吊具放致地面松绳状态，注意枕木垫高，锁头禁止直接接触地面。

（8）机房内将起升钢丝绳固定，放松卷筒钢丝绳。

（9）将起升低速应急制动器打开并关闭阀门保持打开状态。

（10）如图6－23所示，将2#起升制动器拆除（需将电气线路提前拆除）。

交流电机检验表（报告）

客　户：南沙港三期　　　　维修编号：07003-210710-1

电机型号	BDK-IKMU		生产厂家		JAPAN		出厂编号	754169-100-03
功　率	545 KW	绝缘等级	F	转速	1800 r/min		出厂日期	2016
定子电压	420 V	定子电流	838 A	频　率	60.8 Hz		接法	/
	340 V		1064 A		30.6 HZ		重量	2600 kg
检修前	定子绝缘电阻（MΩ）	174		转子绝缘电阻（MΩ）	/			

主要检修内容

1、整机解体检查。
2、电机绕组清洗、烘干，保养性维修。
3、更换轴承 SKF 6230/C3 6222-2Z/C3 各一个，加注润滑脂。
4、转子校动平衡。
5、风机保养性。
6、装配检测，试机。
7、外表喷漆。

检修后

定子绝缘电阻（MΩ）	550			单独定子短路试验	/			
直流电阻（Ω）	定子	U-V	0.007680	V-W	0.007695	W-U	0.007670	室温
	转子	K	/	L	/	M	/	30 ℃
工频耐压试验（V/1min）	定子	/		匝间冲击试验（V/5次）	/			
空载试验（50HZ）	电压（V）	384.5		绕线型电机开口试验	定子（V）	/		
	电流（A）	151.0、152.4、156.3			转子（V）	/		
堵转试验（50HZ）	电压（V）	67.7		升高电压试验（50HZ）	电压（V）	421.6		
	电流（A）	967.5、964.4、968.1			电流（A）	169.4、171.9、174.0		

试运情况：384.5V 时振动速度和振幅值

		水平（mm/s）	垂直（mm/s）	轴向（mm/s）	水平（mm）	垂直（mm）	轴向（mm）
传动端	轴承	0.4	0.2	0.4	0.005	0.003	0.002
	机座	0.4	0.2	0.5	0.006	0.003	0.003
非传动端	轴承	0.3	0.4	0.6	0.002	0.003	0.002
	机座	0.3	0.2	0.3	0.002	0.001	0.002

空转 1 小时 轴承稳定温度：传动端：45.6℃ 非传动端：49.2℃

检修结论：合格

检验日期	2021.7.11	检验人	周锡建	审核人	

注：420V 60.8HZ 与 345.4V 50HZ 的磁通密度一致，空载电流也如此。

2021.7.14

图 6－22　交流电机检测报告样张

图 6－23　起升制动器拆除

（11）如图 6－24 所示，安装激光对中仪测量电机同轴度（将 2#、3#、4#高速制动器手动打开，手动转动卷筒）。

图 6－24 同轴度测量

（12）若测量同轴度偏差较大（≤0.05 mm），需根据检测情况调整。

（13）同轴度调整后，即可安装联轴节、制动器，解除钢丝绳固定链条等。安装完成后，需慢速试机（留意制动器是否偏刹）。

（14）慢速运行正常，可起升全速运行测量电机运行数据，将 1#、2#进行对比，确认无误后，可恢复出勤作业。

3）作业后的收尾工作

（1）安全注意问题。

（2）环保注意问题。

（3）验收标准。

① 电机及相关线路的相地，相间绝缘测试（≥0.5 MΩ）。

② 电机自学习及调整（与维修前变频器参数对比）。

③ 电机的空载试运行（有无异响，振动监测数据）。

④ 电机及联轴器排装检验（同轴度≤0.5 mm）。

6.5.2 起升齿轮箱拆装维修工艺

起升齿轮箱作为岸桥核心传动部件，其拆装维修需严格遵循标准化流程以保障传动精度。维修过程需结合油液铁谱分析、齿面接触斑点检测及振动频谱数据，制定针对性修复方案。以下从施工准备、拆卸工艺、检修标准等方面展开说明。

6.5.2.1 施工前准备

1）工属具准备

施工前，需对各类工属具进行全面筹备，具体见表 6－4。

表 6－4 起升齿轮箱拆装工具

工具名称	数量	作用
液压扳手（带套筒 45/55）	1 套	为拆卸和安装特定规格螺栓提供精准的扭矩
1.2 m 撬棍	2 根	用于撬动部件，辅助分离和定位，便于操作
空油桶（160 升）	4 只	收集废油，避免污染环境
套筒加长管 2 m	2 根	搭配套筒扳手，能够延伸操作长度
呆头扳手、卸扣	4 套	呆头扳手用于紧固和拆卸不同规格的螺母和螺栓，卸扣在吊装作业中连接吊具和被吊物
手动葫芦	4 件	在设备起吊、移位过程中，灵活提供辅助起吊力
枕木	28 件	用于设备支撑和垫高，防止设备直接接触地面等
液压千斤顶、拉玛	2 套	液压千斤顶用于顶起设备，拉玛用于拆卸轴承等紧配合部件
6 m 长 10 t 吊带	2 根	起吊作用，具备较高的承载能力
清洗用柴油	若干	用于清洗设备零部件表面的油污、杂质
其他通用工具	若干	满足各种维修操作的基本需求

2）人员配置

为确保施工顺利进行，合理的人员配置至关重要。安排 1 名经验丰富的队长负责现场协调工作，其职责包括统筹施工进度、协调各工种作业、解决现场突发问题等，保障施工过程有序推进。同时，配备 6 名具备丰富的维修技能和经验的专业维修工，负责具体的设备拆解、维修和组装工作。

3）施工申请

施工前必须完成一系列申报工作，包括填写入港施工申请，详细说明施工项目、施工时间、施工区域等信息。同时，办理动火作业证申请，确保动火作业符合安全规范。全面落实相关人员的材料备份，如身份证、资质证书等；认真查验各类证件的有效性，确保施工人员具备相应的作业资格。最后，组织施工人员完成入港安全教育。

6.5.2.2 工艺流程

1）前期工作

（1）与调度部门进行充分沟通，依据施工需求和现场实际情况，将设备精准停至指定位置。在操作过程中，确保设备处于停机位和停机状态，避免与其他设备或障碍物发生碰撞。

（2）将吊具平稳放置到吊架拖车上，并使起升钢丝绳处于松绳状态。这样做的目的是防止在后续施工过程中，若需要应急移大车时，避免因钢丝绳绷紧而产生安全隐患。在操作吊具和钢丝绳时，要严格按照操作规程进行，确保吊具停放稳固，钢丝绳松绳均匀，避免出现吊具晃动或钢丝绳打结等情况。

（3）准备施工所需的工属具、备件以及吊装类设备。在准备过程中，对每件工属具、备件和吊装设备的质量进行仔细核实，严格检查其是否存在损坏、老化等问题，防止在使用过程中出现意外情况，影响施工安全和进度。同时，按照规定程序办理所有施工所需证件，确保施工合法性和规范性。

（4）如图 6－25 所示，对作业区域进行有效的围蔽，设置明显的警示标识，如警示绳、警示灯、警示标语等，禁止无关人员进入施工区域。围蔽工作要确保牢固可靠，防止外界因素干扰施工过程，同时也能避免施工过程中可能产生的危险因素对周围环境和人员造成伤害。在围蔽区域内，要合理规划施工场地，设置材料堆放区、设备停放区和施工操作区，确保施工过程有条不紊地进行。

图 6－25 吊具停放及围蔽情况

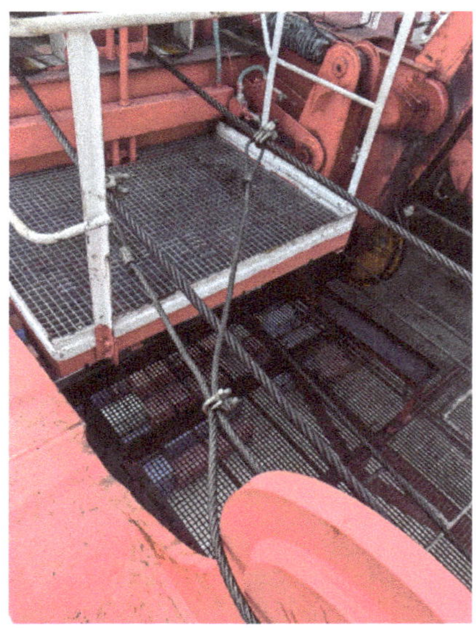
图 6－26 起升钢丝绳绑扎情况

2）齿轮箱的拆卸

（1）钢丝绳与卷筒处理：如图 6－26 所示，使用起重链条牢固固定前后起升钢丝绳根部,启动卷筒执行下降动作,使卷筒上的钢丝绳松动 3～4 圈。这一操作是为后续顺利提升卷筒创造条件,在松动钢丝绳时,要密切观察钢丝绳的状态,确保其均匀松动,避免出现钢丝绳绞缠等异常情况。

（2）齿轮油排空:将齿轮箱箱内的齿轮油彻底排空。在放油过程中,要确保放油口通畅,使用合适的容器收集齿轮油,防止油品泄漏对环境造成污染,同时注意保存油品栏本,以便后续检测分析。

（3）制动器及相关部件拆除:在机房操作站进行一系列操作,首先打开起升低速制动器,接着关闭全部制动器油路开关,随后断开起升俯仰低速制动器油泵的空气开关和 PLC 电源,并拍下机房操作站的紧急停止按钮。按顺序拆除低速制动器的限位线,在拆除过程中要做好标记和包扎,便于后续线路恢复。之后拆除低速制动器的底座螺栓,将 1#—4#低速制动器全部吊离,如图 6－27 所示。

图 6－27　起升低速制动器拆除

图 6－28　低速制动盘分离

（4）箱盖及相关螺栓拆除:拆除齿轮箱箱盖的连接螺栓,同时松动箱体端盖螺栓。

（5）卷筒相关部件拆除:拆除卷筒轴承座的地脚螺栓以及钢丝防跳槽装置的挡杆。

（6）刹车盘拆除与固定:拆除卷筒左侧低速制动器的刹车盘,并将其吊起固定,使其脱离制动槽,如图 6－28 所示。

（7）监测线路及相关部件拆除:如图 6－29 所示,拆除齿轮箱的振动监测线路、起升卷筒右端的超速开关、凸轮开关、绝对值编码器以及它们的固定角铁。拆除过程中,对相关线路做好标记,以便后续准确安装,确保设备的监测和控制功能正常恢复。

（8）箱盖起吊：安装齿轮箱箱盖的起吊索具，使用千斤顶顶升箱盖两端，使箱盖与箱体之间产生活动间隙，然后平稳起吊箱盖。在起吊作业中，要严格控制千斤顶的顶升高度和起吊速度，确保箱盖起吊安全，避免与周围部件发生碰撞。

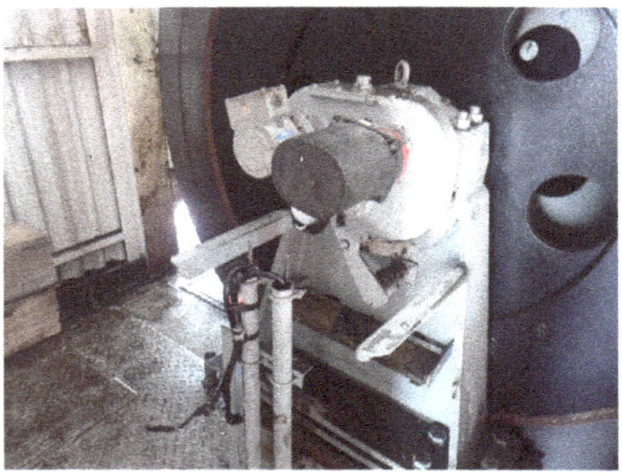

图 6－29　线路拆除（影响卷筒水平方向移动的均需拆除）

图 6－30　左侧卷筒分离

（9）箱内轴承盖拆除：拆除箱内的轴承盖。

（10）卷筒起吊与固定：起吊卷筒时，要特别注意卷筒起吊天车、手动葫芦以及功能包起吊手动葫芦的速度保持一致。通过协调各起吊设备的动作，避免单吊点受力过大，防止卷筒在起吊过程中发生倾斜、晃动甚至坠落。如图 6－30 所示，将起吊后的卷筒放置在预先准备好的“工”字梁、枕木和橡胶楔子上，垫高并加装固定装置，使其牢固地固定在枕木上，确保卷筒在后续操作中的稳定性。

（11）输出轴拆除：通过输出轴齿轮上的观察孔，选用 2 根 10 t 的吊装带作为功能包起吊点，利用天车吊卸输出轴。在起吊过程中，严格控制天车起吊幅度，密切关注卷筒的生根固定情况，防止卷筒产生移位。将输出轴花键轴从卷筒中小心抽出，避免损伤花键轴和卷筒的配合表面。

（12）右侧卷筒及输入轴联轴器分离：按照与左侧卷筒相同的操作方法，将右侧卷筒分离，并将输入轴联轴器分离。

（13）齿轮箱分级吊装与运送：齿轮箱各级分离完成后，将齿轮箱分级吊装至地面。将分级后的齿轮箱运送至车间进行拆检，以便对齿轮箱内部的零部件进行详细检查和维修。

（14）检查与清理工作：在车间对齿轮箱进行全面检查，重点查看轴承座的磨损情况和挡油板的状况。同时,对齿轮箱进行全面清理,清除箱底残留的油品、密封胶等杂质。整理现场和工具,为齿轮箱的后续安装工作做好充分准备。

6.5.2.3 齿轮箱的检修

(1) 功能包起吊与部件拆除:利用平行起吊设备将功能包平稳吊起,使用千斤顶拆除卷筒花键套,如图 6-31 所示。拆除通盖时,需对通盖进行三面均匀加热,加热温度和时间要严格控制,确保通盖一次性分离。

图 6-31 梅花联轴器分离

(2) 零部件分离:按照一定顺序逐步分离输入轴联轴器和各级轴轴承。

(3) 零件清理与安装:对拆除下来的零件进行全面清理,去除表面的油污、杂质和铁锈等。使用打磨工具对零件进行打磨,去除毛刺,提高零件表面质量。将轴承放入油中加热,油温不得超过 300 ℃。加热后的轴承可更方便地进行安装,在安装各级轴承和联轴器时,要确保安装位置准确,配合紧密。对于损失严重的零部件,如轴承磨损严重、联轴器出现裂纹等,需进行重新修复或更换,以保证齿轮箱的性能和可靠性。

(4) 齿轮箱吊装与组装准备:将修复好的齿轮箱分级吊装至机房进行组装。

6.5.2.4 齿轮箱的安装调整

(1) 齿轴轴承吊装与组装:完成齿轴轴承的更换后,采用合适的吊装设备将其吊运至机房进行组装。

(2) 齿轴轴承轴向间隙调整:把齿轴的端盖箱体螺栓均匀压紧,使用铜棒轻轻敲打轴端,使内侧轴承紧密贴合在轴承座的轴承挡肩上。然后,使用塞尺测量外侧端盖与轴承外圈的轴向间隙,使其符合厂家最新标准。再次压紧齿轴的端盖箱体螺栓后,用塞尺检查两侧轴承与端盖之间的间隙(图 6-32),保证两侧间隙之和满足相应标准要求。

图 6-32 轴向间隙测量

(3) 齿轴啮合间隙测量:如图 6-33,运用百分表对齿轴啮合间隙进行精确测量。

① 固定二级齿轴,测量一二级齿轴啮合间隙,标准为:0.25 mm≤A<0.5 mm。

② 固定三级轴,测量二三级齿轴啮合间隙,标准为:0.28 mm≤A<0.56 mm。

③ 固定四级轴,测量三四级齿轴啮合间隙,标准为:0.32 mm≤A<0.64 mm。

图 6-33 齿啮合测量

（4）松动箱体上用于调整的螺栓，使各端盖松动并偏离箱体一定距离，为安装箱盖做好准备。同时，沿箱体密封面均匀涂抹平面密封胶，在有转动的轴承座的轴承外圈上也涂抹平面密封胶。

（5）部件安装：按照与拆卸相反的顺序进行操作，依次安装箱盖、添加油品、吊装卷筒、低速制动器、高速制动器、凸轮开关、编码器等零散部件。

（6）卷筒跳动检查：安装完成后，对卷筒进行端面跳动和轴向跳动检查，其百分表跳动绝对值应≤0.3 mm。

① 将百分表基座安放在联轴器的一侧，使指针接触另一半联轴器的外圈，如图 6－34 所示。

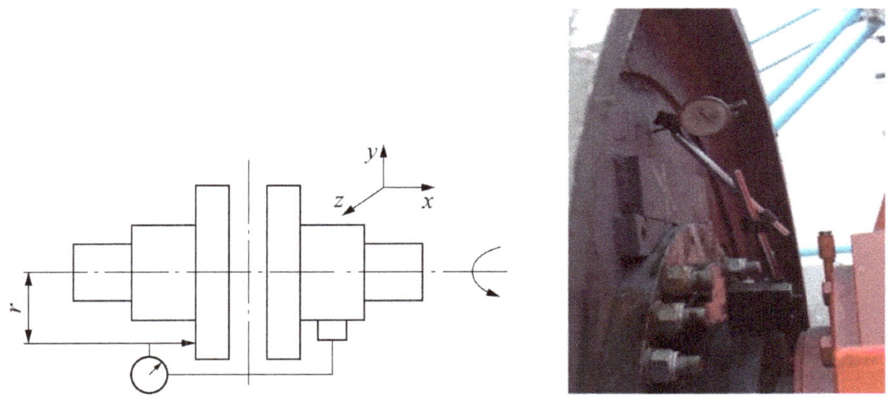

图 6－34　齿轮箱角度偏差测量

② 测量前，将读数归零，转动 270° 后读取 $\delta \times 180°$ 的值（注意记录正负号）。

③ 测量测量点半径 r。

④ 把指针移至另一半联轴器的端部平面或制动盘表面并归零，再次转动 270°，读出 $\delta 90°$、$\delta 180°$、$\delta 270°$的值，从而计算出 Δa、Δb。

其中 $\Delta a_y = \delta 0° - \delta 180°$，$\Delta a_z = \delta 90° - \delta 270°$

垂直角度偏差 $\Delta b_y = \arctan \Delta a_y / r$。

水平角度偏差 $\Delta b_z = \arctan \Delta a_z / r$。

联轴器半径为 320 mm，联轴器-表针距离预估 80 mm，则 $R = 400$ mm

假设 $\Delta a = 0.3$ mm，则 $\Delta b = 0.03°$；假设 $\Delta a = 0.6$ mm，则 $\Delta b = 0.8°$。

⑤ 如图 6－35 所示，卷筒中心线与齿轮箱中心线的交角应小于 10′（0.17°）。

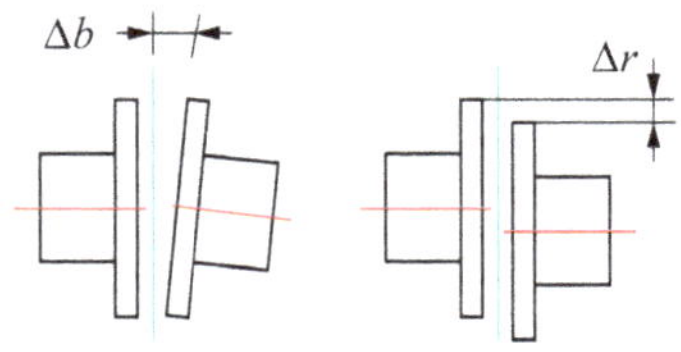

图 6-35　卷筒排装要求

技术要求：

① 电机中心线与减速箱中心线的交角 $|\Delta b|$ 应小于 2°。径向相对偏差 $|\Delta r|$ 应小于 0.05 mm；

② 卷筒中心线与减速箱低速轴中心线的交角应小于 10°；

③ 装配时，轴承、齿形联轴器应加适量润滑脂；

④ 零部件转配完成后，定位采用楔形挡块，楔形挡块应有效固定，定位面有效接触，敲击力应不大于 50 kg，内侧定位块电焊。

6.5.2.5　试车

钢丝绳处理与起升操作：拆除起升钢丝绳的绑扎固定装置，人工将钢丝绳盘绕到位，启动卷筒进行起升动作。

空载低速试车与监测：在卷筒起升的同时，安排专人检测齿轮箱各端盖的温升情况，并通过听觉监听各机构运转时是否有异常声响，如撞击声、摩擦声等。完成上述操作后，依次进行空载低速单开闭试车、低速单小车运转试车和空载低速单起升试车，仔细观察各设备在运行过程中的状态，检查设备运行是否平稳，各部件动作是否协调，确认试车过程无异常情况。

高速试车与检测：对制动器间隙进行精确调整，之后进行高速试车，在高速运行过程中，持续检测齿轮箱各端盖的温升情况，密切监听各机构运转声响，若发现异常，应立即停机检查。高速运行时间为 2 小时，若在这段时间内未出现任何问题，则可判定设备基本符合生产要求，可投入正式生产使用。

维修后监护：在设备维修后的 1 周内，需加强对设备的监护，安排专人定期检查设备的运行状态，以免出现其他意外情况。

1）减速器排装检查

（1）中心线误差检查：依据相关技术文件和安装图纸，检查减速器纵向中心线与低速轴轴向中心线相对于安装中心线的误差情况。该误差需严格符合图 6-36 所示的标准要求。

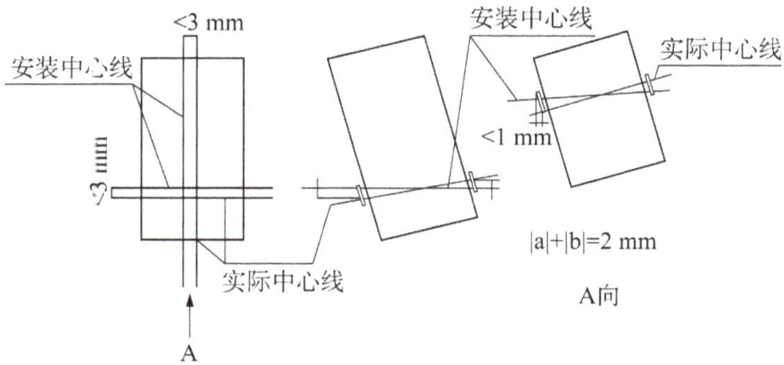

图 6－36　齿轮箱定位标准图

（2）水平度检查：使用框式水平仪对齿轮箱的横向和纵向水平度进行检测，如图 6－37 所示。横向水平安装误差必须控制在≤0.08 mm/m 的范围内（此数据为关键指标，务必保证）。

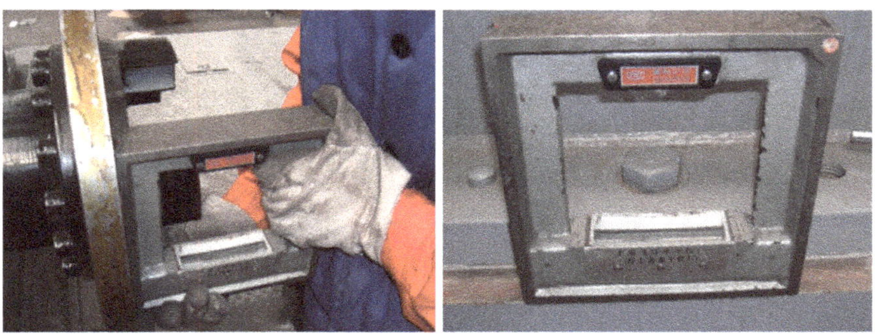

图 6－37　齿轮箱横向和纵向水平

（3）底座对中检查：仔细检查齿轮箱底座与机房底架主、副筋板的对中情况。测量错位数值，要求该数值≤2/3 薄板厚度。若发现对中偏差较大，会影响齿轮箱的稳定性和承载能力，需及时进行调整。

（4）接触面积及螺栓检查：检查齿轮箱与底座之间的接触面积，确保其≥75%。接触面积不足可能导致受力不均，影响设备使用寿命。在确认接触面积合格后，进一步检查齿轮箱固定螺栓、螺母的型号和规格是否符合设计要求。同时，检查螺栓露出长度，要求露出 2～3 牙，以保证螺栓的紧固效果。使用扭矩扳手按照图纸要求的扭矩值对螺栓进行检查，确保螺栓的紧固扭矩符合标准，防止因螺栓松动引发安全事故。

（5）抗剪块位置检查：根据图纸要求，检查齿轮箱抗剪块的位置是否正确。

抗剪块与齿轮箱之间应紧密贴合，无间隙存在。并且，抗剪块与齿轮箱的接触面积要超过 2/3 抗剪块的高度。

2）卷筒排装

（1）跳动检查：使用百分表对卷筒进行端面跳动和轴向跳动检查，跳动绝对值应≤0.3 mm。

（2）部件对中及密封圈检查：仔细查看磨损刻度计在圆周和轴向上是否对中，确保刻度计能准确反映卷筒的磨损情况。同时，检查卷筒低速齿形联轴节的密封圈，查看其是否有脱落或从槽中被挤压出来的现象。

（3）垂直度检查：测量卷筒轴承外圈端面与卷筒中心的垂直度，要求误差≤1 mm。垂直度不达标会使卷筒在运转时受力不均，加速轴承磨损。

（4）筋板对齐检查：对比卷筒底座主副筋板与机房底盘对应的主副筋板，检查它们是否相互对齐，误差需小于 2/3 板厚。

（5）螺栓及防松措施检查：查看卷筒支座固定螺栓的露出长度，要求露出 2~3 牙，以保证螺栓的紧固效果。同时，检查是否有防松措施，如弹簧垫圈、止动垫片等。

（6）防松钢丝检查：检查卷筒内、外齿形连轴节连接螺母（带孔）的防松钢丝安装是否正确。

（7）焊缝检查：检查卷筒底座的角焊缝成形和焊缝高度，确保焊缝质量符合要求。焊缝应进行除锈处理，去除表面的铁锈和杂质，然后进行油漆涂装。

（8）压绳板检查：观察起升卷筒的两卷筒压绳板是否在一条线上。

（9）受力面检查：对照图纸要求，检查卷筒支座哈夫面的受力面是否符合设计标准。

（10）垫板厚度检查：测量卷筒支座垫板的厚度，要求厚度≥6 mm 且最多不能超过 10 mm。

3）低速制动器的安装

（1）制动盘螺栓与跳动量检查：首先检查低速制动盘的固定螺栓是否扳到位，要按照图纸要求扳 100% 扭矩，然后检查制动盘平面的跳动量，要求≤0.50 mm。

（2）摩擦片位置检查：制动器磨擦片在制动盘圆周内的位置即磨擦片最外边缘应在制动盘圆周内 5 mm，并且上下一致。

（3）制动器固定螺栓检查：检查制动器的固定螺栓是否拧紧。

（4）制动盘表面处理：对制动盘的摩擦表面进行清理，确保其无锈、无油漆和油污，对制动盘的非工作面进行涂漆处理。

(5) 制动器底座螺栓与间隙检查：在安装制动器底座螺栓时，要保证两侧刹车片的调整活动间隙一致，可参考图 6-38 所示红色框位置进行操作。

图 6-38 低速制动器安装

6.5.3 大车齿轮箱拆装维修工艺

大车齿轮箱拆装维修需严格遵循标准化流程以确保传动精度。维修过程需结合参数分析、拆解检查及组装验证，通过系统化工艺保障设备运行稳定性。

大车行走机构的一半车轮是驱动轮，每套驱动装置驱动一个车轮。电动机产生的驱动力通过 WXC21.96-00 减速器传递给驱动车轮。表 6-5 是大车行走机构主要零部件的参数，图 6-39 是大车机构示意图。

表 6-5 大车行走机构主要零部件参数

零部件	参数		零部件	参数	
三合一齿轮箱	型号	Y2VPEJ-160-4	轮边制动器	型号	YLZ100-200CP
	功率	20 kW × 16		夹紧力	114 kN
	转速	1 750 rpm	车轮	直径	ϕ800 mm
	齿轮箱速比	95.91	缓冲器	型号	7/500 BQF140-517
	制动扭矩	20 kN · m		碰撞力	700 kN
				行程	500 mm

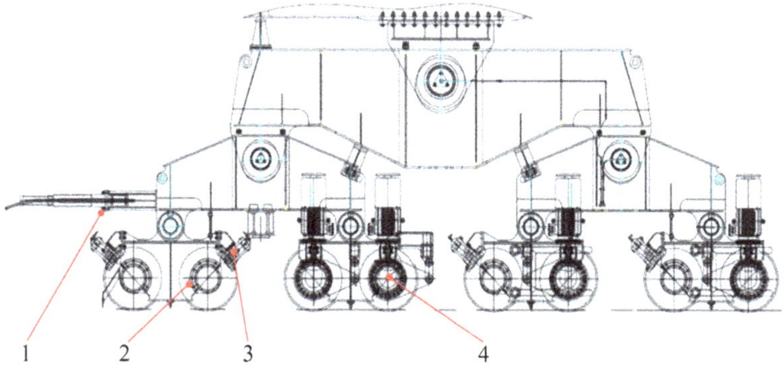

1—缓冲器;2—大车车轮;3—夹轮器;4—ZPMC 减速箱。

图 6-39 大车机构示意图

6.5.3.1 WXC21.96-0 减速器结构

如图 6-40 所示,减速器由多个零件装配而成,具体的零件名称和数目见表 6-6。

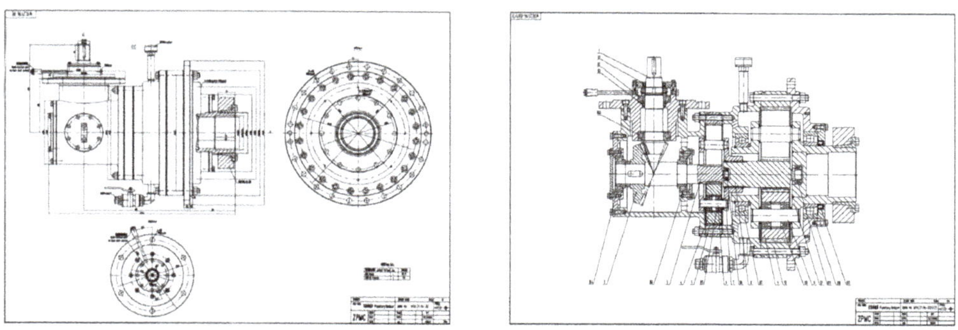

图 6-40 WXC21.96-0 减速器图纸示意图

表 6-6 WXC21.96-0 减速器零件名称和数量

名称	单机数量/件	名称	单机数量/件
输入齿轴	1	第二级太阳轮	1
锥齿轮	1	第二级行星轮	3
第一级太阳轮	1	第二级内齿圈	1
第一级行星轮	3	第二级行星轮轴	3
第一级内齿圈	1	第二级行星架	1
第一级行星轮轴	3	油封(多种尺寸)	3
第一级行星架	1	轴承(多种尺寸)	20

减速器内部有润滑油池，油位高度到液位计中线位置。各级齿轮的一部分或全部被浸泡在油里，当减速器工作时，运转着的齿轮，将溅的油雾不断地抛向齿轮的齿面及各滚动轴承的滚道，以满足各摩擦表面的润滑及散热要求。

箱体下方装有放油阀，在更换润滑油或清洗箱体时，可打开此阀将油池内的润滑油排空。箱体侧面设有油尺液位计，油池油位应控制在液位计中线位置。

为防止润滑泊沿轴端轴伸处渗漏，外伸轴采用油封密封，并在油封之间注入油脂，以确保良好的密封性能。同时，在轴承端盖外侧设有注油嘴，需定期(每 3 个月)向端盖密封腔中注入定量润滑脂，以保障密封的可靠性。此外，箱体剖分面及轴端闷盖与箱体之间涂有密封胶，能有效防止漏油现象，进而保证了整个减速器的密封可靠性。

6.5.3.2　WXC21.96－0 减速器拆解工艺

在对 WXC21. 96－0 减速器进行拆解时，需综合参考齿轮箱的机械图纸，并结合现场实际情况，审慎选择最优的拆解顺序。

以一输出轴端轴承失效以及放油阀断裂的齿轮箱为例，其主要故障包括大车主动轮轴承损坏、齿轮箱齿轮油不足以及轴承本身自然失效等。经分析其拆解顺序为：输出轴端盖→第二级行星轮→第二级太阳轮→第一级行星轮→第一级太阳轮。具体拆解步骤如下。

(1) 辅助件拆除：首先拆除高速轴注油嘴、透气帽、放油阀等辅助件。

(2) 位置标记：对各个部件的位置进行精确标记。这些标记对于后续的组装工作至关重要，能够有效避免因位置错乱而导致无法准确对位的问题。

(3) 竖立固定与初步拆解：将齿轮箱竖立并牢固固定，随后拆除固定螺栓及轴承端盖，如图 6－41 所示。由于行星轮与太阳轮之间采用凹凸连接形式，且不存在工艺孔，因此需借助重力作用，并辅以适当的敲击操作，实现二者的分离。

图 6－41　输出轴轴承端盖拆解

(4) 第二级行星轮拆除：如图 6－42 所示，按照拆解顺序，小心拆除第二级行星轮。

图 6-42　第二级行星轮拆解

图 6-43　第二级行星轮轴、内齿圈及第二级太阳轮

（5）第二级部件整体分离：对第二级行星轮轴及内齿圈进行仔细检查，若未发现异常情况，则可将其与第二级太阳轮作为一个整体进行分离，无需进行进一步的拆解，如图 6-43 所示。

（6）连接螺栓拆除与分离：拆除第一级行星轮与第二级太阳轮之间的连接螺栓，进而将第二级行星轮分离出来。

（7）第一级部件整体分离：对第一级行星轮轴及内齿圈进行检查，确认无异常后，同样无需进行拆解，可将其作为一个整体与其他部件分离，如图 6-44 所示。

（a）第一级行星轮

（b）第一级行星轮轴及内齿圈

图 6-44　第一级行星轮拆解

（8）第一级行星轮分离：将第一级行星轮从整体结构中分离出来。

(9) 第一级太阳轮分解:如图 6-45 所示,对第一级太阳轮进行进一步的分解操作,按照其结构特点和连接方式,逐步拆解各个组成部分。

(a) 第一级太阳轮　　(b) 第一级太阳轮拆解后

图 6-45 第一级太阳轮拆解

(10) 部件拆解排序:完成齿轮箱所有部件的拆解工作后,对各个部件进行有序排序,并做好相应的标识和记录,如图 6-46 所示。

图 6-46 齿轮箱整体分解

6.5.3.3 WXC21.96-0 减速器组装注意事项

WXC21.96-0 减速器的组装顺序与拆解顺序相反。在开始组装前,必须使用柴油对所有部件进行全面且细致的清洁,彻底清除部件表面的油污、杂质和铁屑等。同时,对于已经损坏且无法修复的零部件,应及时进行更换,以确保减速器组装后的性能和可靠性。

在组装过程中,为保证良好的密封性,防止润滑油泄漏,需在各部件的连接面上均匀涂抹适量的密封胶。特别要注意的是,在行星轮与太阳轮的组装过程中,每一级的对接面都必须紧密贴合相连,确保达到较高的平整度要求后,才可以进行下一级部件的组装。若对接面平整度不足,将会导致后期箱体出现渗油现象,影响减速器的正常运行和使用寿命。

6.5.4 卷筒拆装维修工艺

卷筒维修过程需遵循“先防护后拆解”原则，重点关注轴承配合精度、密封性能及动平衡状态。以下从检修方案制定、安全防护措施到具体拆装步骤等方面进行详细说明。

6.5.4.1 计划方案

（1）维修工具吊运与现场安全保障：借助机房行车，将所需的各类维修工具吊运至机房。同时，在现场拉设警示标识，设置警戒区域，做好全方位的安全防护措施，防止无关人员进入作业区域，保障维修工作在安全的环境下开展。

（2）起升钢丝绳及卷筒前期处理：操控吊具，使其缓慢下放至地面，直至起升钢丝绳呈现轻微松绳状态。随即，使用葫芦拉索牢固绑住钢丝绳卷筒的出绳处，并加以固定，以此有效减轻钢丝绳卷筒的受力负担，为后续顺利拆卸起升钢丝绳卷筒支座做好充分的前期准备。

（3）相关部件拆除：有序拆卸起升凸轮、起升编码器以及超速保护限位等部件，并将其与卷筒连轴的相关部件一并拆除。通过这一操作，为后续拆除端盖以及更换轴承腾出足够的操作空间。

（4）受损部件处理：运用合适的工具，并借助行车的辅助，将碎裂的轴承小心取出。针对受损部件，依据其受损的实际程度进行评估。对于轻微受损的部件，采用打磨等修复方式；若部件受损严重，则果断选择更换新部件。

（5）部件组装、试机及后续收尾工作：将部件按照正确的装配顺序进行重新组装。组装完成后，进行试机操作，密切观察部件的运转情况。若部件运转正常，且设备整体运行平稳，无异常振动、噪声等问题，即可着手恢复其他部件的安装。完成所有部件安装后，精细调节起升凸轮及编码器。最后，全面清理现场卫生，整理工具，维修工作结束。

6.5.4.2 前期准备

（1）沟通准备。

（2）材料、工具准备。

卷筒受损情况如图 6－47 所示。基于对受损状况的分析，需准备以下材料与工具。

① 更换零部件：依照国家标准及技术设计要求，准备 1 个更换轴承、1 个连轴组件、1 个轴承端盖，以及 4 颗 M12×30 规格的带孔螺丝。

图 6－47 卷筒受损情况

② 焊接工具与材料：鉴于连轴部件固定螺丝断裂，需配备 1 台电焊机与 4 个 M12 螺母，用于电焊作业，以便取出断裂螺丝。

③ 打磨工具：准备 1 个打磨枪、2 个 6 mm 千页纱布轮，以及若干 60～2 000 目磨砂纸，用于对受损部位进行打磨修复。

④ 吊装辅助工具：配备防坠网、葫芦拉索、铁链、挂钩及吊装带等。

⑤ 防火安全用具：放置 2 个灭火器于现场，作为防火安全保障用具。

⑥ 辅助拆卸工具：准备扳手、铁锤、铜锤、螺丝刀、内六角等工具。

⑦ 其他材料：准备一卷细铁丝与两个木方，以满足维修中的相关需求。

（3）围蔽准备。

与远程司机取得联系，协调其将轻桥小车开至后桥区域，需要对吊具存放位置进行围蔽，且机上行车吊装过程存在高空坠物的安全风险，务必对机下作业区域做好全面围蔽准备。使用警示围栏、警戒带等设施将后桥区域进行封闭，围蔽效果可参考图 6－48。

图 6－48 现场围蔽

6.5.4.3 具体维修流程

(1) 工具运输:借助机房行车的起吊功能,将机下维修所需工具通过吊装方式安全运输至机房作业区,具体操作可参照图 6-49。

图 6-49 工具吊装

(2) 钢丝绳固定:用葫芦拉索和铁链固定卷筒钢丝绳,减轻卷筒受力。防止后续打开低速制动器、吊装卷筒时钢丝绳下坠,起到保护作用。

(3) 保护组件拆除:先用扳手拆掉保护组件、凸轮、编码器及超速保护限位底座的固定螺丝。断开 PLC 电源,用电笔验电,确认无电后,用螺丝刀拆除接线。再用内六角拆掉保护组件与连轴组件的螺丝,将整体拆除转移,如图 6-50 所示。

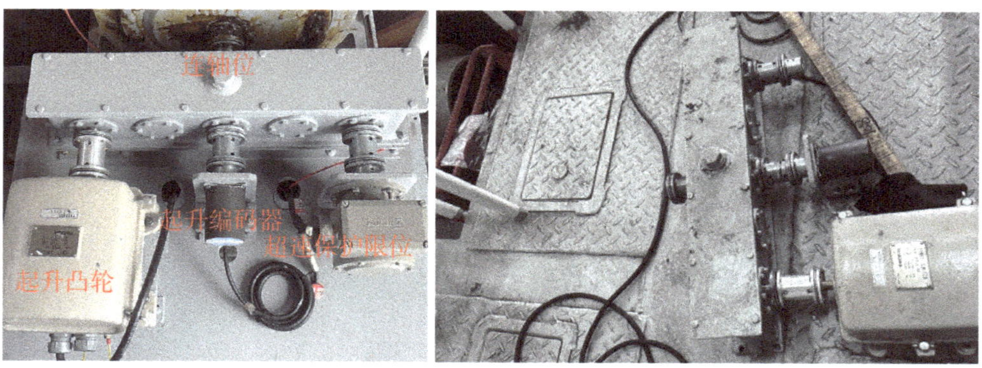

(a) 保护装置　　(b) 保护装置分离

图 6-50 保护组件与拆除

（4）端盖拆除与内部清理：用扳手拆除前后轴承端盖的固定螺栓，取出前端盖，清除内部轴承碎裂物和油污，如图 6－51 所示。

图 6－51　端盖拆除与内部清理

（5）断裂连轴件拆除：针对已断裂的连轴件固定螺丝，先用螺丝刀清理断裂面周边碎屑，再以撬棍插入连轴件与轴体间隙，通过杠杆原理缓慢撬动分离部件，避免硬性敲击造成二次损伤。

（6）支座外圈上端起吊：用活动扳手拆掉支座上端盖固定螺栓，在行车辅助下吊装。起吊时行车慢慢加力，用铁锤敲击松解支座外圈上下端连接处，缓慢吊起支座外圈上端，如图 6－52 所示。

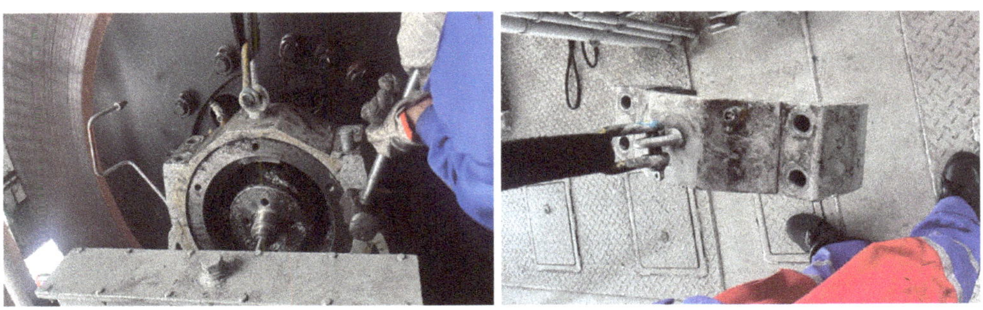

（a）支座上端盖拆除　　（b）支座上端盖吊装

图 6－52　支座上端盖拆除与吊装

（7）卷筒起吊与固定：将低速制动器手动打开，使刹车盘有一定间隙，方便卷筒起吊。利用吊装绳及行车辅助对钢丝绳卷筒进行起吊，起吊高度约为 3～5 cm，方便进行轴承更换。起吊高度合适后，用木方垫住钢丝绳卷筒下方，做好固定工作，如图 6-53 所示。

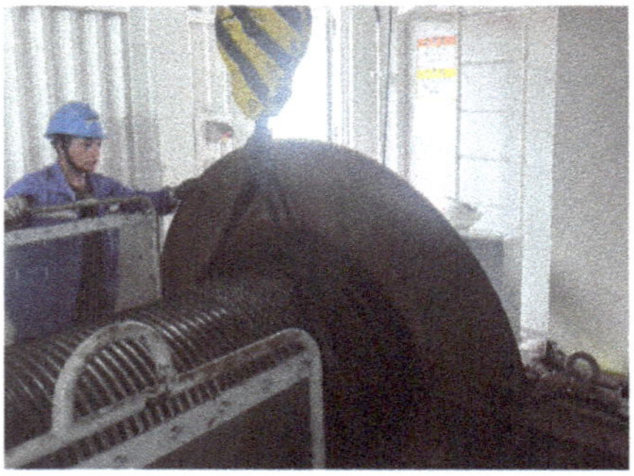

(a) 卷筒吊装

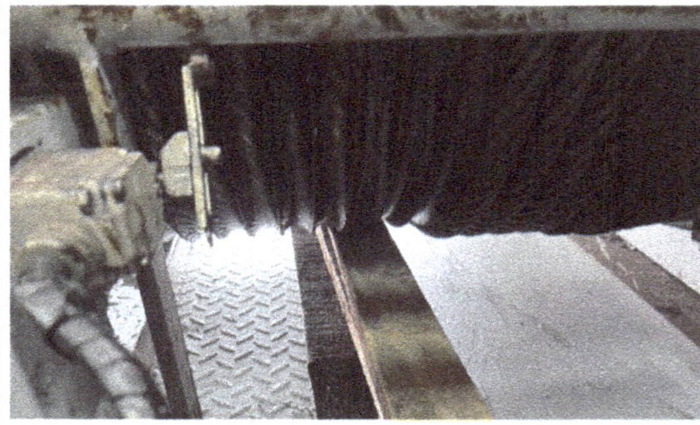

(b) 卷筒下方垫方木

图 6-53 卷筒吊运与固定

(8) 碎裂轴承拆除：利用撬棍对碎裂轴承进行拆除，拆除时需一点一点拆除，以防损坏中心轴体及支座外圈下端。如图 6-54 所示。

图 6-54 轴承拆除

图 6-55 取出螺栓

(9) 断裂螺栓取出：由于连轴体固定螺栓切断，需将旧螺栓取出，才能后续安装新螺丝。该螺丝为 M12 螺，在其断裂处点焊 M12 螺母，注意在点焊过程中，不能触碰轴体，避免影响轴体刚度。冷却后再利用扳手将断裂螺丝取出，如图 6-55 所示。

(10) 打磨与轴承加热：利用打磨枪、砂纸将轴体、支座外圈内部及前后端盖进行打磨，直至平滑平顺。打磨完成后，对轴承进行加热处理，可参考轴承加热安装原理，通过加热使轴承内孔尺寸略微膨胀，便于后续安装。

(11) 轴承安装：安装加热后的轴承时，将轴承对准轴体上的安装位置，缓慢套入。在套入过程中，可使用铜锤轻轻敲击轴承外圈，辅助轴承安装，直至安装到位，安装面平整，如图 6－56 所示。

图 6－56　轴承安装

（12）支座外圈安装：利用行车将钢丝绳卷盘起吊，将下方木方取出，缓慢下降，直至轴承与支座外圈下端贴合，吊装不受力，再拆除卷筒吊装绳。在利用行车将支座外圈上端吊装至安装位置，时刻观察轴承位置，确保其在安装过程中不发生偏移。当支座外圈上端与下端准确对接贴合后，利用扳手将支座上端盖固定螺栓进行安装，如图 6－57 所示。

（a）轴承抹油

（b）支座上端盖安装

图 6－57　轴承安装

（13）连轴件固定：将连轴件安装至轴体对应位置，使用带孔螺丝将连轴件牢固地固定在轴体上。螺丝固定完成后，使用细铁丝将带孔螺丝扎住，通过铁丝的缠绕，进一步防止螺丝在设备运行过程中因震动等原因而发生松动。

（14）端盖安装：手动释放低速制动器，将轴承后端盖进行安装，上紧螺丝。对于前端盖，先使用两个螺丝将其顶出一定距离，预留观察位置。

(15) 保护限位组件安装:将起升保护限位组件与连轴件进行精准对接安装,使用顶轴螺丝将组件固定牢固。随后,按照之前做好的线路标记,恢复凸轮、编码器及超速保护限位底座的安装与接线工作,仔细检查线路连接是否牢固、正确,确认无误后,恢复 PLC 电源。

(16) 试机:小心松解钢丝绳固定铁链和葫芦拉索。松解完成后,进行起升试机操作。启动起升装置,密切观察轴承的运转状态,查看轴承是否运转平稳,有无异常噪声或卡顿现象。运转正常则将轴承前端盖进行固定安装。

(17) 远程试机:调整凸轮编码器限位,调整完成后,及时通知远程司机进行试机操作。在试机过程中,维修人员要密切观察设备的整体运行情况。

(18) 收尾工作:将工具利用行车吊装至地面,清理机房,撤除机下围蔽区域。

6.5.5 小车轮拆装维修工艺

在对小车轮进行维修时,需要重点留意车轮轴线与轨道的平行度是否达标、偏心套的调节量是否精准以及轴承的润滑状态是否良好。

6.5.5.1 前期准备及安全措施

(1) 设备定位与警示设置。

(2) 工具筹备与工装改造。

(3) 顶升安全保障。

(4) 轮毂检查与部件更换:在拆卸小车轮的过程中,仔细检查轮毂的锈蚀程度。若发现轮毂存在严重锈蚀或其他损伤情况,为确保设备运行安全与性能稳定,需及时更换受损部件。

6.5.5.2 拆装流程

(1) 顶升与拆卸固定部件:选用适配的液压顶升工装或千斤顶,精准定位至岸桥车架底部的卡槽位置,确保顶升过程稳固可靠。随后,按照对角线顺序,缓慢松开车轮固定螺栓,能有效避免因受力不均导致的部件损坏或变形。对于牵引式小车轮,首先要拆除末端支座的螺栓及端盖,使偏心套结构完全暴露。

(2) 调整偏心套和拆卸车轮:通过旋转偏心套,改变车轮轴线的位置,以此释放车轮安装过程中积累的机械应力。当偏心套调整到位后,继续顶升车轮,直至车轮离地约 5 mm。此时,逐步拆除剩余连接螺栓,小心将车轮与轨道分离。若车轮与轴采用热套工艺连接,需仔细评估轴套配合状态。若发现配合紧密难以分离，必要时借助模块化工具辅助操作。

（3）安装新车轮与校准：安装新车轮时，务必保证车轮踏面与轨道保持平行状态，同时将车轮上的黄点标记准确对准阀门位置，以此实现车轮重心平衡。安装过程中，先按对角线顺序对螺栓进行预紧。待车轮完全平稳接触轨道后，分次循环拧紧螺栓，直至达到规定扭矩，例如 110 N·m。新车轮安装完成后，需进行动态平衡测试，确保车轮在高速运转时不会出现抖动或偏磨现象。

（4）直线度与垂直度调整：再次通过旋转偏心套，精细调节车轮轴线与轨道的夹角，使车轮端面与轨道侧面严格平行。利用水平仪对车轮垂直倾斜度进行检查，将倾斜度调整至允许误差范围之内。完成调整后，先进行空载试运行。在试运行过程中，密切观察是否存在啃轨现象，一旦发现异常，及时进行修正。

（5）维护同步性：完成车轮拆装工作后，需同步对拖链系统、钢丝绳张紧度以及轨道磨损情况进行全面检查，预防因部件联动异常导致的二次故障。

6.5.6　水平轮拆装维修工艺

为有效降低侧向啃轨力，轨道吊小车的车轮被设计为无轮缘结构，此时小车水平轮便承担起导向小车运行的关键作用。水平轮装置如图 6－58 所示，每套水平轮装置主要由一个支架、两根偏心轴、两个水平轮以及轴承等零部件构成。在实际安装时，通过螺栓将支架稳固连接在小车架上，从而保障水平轮装置能够正常发挥导向功能。

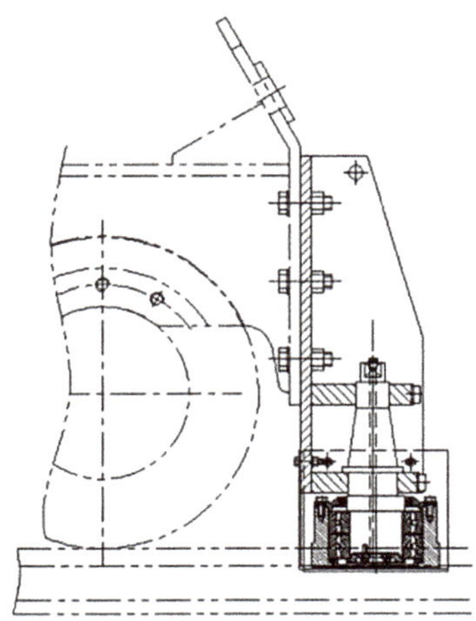

图 6－58　水平轮安装图

6.5.6.1　拆卸前的准备

在进行水平轮拆卸作业前，务必确保轨道吊处于空载状态，并将小车停放至水平轮两侧均存在间隙的适宜位置。更换作业开展前，维修人员需仔细研读相关图纸，全面深入地了解水平轮的组成结构。此次涉及更换的水平轮型号为 HJ280306。更换水平轮所需的人员及工具情况见表 6-7。

表 6-7　更换起升滑轮需要的人员及工具

需要人员及人数	需要工具及数量
起重工 1 名	常用钳工工具若干
钳工 2 名	扭矩扳手 1 个

6.5.6.2　拆卸小车水平轮装置

（1）把小车精准停放在指定停车位，确保轨道吊处于无悬吊载荷状态，将吊具平稳放置于地面。

（2）逐一拆除水平轮轴上的固定螺栓。

（3）拆除水平轮轴固定块。

（4）将水平轮从支架上拆除。

（5）将单个水平轮搬运至安全区域，进行精细拆卸。

（6）拆除水平轮上端通盖固定螺栓。

（7）用拉马将水平轮从轴上拉出。

（8）拆除水平轮轴下部挡板 1。

（9）用拉马将轴上的两轴承依次拉出。

（10）取出上通盖。

（11）取出挡板 2。

6.5.6.3　小车水平轮的调整

无论是新投入使用的轨道吊，还是刚更换过水平轮的设备，抑或是在运行一段时间后，水平轮都存在出现跑偏现象的可能性。一旦发生跑偏，就必须对水平轮进行调整，而调整的核心要点在于协同车轮进行调偏操作。

调节的主要目标是让车轮尽可能沿着轨道中心线平稳运行，并保证水平轮两端与轨道间的间隙均匀一致。在小车前后运行过程中，允许水平轮单边接触轨道。如图 6-59 所示，小车水平轮的中心轴设计有 5 mm 的偏心量。利用这一设计特性，通过转动偏心轴，能够精准调节水平轮与轨道两侧的间隙，进而有效纠正水平轮的跑偏问题,确保设备稳定运行。

具体水平轮调节步骤如下。

(1) 拧松水平轮轴固定块固定螺栓,拧松程度以固定块与支座间产生微小间隙为宜,该间隙需保证水平轮能够顺畅转动,同时避免间隙过大影响后续操作。

(2) 用扳手夹住偏心轴头部,缓慢拧动扳手,根据实际情况将水平轮调整至合适位置。通常情况下,水平轮与轨道侧面的间隙应设置在 3~5 mm。

(3) 当水平轮调整到理想位置后,再次使用扳手,将水平轮轴固定块的固定螺栓拧紧,牢固锁定水平轮位置。

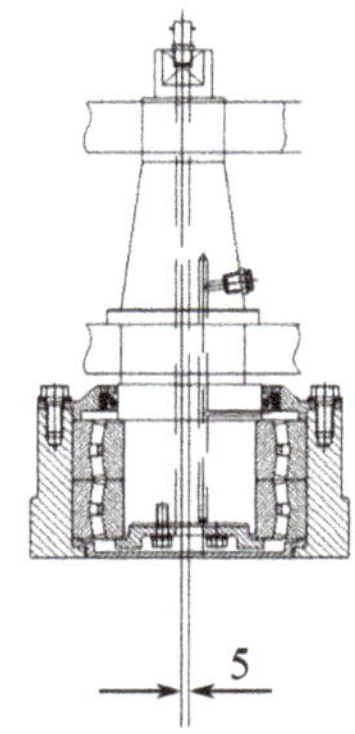

图 6-59 水平轮偏心结构示意图

6.5.7 岸桥小车轮偏移调整工艺

以下将从偏移检测与原因判断、偏心套调整核心步骤、安全验证与动态测试以及维护优化建议等方面,详细阐述该调整工艺。

6.5.7.1 偏移检测与原因判断

1) 目视与仪器检测

(1) 外观巡检:检查车轮的状态,车轮的理论状态如图 6-60 所示。仔细查看轨道侧面,检查是否存在毛刺、异常磨损痕迹,同时测量轮缘与轨道间的间隙,正常范围应保持在 20~40 mm,超出此范围需重点关注。

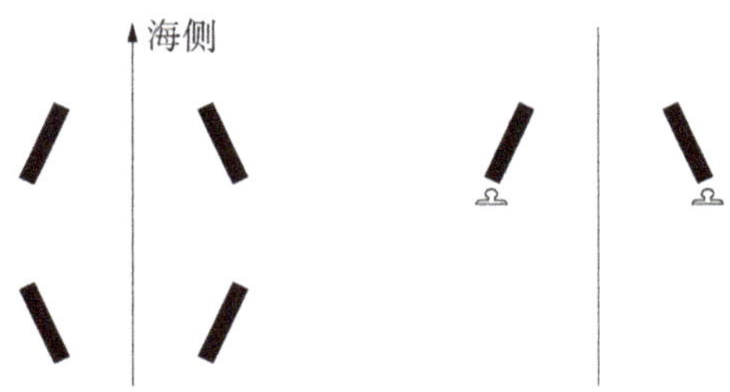

(a) 车轮水平状态　　(b) 车轮垂直状态

图 6-60 车轮理论状态图

(2) 位移检测:运用激光测距仪或位移传感器,对车轮的横向位移进行精确监测。如图 6-61 所示,详细记录车轮跑偏的方向与幅度,为后续分析提供精准数据。

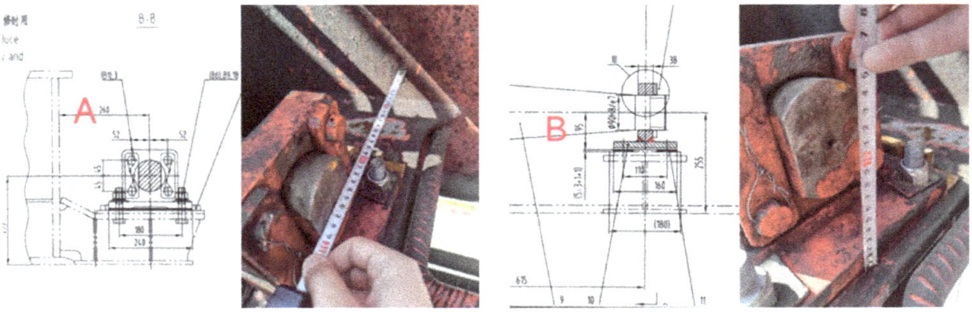

图 6-61 测量车轮信息示意图

(3) 钢丝绳检查：着重排查牵引钢丝绳，对比左右两侧钢丝绳的长度。若长度不一致，过长或过短的钢丝绳均可能致使单侧牵引力失衡，进而引发啃轨现象。

2) 常见偏移原因

(1) 偏心套问题：偏心套发生位移或初始安装存在偏差，影响车轮运行轨迹。

(2) 轨道缺陷：轨道直线度出现误差，当单侧偏差大于±3 mm 时，需及时进行矫正，否则会导致车轮偏移。

(3) 牵引系统失衡：钢丝绳牵引系统受力不均，无法为车轮提供均衡的驱动力，造成车轮跑偏。

(4) 车轮磨损：车轮踏面磨损程度不一致，当厚度损失超过 15%时，车轮性能下降，需予以更换。

6.5.7.2 偏心套调整核心步骤

1) 顶升与解锁

运用液压千斤顶对目标车轮进行顶升操作，使车轮缓慢顶离轨道约 5 mm，以此释放轨道施加在车轮上的压力。之后，拆卸偏心套的螺栓以及端盖，解除对偏心套的机械锁定，让偏心套能够自由转动。

2) 偏心套旋转操作

(1) 旋转方向与效果：以面向海侧的左侧后车轮作为示例进行说明。当顺时针旋转偏心套 30°（相邻孔间隔为 30°）时，车轮的轴线会向左上方偏移；若逆时针旋转偏心套，则车轮轴线会朝着相反方向调整。每旋转一个孔，大约能够改变车轮轴与轨道的夹角 0.5 mm。

(2) 多轮组联动：每组车轮由 2 个偏心套支撑，整个系统包含 4 个车轮组。

在调整时,需要对这 4 个车轮组的偏心套进行同步微调。通过精确操作,确保整个车轮系统的整体直线度误差控制在≤2 mm 的范围内,保证车轮运行的平稳性和准确性,如图 6－62 所示。

图 6－62 偏心套调整

3）牵引系统同步校准

在完成偏心套的调整工作之后,要重新测量两侧牵引钢丝绳的长度,并对其进行均衡处理。这一步骤的目的在于消除由于钢丝绳长度差异而导致的侧向拉力失衡问题,确保牵引系统能够为车轮提供稳定且均衡的驱动力,使岸桥小车能够正常运行。

6.5.7.3 安全验证与动态测试

1）分级加载验证

（1）负载分级施加:按照预定方案,分阶段向岸桥施加负载,初始阶段可施加 1 000 kN,逐步递增至 1 200 kN。

（2）位移与沉降监测:实时监测桥梁的沉降及横向位移情况,桥梁允许的沉降量应控制在≤3 mm,确保桥梁结构稳定。

（3）应力监测:在岸桥的关键节点位置安装应力传感器。通过传感器实时反馈各节点的受力状态,及时察觉异常受力情况,有效防止结构出现过载现象。

2）跑偏性能测试

（1）空载测试:在岸桥空载状态下,驱使小车沿轨道运行 10 m 行程,在此过程中,使用位移测量设备监测小车的横向偏移量,要求横向偏移量≤5 mm,以此验证小车在无负载时的运行稳定性。

（2）负载测试：模拟实际作业工况，如吊运集装箱，使岸桥处于负载状态。利用振动传感器监测小车运行时的异常振动情况，规定异常振动值需≤$0.5\ mm/s^2$，确保岸桥在实际作业中的安全可靠运行。

6.5.7.4 维护优化建议

1）周期性维护

（1）车轮检测：每季度定期对车轮踏面磨损状况以及轮缘厚度进行细致检查。一旦轮缘厚度小于原尺寸的70%，需及时更换车轮。

（2）轨道校准：每年至少进行2次轨道直线度校准工作，运用激光经纬仪精准测量轨道直线度。同时，定期清理轨道表面的杂质，确保轨道清洁。

2）部件升级方案

（1）支座更换：将现有的橡胶支座替换为四氟滑板支座，四氟滑板支座具有极低的摩擦系数，其摩擦系数≤0.03。通过这一更换，可使设备运行阻力降低50%以上，有效提升设备运行效率，减少能源消耗。

（2）纠偏系统加装：为岸桥加装自动化纠偏系统，该系统借助位移传感器实时监测车轮运行状态，搭配伺服电动缸，能够实现动态纠偏，且纠偏精度可达±1.5 mm，极大地保障了设备运行的稳定性。

3）车架变形补偿

倘若车架发生变形进而引发车轮偏移问题，可通过在前/后轴承支座与车架之间增减垫片的方式进行调整。单侧调整量应控制在≤3 mm，优先对后支座垫片进行调整，以此修正车轮轴的水平夹角，改善车轮偏移状况。

6.5.8 轨道检修工艺

小车行走轨道的良好运行状态，是保障小车稳定运转的重要前提。这不仅要求钢轨质量达标，更需确保轨道安装符合规范。在实际生产中受多种复杂因素影响，小车轨道常出现轨道位移、变形、磨损、接口夹板松动乃至断轨等问题。为此需针对轨道检修维护制定相应策略方案。

6.5.8.1 维修、更换标准

1）小车轨道状态判定

在小车运行期间，若出现多处异常响动，且震动幅度较大，特别是当小车处于高速运行状态时，发出尖锐异响并伴有大幅度震动，即表明小车轨道状态不佳，可能存在严重隐患。

2）小车轨道检查情况

经检查，如图 6－63 所示，发现右轨道绞点前 3 m 处出现开裂现象，左轨道绞点后 2 m 处发生断裂。此类轨道损伤问题严重威胁小车运行的稳定性与安全性，已达到需进行维修或更换的标准。

（a）小车右侧轨道断轨

（b）小车左侧轨道断轨

图 6－63 小车轨道故障

6.5.8.2 维修前期流程

1）工属具与焊材准备

（1）焊材选用：选用 J506（E5016）、J857（E8515）焊条，规格分别为 φ4.0 mm、φ3.2 mm。焊接方法采用 SMAW（手工电弧焊），直流反接。

（2）焊条烘焙要求：焊条在使用前需进行严格烘焙，将烘焙温度设定为 350 ℃，恒温保持 1 h。在整个施工过程中，焊条必须始终放置于焊条保温桶内，且焊条保温桶在施工期间应全程处于封闭状态。

2）协调与手续办理

停机时间沟通：主动与调度部门进行沟通，明确设备停机时间。本次维修预计耗时 15 h，其中高温烧焊完成后，需等待 12 h 让焊接部位自然冷却。

6.5.8.3 安全措施情况

1）安全围蔽

如图 6－64 所示，在对应的作业区域摆放雪糕桶，并拉设警戒线进行全面围蔽。若作业区域处于前大梁区域，必须提前驱散作业区域正下方的船只及人员，以此消除作业过程中因飞溅的高温熔渣、掉落的工属具等因素带来的安全隐患。

图 6-64　现场围蔽

图 6-65　氧气乙炔气瓶摆放

2）高空作业

具体操作需严格遵循穗港南集〔2016〕55 号文件《机械维修人员安全操作规程》等八项安全操作规程与规定。

（1）在开展高空维修作业前，务必按下设备的紧停开关，严禁在设备运行状态下进行任何维修操作。

（2）作业时要求两人同行，同时携带好通信工具，并正确佩戴 5 点式安全带，确保作业人员间的有效沟通及自身安全。

3）氧气乙炔使用规范

操作规范依据穗港南集〔2016〕128 号文件《氧气、乙炔安全使用、储存及搬运管理规定》执行。

（1）从事焊割工作的人员必须持有相应的"特种作业"资格证书，严禁无证上岗。

（2）使用中的氧气瓶和乙炔瓶应垂直固定放置。露天放置的气瓶，需用帐篷或轻便板棚进行遮护，避免阳光暴晒，防止气瓶内压力异常升高。

（3）如图 6-65 所示，氧气、乙炔气瓶严禁放置在高温设备附近，应与明火保持 10 m 以上的安全距离。在使用过程中，氧气瓶与乙炔气瓶应分开放置，两者间距不得少于 5 m，防止因意外引发危险。

6.5.8.4　维修过程

1）预热

在进行焊接作业前，需依据图 6-66(a)所示，对轨道两端各 150 mm 的区域，以及与之对应的固定机构、垫板等部件实施预热操作。首次施工预热温度需严格控制在 400～450 ℃，在焊接过程中的预热温度则应保持在 270～350 ℃。预热时，选用火焰的外焰对目标部位进行均匀加热，维持预热恒温状态 10～

15 min。完成预热恒温后，方可进行断面切除作业，如图 6-66(b) 所示。

(a) 轨道预热

(b) 轨道裂面切除

图 6-66　轨道预热与裂面切除

2) 焊接

(1) 打底焊接：采用分三道(1、2、3)进行打底焊接，焊接顺序严格参照图 6-67 执行。若轨道出现完全断裂的情况，需在轨道底面放置钢垫，防止焊接处与轨道承重大梁直接接触。

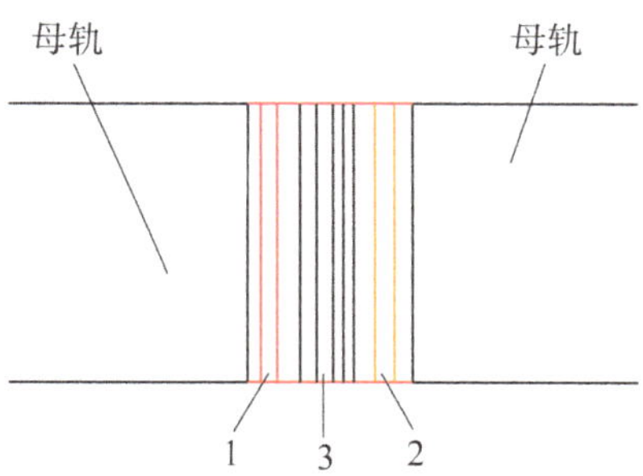

图 6-67　底部焊接

(2) 填充层焊接：填充层运用多层多道焊工艺，每道(层)焊接厚度需控制在不大于 4 mm。如图 6-68 所示，在焊接钢轨腰部及头部时，务必在两侧和底部使用红铜垫板与夹板将焊道封闭，有效防止焊接过程中铁水溢出，确保焊接质量。

(3) 层间处理与温度控制：每完成一层或一道焊接后，必须彻底清除焊渣，并仔细检查焊缝是否存在缺陷。确认无问题后，使用激光测温仪检测层间温度，将层间温度控制在 300~350 ℃，满足该温度条件后方可进行下一层焊接。

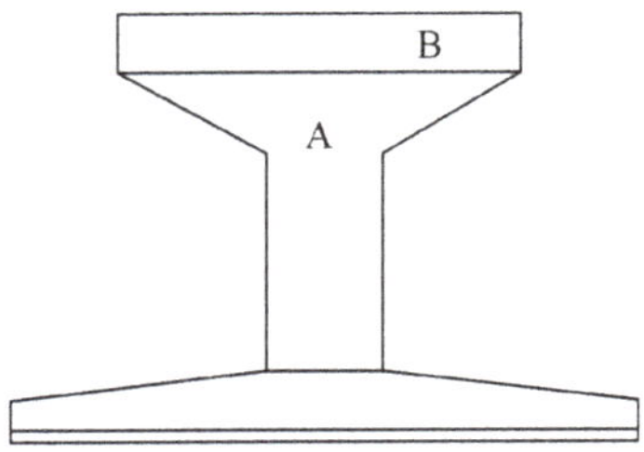

（a）焊轨道腹部（A 部分）和盖面（B 部分）

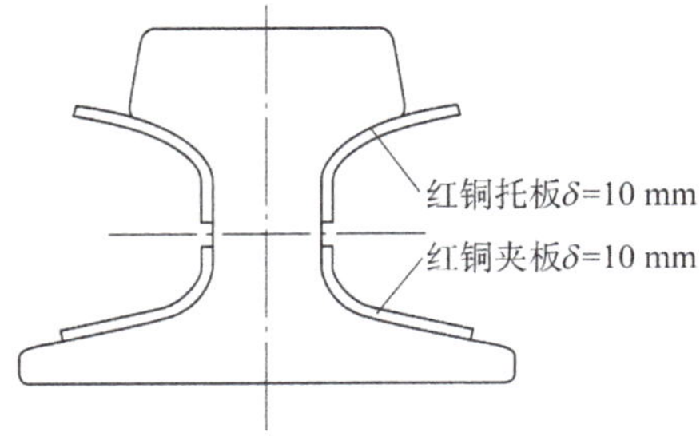

（b）焊接承接板布置图

图 6－68　焊接部位示意和承接板布置

（4）盖面焊接：盖面焊采用多层多道方式［对应图 6－68（a）中的 B 部分］。当填充至距轨道上平面约 8～10 mm 时，停止当前填充操作，更换为 J857（E8515）焊条进行盖面。盖面焊需连续焊接三层，每层焊缝厚度不得超过 3 mm，焊接方式与打底焊保持一致。

（5）盖面高度要求：盖面焊接完成后，焊缝应高于母轨表面 1.5～2 mm。

（6）焊接连续性：一个接头应尽量一次性焊接完成。若因特殊原因导致焊接过程中断，在重新焊接前，必须将接头重新预热至 300～350 ℃，达到该温度后方可继续施焊。

（7）焊接参数：严格参照表 6－8 所示参数进行焊接操作。

表 6－8　轨道焊接参数

焊接方法	电流特性	焊条编号	焊条规格/mm	焊接电流/A	备注
焊条电弧焊	电流反接	J506（E5016）	直径 3.2	90～110	打底
焊条电弧焊	电流反接	J506（E5016）	直径 4.0	120～150	填充
焊条电弧焊	电流反接	J857（E8515）	直径 4.0	120～150	盖面

图 6－69　保温棉覆盖保温

（8）焊后热处理：焊接结束后，当接头温度不低于层间温度时，立即对接头两端各 150 mm 区域采用电加热或火焰加热的方式，将温度提升至 600～650 ℃，并保持 15～30 min 进行后热处理。完成加热后，按照图 6－69 所示，使用石棉布对接头进行 3～4 层包扎保温，包扎长度为接头长度+300 mm，使接头缓慢冷却至室温，消除焊接残余应力，提升焊接接头性能。

3）清渣、打磨

焊接工序完成后，首先解除焊接过程中使用的各类辅助装备，如红铜垫板、夹板等。随后，仔细清理工件表面残留的焊接飞溅物，确保工件表面清洁。接着，对焊接接头的各个面进行打磨处理，通过打磨使接头部位与母轨表面保持平齐，如图 6－70(a)所示。特别注意轨道上表面的焊缝余高，需控制在不大于 0.5 mm。为精准测量，如图 6－70(b)所示，可使用靠尺紧贴母轨表面，再借助塞尺测量焊缝与靠尺之间的间隙，以此判断焊缝余高是否符合标准要求。

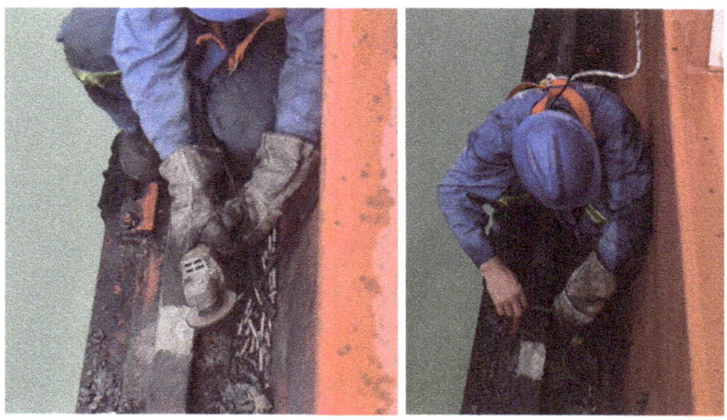

（a）轨道焊接面打磨　（b）平面度测量

图 6－70　打磨与测量

4）检验

焊接与热处理工序全部完成后，焊工需首先对焊缝进行全面、细致的 100% 自检。在焊工自检合格的基础上，对焊缝实施 100% 的 PT(渗透检测)检验。若在检验过程中发现焊缝存在缺陷，应立即按照与原焊接工艺相同的要求进行修补。修补完成后，再次对修补部位进行 PT 检验，直至焊缝质量符合标准。

6.5.8.5 作业后的收尾工作

1）安全注意问题

（1）全面检查工属具，确认是否已全部回收，防止工具遗留在作业现场。

（2）对轨道压板螺栓进行逐一检查，重新紧固，确保轨道安装稳固。

（3）在设备试运行过程中，密切关注是否出现异响、啃轨等异常情况，一旦发现，立即停机排查处理。

2）环保注意问题

需注意不要遗留垃圾，以免造成污染。

3）验收标准

（1）轨道对接错边量：运用靠尺紧贴母轨，再借助塞尺测量，确保轨道对接部位的上、下、左、右四个面的错边量均控制在 0.5 mm 以内。

（2）轨道旁弯程度：焊接完成后，轨道旁弯应控制在 4 mm/10 m 范围内，保证轨道直线度符合要求。

（3）轨道弯曲度：轨道上、下方向的弯曲变形需在 5 mm/10 m 以内，以此保障轨道的平整度，为设备稳定运行提供基础。

参考文献

[1] 陶德馨,严云福,董达善,等. 工程机械手册-港口机械[M]. 北京:清华大学出版社,2017.08.

[2] 吴松林,陈恒. 机械故障诊断学[M]. 汕头:汕头大学出版社,2022.03.

[3] 檀辅长. 港口机械故障诊断与维修技术研究[C]//中国智慧工程研究会. 2024 新技术与新方法学术研讨会论文集. 温州港集团有限公司状元岙港务分公司,2024:84-86. DOI:10.26914/c.cnkihy.2024.007337.

[4] 孙树峰. 港口机械故障诊断与维修技术研究[J]. 中国设备工程,2024,(03):188-190.

[5] 秦仙蓉,赵俊陆,丁旭,等. 岸边集装箱起重机结构系统故障模式及其影响分析[J]. 起重运输机械,2022(20):58-61.

[6] 肖炳林,何威誉,赵伟龙,等. 港口机械故障诊断及管理系统研究与进展[J]. 起重运输机械,2025,(06):25-33.

[7] 沈科宇. 基于支持向量机的港口起重机减速箱故障诊断研究[D]. 华东交通大学,2020. DOI:10.27147/d.cnki.ghdju.2020.000592.

[8] 彭宇,刘大同,彭喜元. 故障预测与健康管理技术综述[J]. 电子测量与仪器学报,2010,24(01):1-9.

[9] 陈雪峰,訾艳阳. 智能运维与健康管理[M]. 北京:机械工业出版社,2018.

[10] 赵明. 边缘计算技术及应用综述[J]. 计算机科学,2020,47(S1):268-272+282.

[11] 施巍松,孙辉,曹杰,等. 边缘计算:万物互联时代新型计算模型[J]. 计算机研究与发展,2017,54(05):907-924.

[12] 胡典钢. 工业物联网:平台架构、关键技术与应用实践[M]. 北京:机械工业出版社,2022.03.

[13] 王其朝,金光淑,李庆,等. 工业边缘计算研究现状与展望[J]. 信息与控

制,2021,50(03):257-274. DOI:10. 13976/j. cnki. xk. 2021. 1030.

[14] 杨琪,刘畅,杨建维,等. 面向边缘计算的机械装备状态监测系统研究[J]. 电子测量与仪器学报,2022,36(09):226-234. DOI:10. 13382/j. jemi. B2104746.

[15] 全国旋转电机标准化技术委员会(SAC/TC 26). 旋转电机　定额和性能:GB/T 755—2019[S]. 中国标准出版社,2019.

[16] 全国旋转电机标准化技术委员会(SAC/TC 26). 轴中心高为56 mm及以上电机的机械振动　振动的测量、评定及限值:GB/T 10068—2020[S]. 中国标准出版社,2020.

[17] 全国旋转电机标准化技术委员会(SAC/TC 26). 旋转电机噪声测定方法及限值　第1部分:旋转电机噪声测定方法:GB/T 10069. 1—2006[S]. 中国标准出版社,2006.

[18] 全国旋转电机标准化技术委员会(SAC/TC 26). 旋转电机噪声测定方法及限值　第3部分:噪声限值:GB/T 10069. 3—2024[S]. 中国标准出版社,2024.

[19] 张梅军. 机械状态检测与故障诊断[M]. 北京:国防工业出版社,2008. 03.

[20] 黄志坚. 机械设备故障诊断与监测技术[M]. 北京:化学工业出版社,2020. 08.

[21] 张键. 机械故障诊断技术[M]. 北京:机械工业出版社,2008. 10.

[22] 中国港口协会. 岸边集装箱起重机传动部件振动监测系统技术要求:T-CPHA 22-2023 [S]. 2023.

附表

附表 1　空载最大 A 计权声功率级 L_{WA}(dB)

(附表 2 规定的电动机除外)

(冷却方法,IC 的代码,见 GB/T 1993—1993)

(防护分级,IP 的代码,见 GB/T 4942.1—2006)

额定转速 n_N/(r/min)	$n_N \leqslant 960$			$960 < n_N \leqslant 1\,320$			$1\,320 < n_N \leqslant 1\,900$			$1\,900 < n_N \leqslant 2\,360$			$2\,360 < n_N \leqslant 3\,150$			$3\,150 < n_N \leqslant 3\,750$		
冷却方式(简单代码)	IC01 IC11 IC21①	IC411 IC511 IC611②	IC31 IC71W IC81W IC8A1W7②	IC01 IC11 IC21①	IC411 IC511 IC611②	IC31 IC71W IC81W IC8A1W7②	IC01 IC11 IC21①	IC411 IC511 IC611②	IC31 IC71W IC81W IC8A1W7②	IC01 IC11 IC21①	IC411 IC511 IC611②	IC31 IC71W IC81W IC8A1W7②	IC01 IC11 IC21①	IC411 IC511 IC611②	IC31 IC71W IC81W IC8A1W7②	IC01 IC11 IC21①	IC411 IC511 IC611②	IC31 IC71W IC81W IC8A1W7②
额定输出 P_N(kW 或 kVA)																		
$1 \leqslant P_N \leqslant 1.1$	73	73	–	76	76	–	77	78	–	79	81	–	81	84	–	82	88	–
$1.1 < P_N \leqslant 2.1$	74	74	–	78	78	–	81	82	–	83	85	–	85	88	–	86	91	–
$2.2 < P_N \leqslant 5.5$	77	78	–	81	82	–	85	86	–	86	90	–	89	93	–	93	95	–
$5.5 < P_N \leqslant 11$	81	82	–	85	85	–	88	90	–	90	93	–	93	97	–	97	98	–
$11 < P_N \leqslant 22$	84	86	–	88	88	–	91	94	–	93	97	–	96	100	–	97	100	–
$22 < P_N \leqslant 37$	87	90	–	91	91	–	94	98	–	96	100	–	99	102	–	101	102	–
$37 < P_N \leqslant 55$	90	93	–	94	94	–	97	100	–	98	102	–	101	104	–	103	104	–
$55 < P_N \leqslant 110$	93	96	–	97	98	–	100	103	–	101	104	–	103	106	–	105	106	–
$110 < P_N \leqslant 220$	97	99	–	100	102	–	103	106	–	103	107	–	105	109	–	107	110	–
$220 < P_N \leqslant 550$	99	102	98	103	105	100	106	108	102	106	109	102	107	111	102	110	113	105
$550 < P_N \leqslant 1\,100$	101	105	100	106	108	103	108	111	104	108	111	104	109	112	104	111	116	106
$1\,100 < P_N \leqslant 2\,200$	103	107	102	108	110	105	109	113	105	109	113	105	110	113	105	112	118	107
$2\,200 < P_N \leqslant 5\,500$	105	109	104	110	112	106	110	115	106	111	115	107	112	115	107	114	120	109

①:典型的防护类型为 IP22 或 IP23。

②:典型的防护类型为 IP44 或 IP55。

附表 2　空载最大 A 计权声功率级值 L_{WA}(dB)
(IC411,IC511,IC611 单速三相笼型异步电动机)

中心高 H/mm	2p	4p	6p	8p
90	78	66	63	63
100	82	70	64	64
112	83	72	70	70
132	85	75	73	71
160	87	77	73	72
180	88	80	77	76
200	90	83	80	79
225	92	84	80	79
250	92	85	82	80
280	94	88	85	82
315	98	94	89	88
355	100	95	94	92
400	100	96	95	94
450	100	98	98	96
500	103	99	98	97
560	105	100	99	98

注:1. 冷却方式为 IC01,IC11,IC21 的电机声功率级将提高如下:2p 和 4p:+7 dB(A);6p 和 8p:+4 dB(A)。

2. 中心高为 315 mm 以上的 2、4 极电机声功率级值指风扇结构为单向旋转的,其他值为双向旋转风扇结构。

3. 60 Hz 电机的声功率级值增加如下:2p: + 5 dB(A);4p、6p 和 8p: + 3 dB(A)。

附表 3　额定负载工况超过空载工况的 A 计权声功率级允许最大增加量 ΔL_{WA}(dB)
(电机的额定条件与附表 2 一致)

中心高 H/mm	2p	4p	6p	8p
$90 \leqslant H \leqslant 160$	2	5	7	8
$180 \leqslant H \leqslant 200$	2	4	6	7
$225 \leqslant H \leqslant 280$	2	3	6	7
$H = 315$	2	3	5	6
$H \geqslant 355$	2	2	4	5

注:1. 此表给出的是在额定工况下对任何空载数值的预期最大增加值。

2. 此数值对 50 Hz 和 60 Hz 供电均适用。

www.ingramcontent.com/pod-product-compliance
Lightning Source LLC
Chambersburg PA
CBHW041752220926
51847CB00014B/181